21世纪高等学校计算机基础实用规划教材

ASP .NET程序设计基础教程（第2版）

陈长喜 主编

谢树龙 何玲 赵新海 许晓华 编著

清华大学出版社

北京

内 容 简 介

本书详细阐述了开发 ASP.NET Web 应用程序的基础应用,从 ASP.NET 第一个程序的开发实践、JavaScript 基础理论到内置对象、服务器控件、数据库操作技术、数据绑定技术、数据控件、数据验证技术,再到面向前台外观技术的用户控件、主题和 CSS 样式与站点导航,以及用系统分析与设计法开发三层架构的 Web 应用系统的实例,所有知识点都结合具体实例以图解的方式进行详细讲解,循序渐进地引导读者掌握 ASP.NET 开发。

本书可作为高等院校计算机相关专业的教材,也可以作为自学 ASP.NET 开发的入门教材及 ASP.NET 开发人员的工作参考书。

图书在版编目(CIP)数据

ASP.NET 程序设计基础教程/陈长喜主编. --2 版. --北京:清华大学出版社,2013
21 世纪高等学校计算机基础实用规划教材
ISBN 978-7-302-32210-8

Ⅰ. ①A… Ⅱ. ①陈… Ⅲ. ①网页制作工具-程序设计-高等学校-教材 Ⅳ. ①TP393.092

中国版本图书馆 CIP 数据核字(2013)第 084585 号

责任编辑:付弘宇　薛　阳
封面设计:常雪影
责任校对:时翠兰
责任印制:李红英

出版发行:清华大学出版社
　　　　网　　　址:http://www.tup.com.cn,http://www.wqbook.com
　　　　地　　　址:北京清华大学学研大厦 A 座　　　　　邮　　编:100084
　　　　社 总 机:010-62770175　　　　　　　　　　　　邮　　购:010-62786544
　　　　投稿与读者服务:010-62776969,c-service@tup.tsinghua.edu.cn
　　　　质 量 反 馈:010-62772015,zhiliang@tup.tsinghua.edu.cn
　　　　课 件 下 载:http://www.tup.com.cn,010-62795954
印 装 者:清华大学印刷厂
经　　销:全国新华书店
开　　本:185mm×260mm　　　印　　张:26.25　　　字　　数:639 千字
版　　次:2011 年 9 月第 1 版　　2013 年 8 月第 2 版　　印　　次:2013 年 8 月第 1 次印刷
印　　数:1~2000
定　　价:45.00 元

产品编号:049372-01

出 版 说 明

随着我国改革开放的进一步深化,高等教育也得到了快速发展,各地高校紧密结合地方经济建设发展需要,科学运用市场调节机制,加大了使用信息科学等现代科学技术提升、改造传统学科专业的投入力度,通过教育改革合理调整和配置了教育资源,优化了传统学科专业,积极为地方经济建设输送人才,为我国经济社会的快速、健康和可持续发展以及高等教育自身的改革发展做出了巨大贡献。但是,高等教育质量还需要进一步提高以适应经济社会发展的需要,不少高校的专业设置和结构不尽合理,教师队伍整体素质亟待提高,人才培养模式、教学内容和方法需要进一步转变,学生的实践能力和创新精神亟待加强。

教育部一直十分重视高等教育质量工作。2007 年 1 月,教育部下发了《关于实施高等学校本科教学质量与教学改革工程的意见》,计划实施"高等学校本科教学质量与教学改革工程(简称'质量工程')",通过专业结构调整、课程教材建设、实践教学改革、教学团队建设等多项内容,进一步深化高等学校教学改革,提高人才培养的能力和水平,更好地满足经济社会发展对高素质人才的需要。在贯彻和落实教育部"质量工程"的过程中,各地高校发挥师资力量强、办学经验丰富、教学资源充裕等优势,对其特色专业及特色课程(群)加以规划、整理和总结,更新教学内容、改革课程体系,建设了一大批内容新、体系新、方法新、手段新的特色课程。在此基础上,经教育部相关教学指导委员会专家的指导和建议,清华大学出版社在多个领域精选各高校的特色课程,分别规划出版系列教材,以配合"质量工程"的实施,满足各高校教学质量和教学改革的需要。

本系列教材立足于计算机公共课程领域,以公共基础课为主、专业基础课为辅,横向满足高校多层次教学的需要。在规划过程中体现了如下一些基本原则和特点。

(1) 面向多层次、多学科专业,强调计算机在各专业中的应用。教材内容坚持基本理论适度,反映各层次对基本理论和原理的需求,同时加强实践和应用环节。

(2) 反映教学需要,促进教学发展。教材要适应多样化的教学需要,正确把握教学内容和课程体系的改革方向,在选择教材内容和编写体系时注意体现素质教育、创新能力与实践能力的培养,为学生的知识、能力、素质协调发展创造条件。

(3) 实施精品战略,突出重点,保证质量。规划教材把重点放在公共基础课和专业基础课的教材建设上;特别注意选择并安排一部分原来基础比较好的优秀教材或讲义修订再版,逐步形成精品教材;提倡并鼓励编写体现教学质量和教学改革成果的教材。

(4) 主张一纲多本,合理配套。基础课和专业基础课教材配套,同一门课程可以有针对不同层次、面向不同专业的多本具有各自内容特点的教材。处理好教材统一性与多样化,基本教材与辅助教材、教学参考书,文字教材与软件教材的关系,实现教材系列资源配套。

(5) 依靠专家,择优选用。在制定教材规划时依靠各课程专家在调查研究本课程教材建设现状的基础上提出规划选题。在落实主编人选时,要引入竞争机制,通过申报、评审确定主题。书稿完成后要认真实行审稿程序,确保出书质量。

繁荣教材出版事业,提高教材质量的关键是教师。建立一支高水平教材编写梯队才能保证教材的编写质量和建设力度,希望有志于教材建设的教师能够加入到我们的编写队伍中来。

21世纪高等学校计算机基础实用规划教材

联系人:魏江江 weijj@tup.tsinghua.edu.cn

第2版前言

笔者在美国访学期间,看到美国本土的大一学生中有的学生连 Log(对数)都不知道,但他们在硕士、博士及此后阶段的研究成果在世界上却遥遥领先,笔者一直努力探寻个中原因。笔者认为,除了两国在中学与大学阶段的教育体制、机制不同,学生的兴趣、智力、情绪、体力不同之外,最重要的不外乎两点。一是在教的方面,美国大学的 Professors 真正掌握了知识本质,传授知识、技能、用途及如何运用知识解决实际问题;二是在学的方面,美国大学的教材好,教材通俗易懂,真正能做到深入浅出,学生看教材即可自行学习,教材一步一步地讲述,每个细小的实验结果也以图例形式呈现,便于学生来比对,并且给出极为透彻的分析与各种提示,增强了学生的学习兴趣。所以,笔者一直在想,我们中国大学的教材能否也像美国的教材一样好呢? 因此,在讲授 ASP.NET 课程时,笔者始终有自己编写教材的想法,一定要出版一本让初学者能快速入门并能了解其来龙去脉,让中级程序员也能有所收获、实用性强的 ASP.NET 开发书籍。尤其对于刚接触 .NET 的学生,他们感到迷茫,不知从何学起、从哪做起,甚至不知道 ASP 与 ASP.NET 的区别,即使给了源代码,他们也不知道如何修改数据库设置,运行时也会出现错误。笔者通过多年教学与科研实践,采用了 Step by Step 方法图例讲解。通过做出实例,会使学生越来越有信心,从而快速掌握 ASP.NET 开发技术。

在本书第 1 版的编写过程中,就已经让学生参与其中。学生分为三种类型,一是从未接触过 ASP.NET 的学生,二是有一些 Web 开发基础但非常想精进的学生,三是有项目开发经验的学生。他们参与本书的初稿校对工作,作为"第一读者",通过本书的讲解来操作并验证程序示例,这些同学提出了许多宝贵的修改意见。这三种类型的学生在作为"读者"的过程中,均收获颇丰。本书第 1 版在清华大学出版社出版后,读者反应与评价较好,半年内就重印了。在当当网上顾客评分为 5 星。也有许多读者(教师或学生)给作者发来邮件,给出许多宝贵的建议,如升级实践讲授的开发版本,增加思考题、作业题及其上机实践等内容。

笔者在第 2 版中所修改的内容如下:①第 2 版中所有示例开发环境改为 Visual Studio 2010,数据库管理系统为 Microsoft SQL Server 2008;②删除了第 1 版中第 2 章较为初级的 Visual Studio 2010 的安装等内容,原有第 2 章的部分内容并入到第 2 版的第 1 章,第 2 章改为开发 ASP.NET 程序较为常用 JavaScript 语言简介;③第 2 版还增加了"数据验证"一章的内容;④在每一章节均增加了思考题、作业题及上机实践等内容;⑤对第 1 版进行了全面勘误,修改了部分示例,如第 4 章增加了 RadioButtonList 与 CheckBoxList 的介绍,第 9 章增加了主题与用户控件等内容,尤其是最后一章中的开发实践,弃用了原有的实例,进行了全面修改,改为运用三层架构开发高校学生考勤管理与预警系统。此外,笔者计划建一个网站,方便读者共同讨论开发技术,下载包括本书在内的各种源代码,甚至观看笔者的教学录像。

本书是笔者多年的读书笔记与心得集成。本书中的示例均是笔者基于教学与科研实践、借鉴 MSDN 和其他参考文献的独创。本书在讲解各项技术时,力求尽可能多地用到企业项目开发过程中的实用技术。本书第 1 版出版后,笔者申请了本单位的教学改革并获得了单位的精品课程建设。在教学改革过程中,突出了学生的成绩考核,即不再有笔试,而全部是操作及实践。经过一年的探索,我们认为教材及课程改革是成功的。可以以学生的评价及其做的项目为证。在学生的成绩考核完毕之后,对于有特殊兴趣的学生,笔者结合具体的科研课题给学生布置科研任务,让他们运用现有的知识开发中国农业资源与环境预测网。学生们重点开发了"气象墒情"模块,笔者完成具体的预警模型与算法以及顶层设计并对关键问题进行答疑与指导,其余的均让学生自主开发。学生们开发并解决了包括数据库、界面设计、图形与图像、文本与图形及其显示、不同浏览器下显示问题等各项内容,此网站后台数据库记录数为 1700 万条。他们自己解决了计算土壤墒情预警的大图像快速显示、网站每天从凌晨零点到三点的自动计算等问题。学生们有了非常大的收获。他们只是学习了本书的相关内容,其余均为教师指导与自学。所以,笔者认为此教材可用、能用、实用,尤其对于初学者来说。有兴趣的读者可以访问 211.68.248.216 来浏览笔者学生所做的网站(当然现在只有"气象墒情"模块较为完整)。

本书面向的读者

本书可作为学习 ASP.NET 开发的基础教材,也可以作为从事 ASP.NET 开发工作的参考资料。本书面向的读者群包括:

- 毫无经验的初学者;
- 有一定 Web 经验但没有从事过 Web 开发的读者;
- 有其他脚本语言的 Web 开发经验、想要快速转向 ASP.NET 开发的程序员;
- 正在从事 ASP.NET 开发的初、中级程序员。

本书的内容组织

本书在笔者的计划中是上、下两册中的上册,即核心基础篇,下册为高级应用篇。本书向读者详细展示开发 ASP.NET Web 应用程序的基础应用。具体组织如下。

第 1 章:ASP.NET 概论。讲解了 Microsoft .NET Framework 的基础知识(包括.NET 战略目标、组成、体系结构、特点和版本),详细介绍了动态网页设计相关技术、ASP.NET 的发展历程、运行原理与机制,通过一个实例来阐述 ASP.NET 的程序结构与编程模型,对 ASP.NET 开发有一个感性认识。

第 2 章:JavaScript 语言简介。本章是第 2 版的新增内容。通过一个 JavaScript 简单开发小例子,逐步介绍了包括 JavaScript 数据类型、结构、函数、对象模型等在内的基础知识,为今后灵活运用 JavaScript 打下坚实的基础。

第 3 章:ASP.NET 的内置对象。讲解了 Response 对象、Request 对象、Application 对象、Session 对象、Cookie 对象和 Server 对象。这些对象均是 ASP.NET 的 Page 类的内部对象,开发者不用先创建对象,即可直接进行使用,且这些对象提供了很多日常开发的应用功能,大大方便程序设计人员,提高了程序开发效率。

第 4 章:ASP.NET 服务器控件。讲解了 ASP.NET 的服务器控件,包括标准服务器和 HTML 服务器控件。重点介绍了标准服务器控件,详细讲述了 Label、TextBox、Button、LinkButton、ImagButton、HyperLink、ListBox、RadioButton、RadioButtonList、CheckBox、CheckBoxList、DropDownList、Image、ImageMap、Table、FileUpload、Panel 控件的使用方

法,并针对每一个控件做了一个实例。在每一个实例中,作者集成了多种方法进行操作与讲解,力求涵盖尽可能多的技术与方法,使读者不仅能在 ASP.NET 中灵活运用,而且对于其他可视化程序开发语言的控件也能有一个深入理解。

第5章:数据库操作技术。以 SQL Server 2008 为例,讲解了 SQL Server 2008 的基本操作,包括其安装、创建、备份与恢复、附加与分离等操作。简单介绍了 ADO.NET 的架构,使读者较好地理解数据库编程的实现过程。重点讲解了连接 SQL Server 数据库的操作,以实例列举了用 SqlConnection 与 SqlConnectionStringBuilder 类连接数据库的操作过程。用 web.config 配置文件保存连接字符串使得系统的维护工作更加简单。为今后能更好地理解数据库的操作,本章着重讲解了 SqlCommand 对象、SqlTransaction 对象、SqlDataAdapter 对象、DataSet 数据集、DataTable 数据表、DataReader 的使用与技巧。

第6章:数据绑定技术。首先介绍了单值绑定和重复值绑定,接下来介绍了 4 种数据源控件,即 SqlDataSource、LinqDataSource、ObjectDataSource 和 XMLDataSource 控件。对于每个控件,本章都使用相应的实例进行演示。通过这一章的学习,能够使读者熟知数据源控件的使用。

第7章:数据控件。讨论了 ASP.NET 4.0 中几个非常重要的数据控件,首先讨论了 GridView,该控件提供了网格式的数据显示功能。讨论了如何使用该控件的选择功能、分页与排序、编辑与删除等操作。在讨论使用 DataList 控件时,主要通过对 DataList 控件自定义模板绑定数据源、自定义分页显示(通过 PagedDataSource 类来操作)、编辑与删除数据以及 DataList 控件的嵌套等操作来介绍。通过可视化操作两个显示单行记录的 DetailsView 控件和 FormView 控件。最后,讨论了两个新增的 ListView 与 DataPager 控件。

第8章:数据验证技术。本章为第 2 版的新增内容。讲解了数据验证的两种方式,验证控件的使用,图片或声音用作验证提示以及验证相关的 SetFocusOnError、CasuesValidation、ValidationGroup、Display 等常用属性。

第9章:用户控件、主题和 CSS 样式。讲解了用户控件及其创建与使用;主题的创建、应用与禁用,同一种控件定义多种外观,动态加载主题;CSS 样式含义、创建 CSS 样式表及利用 CSS 布局网页,利用一个示例讲述具体如何综合运用用户控件、主题和 CSS 样式。

第10章:站点导航。对站点导航控件进行了详细介绍,内容涉及站点地图文件、TreeView 控件、Menu 控件和 SiteMapPath 控件,这些内容将帮助开发人员摆脱过去复杂而冗繁的工作,为快速创建应用程序的站点导航功能奠定坚实的基础。

第11章:ASP.NET 项目开发实例。本章为一个综合实例,弃用了第 1 版的实例,改用三层架构开发高校学生考勤管理与预警系统。本章按照系统分析与设计方法讲解了开发背景、系统分析(包括学生用户、任课教师用户、教学秘书用户、辅导员用户、系统管理员用户的需求分析)、系统设计(包括系统的架构设计、用户控件设计、主页面设计、后台管理功能设计、系统架构实现、各子功能模块实现,数据库设计,系统存储过程实现等)、系统测试、网站发布等系统分析的具体设计方法与实现技术。

本书的下册《ASP.NET 程序设计高级教程》将讲解 ASP.NET 的缓存技术、GDI 图形图像、水晶报表、LINQ to SQL 数据开发、AJAX、ASP.NET 成员和角色管理技术、Web Services 等 ASP.NET 高级操作技术,敬请读者期待。

配套源码与电子教案

本书所有源代码(包括书中例题、思考题、作业题、上机实践的源代码)均经过以 Visual Studio 2010 为开发工具、以 SQL Server 2008 R2 为数据库管理系统、以 IE 为浏览器的运行环境验证。读者可按照第 5 章中介绍的方法附加到相应的 SQL Server 2008 R2 中。

为方便教师教学工作,本书配有电子教案 PPT,读者可以从清华大学出版社网站 www. tup. com. cn 下载,在本书及课件的使用中遇到问题,请联系 fuhy@ tup. tsinghua. edu. cn。

由于 ASP.NET 所涉及的知识面极为宽广,笔者知识水平有限,所以书中错误和疏漏之处在所难免,恳切期望得到各领域专家和广大读者的批评指正。笔者邮箱是 changxichen@ 163. com。读者在阅读本书时,如果发现错误或遇到问题,可以发送电子邮件及时与我们联系,我们会尽快给予答复。

编　者

2013 年 1 月

于美国普渡大学

第1版前言

　　ASP.NET 是 Microsoft 公司推出的新一代建立动态 Web 应用程序的开发平台,其版本从 ASP.NET 1.0 到目前的 ASP.NET 3.5,用 Microsoft 公司推出的.NET 语言——C♯和可视化开发工具 Visual Studio 2008 相结合,再借以 MSDN 开发文档,可以大大提升开发人员的工作效率,具有方便、灵活、效率高等特性。

1. 本书的特色

　　市面上关于 ASP.NET 的书籍琳琅满目,但却很难找到一本能让初学者快速入门并了解其来龙去脉,让中级程序员也能有所收获、实用性强的 ASP.NET 开发书籍。尤其对于刚接触.NET 的学生,他们较为迷茫,不知从何学起,从哪做起,甚至不知 ASP 与 ASP.NET 的区别,即使给出源码,但不知道如何修改数据库设置,运行时也会出现错误。本书采用 Step by Step 方法进行讲解,通过做出实例,会使学生越来越有信心与成就感,从而能快速掌握 ASP.NET 开发技术。

　　本书由作者多年的读书笔记与心得集成。本书的所有实例均是作者基于教学与科研实践,借鉴 MSDN 和其他参考文献的创作。在讲解各项技术时,力求尽可能多地用到企业项目开发过程中的实用技术。如在讲解 ImageMap 控件实例时,将.NET 与 Dreamweaver 的热区操作相结合,能让读者开发出单击"中国地图版图",进行"级联式"的 Web 开发操作。DropDownList 控件实例涵盖了 DropDownList 级联操作,显示控制操作与 DropDownList 控件、TextBox 与 Label 控件相结合操作技术,这些操作技术在项目开发过程中经常被采用。本书全面系统地讲解了数据库操作技术,包括使用 SqlConnection 和 SqlConnectionStringBuilder 对象连接,使用 SqlCommand 操作数据库,使用 SqlTransaction 对象进行事务处理,利用 SqlDataAdapter 对象填充 DataSet、DataTable 和 DataReader 等操作,每一个操作均附有详尽的实例演示。为了让学生能更好地掌握数据库操作,还对数据库操作进行了全面总结。在讲解 DataList 数据控件时,实例中做了三层嵌套,分别展示"产品类别"、"产品目录"与"产品明细",这些技术一般用在企业级项目开发中,在当前市面上的 ASP.NET 书籍中关于 DataList 控件嵌套操作鲜有提及。

　　在本书的写作过程中也让学生参与了其中,学生分为三种类型:一是从未接触过 ASP.NET 的学生;二是有一些 Web 开发基础但非常想精通的学生;三是有项目开发经验的学生。他们参与本书的初稿校对工作,作为"第一读者",通过本书的讲解来操作并验证程序实例,提出了许多宝贵的修改意见。这三种类型的学生在作为"读者"过程中,均收获颇丰。

2. 本书面向的读者

　　本书可作为 ASP.NET 开发学习的基础用书,也可作为从事 ASP.NET 开发程序人员的查阅与参考资料。本书面向的读者群包括:

- 毫无经验的初学者;
- 有一定 Web 经验,但没有从事过 Web 开发的读者;
- 有其他脚本语言 Web 开发经验,想要快速转向 ASP.NET 开发的程序员;
- 正在从事 ASP.NET 开发的初、中级程序员。

3. 本书的内容组织

《ASP.NET 程序设计教程》分为上、下两册,上册为核心基础篇,下册为高级应用篇。本书为上册,书名更改为《ASP.NET 程序设计基础教程》,其向读者详细地展示了开发 ASP.NET Web 应用程序的基础应用。具体组织如下:

第 1 章:ASP.NET 概论。讲解了 Microsoft .NET Framework 的战略目标、组成、特点和版本;详细地介绍了 ASP.NET 的发展历程、运行原理与运行机制。阐述了动态网页设计相关技术。

第 2 章:ASP.NET 开发环境和开发基础。讲解了 IIS 的安装与配置,简单介绍了 Microsoft 公司的开发工具 Visual Studio 2008 的安装及其开发环境,对 ASP.NET 程序结构、编程模型与 Web 窗体做了介绍,并在此基础上制作了第一个网站。

第 3 章:ASP.NET 的内置对象。讲解了 Response 对象、Request 对象、Application 对象、Session 对象、Cookie 对象和 Server 对象。这些对象均是 ASP.NET 的 Page 类的内部对象,开发者不用先创建对象,即可直接使用,且这些对象提供了很多日常开发的应用功能,大大方便了程序设计人员,提高了程序开发效率。

第 4 章:ASP.NET 服务器控件。讲解了 ASP.NET 的服务器控件,包括标准服务器和 HTML 服务器控件。重点介绍了标准服务器控件,并针对每一个控件做了一个实例。在每一个实例中,作者集成了许多种方法进行操作与讲解,力求涵盖尽可能多的技术与方法。

第 5 章:数据库操作技术。以 SQL Server 2005 为例,讲解了 SQL Server 2005 的基本操作,包括其安装、创建、备份与恢复、附加与分离等操作。简单介绍了 ADO.NET 的架构,能使读者较好地理解数据库编程的实现过程。重点讲解了连接 SQL Server 数据库的操作,实例列举了用 SqlConnection 与 SqlConnectionStringBuilder 类连接数据库的操作过程。用 web.config 配置文件保存连接字符串使得系统的维护工作更加简单。为了使读者能更好地理解数据库的操作,本章着重讲解了 SqlCommand 对象、SqlTransaction 对象、SqlDataAdapter 对象、DataSet 数据集、DataTable 数据表、DataReader 的使用与技巧。

第 6 章:数据绑定技术。首先介绍了单值数据绑定和重复值数据绑定,接下来介绍了 5 种数据源控件——SqlDataSource、AccessDataSource、LinqDataSource、ObjectDataSource 和 XmlDataSource 控件。对于每个控件,本章都使用相应的实例进行演示,相信通过这一章的学习,能够使读者熟知数据源控件的使用。

第 7 章:数据控件。讨论了 ASP.NET 3.5 中几个非常重要的数据控件,首先讨论了 GridView 控件,该控件提供了网格式的数据显示功能。讨论了如何使用该控件的选择功能、分页与排序、编辑与删除等操作;在讨论使用 DataList 控件时,主要通过对 DataList 控件自定义模板绑定数据源、自定义分页显示(通过 PagedDataSource 类来操作)、编辑与删除数据以及 DataList 控件的嵌套等操作来介绍;通过可视化操作两个显示单行记录的

DetailsView 控件和 FormView 控件。最后,讨论了两个新增的 ListView 与 DataPager 控件。

第 8 章:主题与 CSS 样式。讲解了为页面及其元素设置外观样式的两种技术——皮肤和 CSS 样式,并演示了大量控制页面外观的实例。两种技术既有区别又有共同之处,既可单独使用又可相互结合。主题技术,使得开发人员能够将皮肤和 CSS 技术融合到一个应用方便的软件包中。

第 9 章:站点导航。本章就站点导航控件进行了详细介绍,内容涉及站点地图文件、TreeView 控件、Menu 控件和 SiteMapPath 控件,这些内容将帮助开发人员摆脱过去复杂而冗繁的工作,为快速创建应用程序的站点导航功能奠定坚实的基础。

第 10 章:ASP.NET 项目开发实例。本章详细介绍了某饲料公司网站开发实例。本章按照系统分析与设计方法讲解了开发背景、系统分析(需求分析、可行性分析、项目计划书)、系统设计(系统 UML 建模、编码规则、数据库与数据表、网站组织结构等设计)、公共类设计、用户控件设计、主页面设计、后台管理功能实现、系统测试、网站发布等系统分析、设计方法与实现技术。

《ASP.NET 程序设计基础教程》的后续——《ASP.NET 程序设计高级教程》将讲解 ASP.NET 的缓存技术、GDI 图形图像、水晶报表、LINQ to SQL 数据开发、ASP.AJAX、ASP.NET 成员和角色管理技术、Web Service 等 ASP.NET 高级操作技术,敬请读者期待。

4. 配套源码的使用

本书所有源码均经过以 Visual Studio 2008 为开发工具,以 SQL Server 2005 为数据库管理系统,以 IE 为浏览器的运行验证。

约定如下:

数据库按照第 5 章介绍的方法附加到 SQL Server 2005 中。

每一章的源码均放在 Chapter * 中,如第 5 章的源码放在 Chapter5 文件夹下。在此文件夹下有 Ch * - * 分别对应本书的实例,如 Ch5-3 对应例 5-3。

5. 配套电子教案

为方便教师教学工作,本书配有电子教案 PPT,可以从清华大学出版社网站 http://www.tup.tsinghua.edu.cn 下载,下载中的问题请联系 fuhy@tup.tsinghua.edu.cn。

由于 ASP.NET 所涉及的知识面极为宽广,作者知识水平有限,所以错误和疏漏之处在所难免,恳切期望得到各领域专家和广大读者的批评指正。读者在阅读本书时,如果发现错误或遇到问题,可以发送电子邮件到 changxichen@yahoo.cn,我们会尽快给予答复。

编　者

2011 年 7 月

目 录

第1章

ASP.NET概论

从字面来看，ASP.NET 是 ASP(Active Server Pages)技术和.NET Framework 技术的结合。从实质来讲，ASP.NET 是基于.NET Framework 的动态网站技术，是 Microsoft .NET Framework 的组成部分，是一种可以在高度分布式的 Internet 环境中简化应用程序开发的计算环境。使用 ASP.NET 这种新型网络技术可以非常灵活地创建更安全、更强大、可升级、更稳定的网络应用程序。本章将介绍 Microsoft .NET Framework，重点介绍 ASP .NET 演变历程、运行机制。

本章主要学习目标如下：

- 了解 Microsoft.NET 框架；
- 掌握 ASP.NET 特性、发展历程、运行原理和运行机制等相关概念；
- 掌握开发工具 Visual Studio 2010。

1.1 微软.NET 框架基础

1.1.1 .NET Framework 的定义

.NET Framework 是微软公司近年来主推的应用程序开发框架，是一套语言独立的应用程序开发框架。微软公司发布.NET Framework 的目的是使开发人员可以更容易地建立网络应用程序和网络服务，.NET Framework 以及针对设备的.NET Framework 简化版为 XML Web 服务和其他应用程序提供了一个高效安全的开发环境，并全面支持 XML。.NET Framework 提供跨平台和跨语言的特性，使用.NET 框架，配合微软公司的 Visual Studio 集成开发环境，可大大提高程序员的开发效率，甚至初学者也能够快速构建功能强大、实用、安全的网络应用程序。有的功能甚至不需要任何开发代码，经过简单的操作就可以实现。

1.1.2 .NET 的战略目标

微软公司是希望通过.NET 技术把原来分散在因特网上的各种服务有机地组合起来，无论什么时候，什么地方，使用什么设备上网，也无论使用什么操作系统，使用什么语言开发，人们都可以通过.NET 技术找到自己想要的服务。同时对于开发人员来说，将进一步简化应用程序的开发。

1.1.3　.NET Framework 的组成

.NET Framework 由公共语言运行库(Common Language Runtime，CLR)和.NET Framework 类库两个主要部分组成,还包含其他一些重要类库与技术。

1．公共语言运行库

公共语言运行库是.NET Framework 的运行环境,该运行环境为基于.NET 平台的一切操作提供一个统一的、受控的运行环境。CLR 运行环境在.NET 平台为在其上的应用层提供统一的底层进程和线程管理、内存管理、安全管理、代码验证和编译以及其他的系统服务。

2．.NET Framework 类库

.NET Framework 类库即.NET Framework Class Library,该类库由.NET 提供,包含许多高度可重用性的接口和类型,并且完全面向对象。它既是.NET 应用软件开发的基础类库,也是.NET 平台本身的实现基础。.NET Framework 类库的组织以命名空间(Name Space)为基础,最顶层的命名空间是 System。

3．其他重要类库与技术

(1) ADO.NET。ADO.NET 为.NET 框架提供了统一的数据访问技术,与以前的数据访问技术相比,ADO.NET 主要增加了对 XML 的充分支持、新数据对象的引入、语言无关的对象的引入、使用与公共语言运行库(CLR)相一致的类型等。

(2) 公共语言规范 (Common Language Specification,CLS)。公共语言规范定义了一组运行于.NET 框架的语言特性。

.NET 体系中包含许多其他关键技术,例如 CTS(Common Type System,CLS 的超集)、CAS (Code Access Security)等,这些技术和上面提到的技术相配合,构成了.NET 框架结构。

1.1.4　.NET Framework 的体系结构

.NET Framework 也可称为 NGWS(Next Generation Windows Services),它的目标是成为新一代基于 Internet 的分布式计算应用开发平台。它的体系结构如图 1-1 所示。

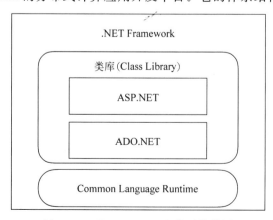

图 1-1　.NET Framework 体系结构图

开发人员可选择任何支持.NET的编程语言来进行多种类型的应用程序开发,如VB.NET、C♯、C++、JavaScript等。与具体开发语言结合的.NET体系结构扩展如图1-2所示。

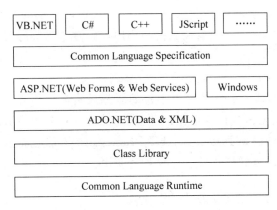

图 1-2 .NET Framework 体系结构层次图

1.1.5 .NET Framework 的特点

.NET Framework 具有如下特点:

1. 通过 Internet 标准做整合

以可扩展标记语言(eXtensible Markup Language,XML)及简单对象存取协议(Simple Object Access Protocol,SOAP)等标准通信协议为基础,将由不同环境组成的应用程序及组件整合在一起工作。

2. 松散的整合组件

.NET Framework 不需要很严谨地定义每个组件的结构即可很轻松地整合,这样可提高程序的延展性。

3. 支持多种程序语言

许多程序开发人员会使用多种语言来开发他们的解决方案,这是因为每种语言都有它的长处。例如,某些语言对于数值计算效率较好,某些语言对于数据库的操作较为方便,某些语言有大量的链接库可供使用,所以没有办法强迫别人只学一种程序语言。.NET Framework 把这些语言整合起来,可以让开发人员使用不同的程序语言来开发解决方案,让程序开发人员可选择他们擅长的程序设计语言,企业则可省去重新培训员工的成本。

4. 提高程序开发人员的工作效率

.NET Framework 通过使用自动交易机制、自动内存管理,以及丰富的控件,可以节约项目开发时间,提高程序开发人员的工作效率。

5．完善的数据保全

对于 Internet,目前大家所关注的就是它的安全性。要设计一个安全性完善的网络应用程序,在设计时就必须考虑所有组件的设计,而不能仅做一部分。.NET Framework 在设计安全模型时就考虑到这点,将所有的数据与程序代码做了完善的安全防护。

6．可用操作系统的服务

Windows 提供了比其他操作平台更丰富的服务及资源。例如,众多的数据存取服务、使用系统提供的整合安全模式做身份验证及安全的工作、交互式的用户接口、成熟的对象模块、交易程序监视以及消息队列服务。.NET Framework 当然也将这些操作系统提供的功能包装起来,以更简单的方式提供给程序设计者使用。

1.1.6　.NET Framework 的版本

自微软公司发布第 1 个.NET Framework 以来,已经发布了 1.0 版、1.1 版、2.0 版、3.0 版、3.5 版以及目前最新的.NET Framework 4.0 版。

1.2　ASP.NET 简介

ASP.NET 是建立在公共语言运行库(CLR)之上的编程框架,可用于在服务器上生成功能强大的 Web 应用程序。同时 ASP.NET 还是一个基于.NET 编程的开发环境,可使用和.NET 框架兼容的任何语言来创建应用程序。相比较其他开发模型,ASP.NET 具有更强的性能、高管理性、简易性、可缩放性、可扩展性等优点。同时,ASP.NET 还可与WYSIWYG(What You See Is What You Get)、HTML 编辑器和其他编程工具(包括Microsoft Visual Studio.NET)一起工作,这样就可让程序开发人员大大提高开发效率。

要真正了解 ASP.NET 还需了解一些早期的动态网页设计技术。

1.2.1　动态网页设计技术

1．静态网页的概念

在网站设计中,纯粹 HTML 格式的网页通常被称为"静态网页",早期的网站一般都是由静态网页制作的。静态网页的网址形式通常为如 www.ccx.com 形式等,也就是以.htm、.html、.shtml、.xml 等为后缀的。在 HTML 格式的网页上,也可出现各种动态的效果,如.GIF 格式的动画、Flash、滚动字母等,这些"动态效果"只是视觉上的,人们还是将其称为静态网页。其原因如下:

(1) 静态网页每个网页都有一个固定的 URL,且网页 URL 以.htm、.html、.shtml 等常见形式为后缀,而不含有"?";

(2) 网页内容一经发布到网站服务器上,无论是否有用户访问,每个静态网页的内容都是保存在网站服务器上的,也就是说,静态网页是实实在在保存在服务器上的文件,每个网页都是一个独立的文件；

（3）静态网页的内容相对稳定，因此容易被搜索引擎检索；

（4）静态网页没有数据库的支持，在网站制作和维护方面工作量较大，因此当网站信息量很大时完全依靠静态网页制作方式比较困难；

（5）静态网页的交互性较差，在功能方面有较大的限制。

2．动态网页的概念

这里说的动态网页，与网页上的各种动画、滚动字幕等视觉上的"动态效果"没有直接关系。动态网页可以是纯文字内容，也可以是包含各种动画的内容，这些只是网页具体内容的表现形式，无论网页是否具有动态效果，采用动态网站技术生成的网页都称为动态网页。

从网站浏览者的角度来看，无论是动态网页还是静态网页，都可以展示基本的文字和图片信息，但从网站开发、管理、维护的角度来看就有很大的差别。将动态网页的一般特点简要归纳如下：

（1）动态网页以数据库技术为基础，可以大大降低网站维护的工作量；

（2）采用动态网页技术的网站可以实现更多的功能，如用户注册、用户登录、在线调查、用户管理、订单管理等；

（3）动态网页实际上并不是独立存在于服务器上的网页文件，只有当用户请求时服务器才返回一个完整的网页；

（4）动态网页中的"？"对搜索引擎检索存在一定的问题，搜索引擎一般不可能从一个网站的数据库中访问全部网页，或者出于技术方面的考虑，搜索蜘蛛不去抓取网址中"？"后面的内容，因此采用动态网页的网站在进行搜索引擎推广时需要做一定的技术处理才能适应搜索引擎的要求。

3．动态网页开发技术

随着网络技术的不断发展，单纯的静态网页已经远远不能满足发展的需要。静态网页由单纯的 HTML 语言组成，没有交互性。因此为了满足实际的需要，许多网页文件的扩展名不再只是 htm、html，而是出现了以 php、jsp、asp、aspx 等为扩展名的网页文件，这些都是采用动态网页技术制作出来的。

早期，动态网页主要是公用网关接口（Common Gateway Interface，CGI）技术。可以使用不同的语言编写合适的 CGI 程序，如 Visual Basic，Delphi 或 C/C++等。虽然 CGI 技术已经发展成熟且功能强大，但是由于编程困难、效率低下、修改复杂等缺陷，所以有逐渐被新技术取代的趋势。

与前面提到的网页文件的扩展名相对应，目前比较受关注的动态网页设计技术主要有以下几种。

1）PHP

PHP 即 Hypertext Preprocessor（超文本预处理器），它是当今因特网上最为流行的脚本语言，其语法借鉴了 C，Java，Perl 等语言，而且只需要很少的编程知识就可使用 PHP 建立起一个真正交互的 Web 站点。PHP 与 HTML 有很好的兼容性，使用者可直接在脚本代码中加入 HTML 标签，或者在 HTML 标签中加入脚本代码从而更好地实现页面控制。

PHP 提供了标准的数据库接口,数据库连接方便,兼容性强,可扩展性好,可进行面向对象编程。

2）JSP

JSP 即 Java Server Page,它是由 Sun Microsystem 公司于 1999 年 6 月推出的新技术,是基于 Java Servlet 以及整个 Java 体系的 Web 开发技术。由于 JSP 基于强大的 Java 语言,具有极强的扩展能力、良好的收缩性,以及与平台无关的开发特性,被认为是极具发展潜力的动态网站技术。

3）ASP

ASP(Active Server Pages)是 Microsoft 公司 1996 年 11 月推出的 Web 应用程序开发技术,它既不是一种程序语言,也不是一种开发工具,而是一种技术框架,不需要使用微软的产品就能编写它的代码,能产生和执行动态、交互式、高效率的站点服务器应用程序。类似于 HTML(超文本标记编程语言)、Script(脚本)与 CGI 的结合体。运用 ASP 可将 VBScript、JavaScript 等脚本语言嵌入到 HTML 中,便可快速完成网站的应用程序。该程序无需编译,可在服务器端直接执行并且容易编写,使用普通的文本编辑器如记事本就可以完成。ASP 所使用的脚本语言都在服务端而不是在客户端运行,用户端的浏览器也不需要提供任何别的支持,这样大大提高了用户与服务器之间交互的速度。此外,它可通过内置的组件实现更强大的功能,如使用 ADO 可以轻松地访问数据库。ASP 最大的好处是可以包含 HTML 标签,也可以直接存取数据库及使用无限扩充的 ActiveX 控件,因此在程序编制上要比 HTML 方便,而且更富有灵活性。通过使用 ASP 的组件和对象技术,用户可以直接使用 ActiveX,调用对象方法和属性,以简单的方式实现强大的交互功能。

4）ASP.NET

在 ASP 的基础上,微软公司推出了 ASP.NET,但它并不是 ASP 的简单升级,它不仅吸收了 ASP 技术的优点并改正了 ASP 中的某些错误,而且更重要的是,它借鉴了 Java、Visual Basic 语言的开发优势,从而成为 Microsoft 推出的新一代 Active Server Pages。ASP.NET 是微软公司发展的新的体系结构 .NET 的一部分,提供基于组件、事件驱动的可编程网络表单,其中全新的技术架构会让每个人的编程工作变得更简单,还可用 ASP.NET 建立网络服务。

（1）ASP 的缺点。ASP.NET 和 ASP 的最大区别在于编程思维的转换,而不仅仅在于功能的增强。ASP 使用 VBScript/JScript 这样的脚本语言混合 HTML 来编程,而那些脚本语言属于弱类型、面向结构的编程语言,而非面向对象,这就明显产生以下几个问题:

- 代码逻辑混乱,难于管理。由于 ASP 是脚本语言混合 HTML 编程,所以很难看清代码的逻辑关系,并且随着程序的复杂性增加,使得代码的管理十分困难,甚至超出一个程序员所能达到的管理能力,从而造成程序出错或其他问题。
- 代码的可重用性差。由于是面向结构的编程方式,并且混合 HTML,所以可能页面原型修改一点,整个程序都需要修改,更别提代码重用了。
- 弱类型造成潜在的出错可能,尽管弱数据类型的编程语言使用起来会方便一些,但相对于它所造成的出错概率是远远得不偿失的。

除了语言本身的弱点外,在功能方面 ASP 同样存在一些问题:首先是功能太弱,一些底层操作只能通过组件来完成,在这点上是远远比不上 PHP/JSP;其次就是缺乏完善的纠错/调试功能,这点上与 ASP/PHP/JSP 差不多。

(2) ASP.NET 相对于 ASP 的优越性。ASP.NET 摆脱了以前 ASP 使用脚本语言来编程的缺点,理论上可使用任何编程语言包括 C++,VB,JScript 等,当然,最合适的编程语言还是 Microsoft 为.NET Framework 专门推出的 C#(读作 C Sharp),它可看作是 VC 和 Java 的混合体。

首先它是面向对象的编程语言,而不是一种脚本,所以它具有面向对象编程语言的一切特性,例如封装性、继承性、多态性等,这就解决了刚才谈到的 ASP 的那些缺点。封装性使得代码逻辑清晰、易于管理,并且应用到 ASP.NET 上就可使业务逻辑和 HTML 页面分离,这样无论页面原型如何改变,业务逻辑代码都不必做任何改动;继承性和多态性使得代码的可重用性大大提高,程序员可通过继承已有的对象最大限度保护以前的投资。其次,C# 和 C++、Java 一样提供了完善的调试/纠错体系。综上所述,ASP.NET 的技术优势主要体现在以下几个方面:

- 更好的性能。ASP.NET 代码不再是解释型的脚本,而是运行于服务器端经过编译的代码,同时由于引进了早期绑定、本地优化、缓存服务等技术,大大提高了 ASP.NET 的执行效率。

- 更好的语言特性。当前 ASP.NET 支持完全面向对象的 Visual Basic、C# 和 JavaScript,这意味着开发者不仅可利用这些语言来开发 ASP.NET 程序,而且可利用这些语言所具有的优点,包括这些开发语言的类库、消息处理模型等。此外,ASP.NET 是完全基于组件的,所有的页面、COM 对象乃至 HTML 元素都可视为对象。

- 更加易于开发。ASP.NET 提供了很多基于常用功能的控件,使诸如表单提交、表单验证、数据交互等常用操作变得更加简单。同时,发布、配置程序也由于 ASP.NET 新的处理模式而更加方便。页面设计与代码的分离使程序更易于维护。

- 更强大的 IDE 支持。微软公司为.NET 的开发者准备了 Visual Studio.NET 版本(简称 VS.NET),VS.NET 提供了强大、高效的.NET 程序的集成开发环境,支持所见即所得、控件拖放、编译调试等功能,使开发 ASP.NET 程序更加快速方便。

- 更易于配置管理。ASP.NET 程序的所有配置都存储于基于 XML 的文件中,这将大大简化对服务环境和网络程序的配置过程。由于配置信息是以文本形式保存的,新的配置不需要通过任何服务端的程序即可生效。

- 更易于扩展。ASP.NET 良好的结构使程序扩展更加简单。开发者可以方便地开发自己的控件来扩充 ASP.NET 的功能。

(3) ASP 与 ASP.NET 的区别。虽然 ASP.NET 向前兼容 ASP,以前编写的 ASP 脚本几乎不做任何修改就可运行于.NET 平台上,但是,ASP.NET 与 ASP 技术还是具有一定差别的。

- 开发语言不同。ASP 仅局限于使用无类型(Non-Type)脚本语言来开发,用户给 Web 页面中添加 ASP 代码的方法与客户端脚本中添加代码的方法相同,导致代码杂乱。

- ASP.NET 允许用户选择并使用功能完善的强类型(Strongly-Type)编程语言,也允许使用潜力巨大的.NET Framework。

- 运行机制不同。ASP 是解释运行的编程框架,所以执行效率较低。ASP.NET 是编译型的编程框架,运行时服务器上的编译好的公共语言运行库代码,可以利用早期绑定,实施编译来提高效率。

- 开发方式不同。ASP 把界面设计和程序设计混在一起,维护和重用困难。ASP.NET 把界面设计和程序设计以不同的文件分离开,重用性和维护性得到了提高。

ASP 与 ASP.NET 的对比如表 1-1 所示。

表 1-1   ASP 与 ASP.NET 的对比

ASP	ASP.NET
程序代码与页面标识混合在一个页面中,无法剥离	程序代码和页面标识可以完全剥离
程序员需要严格区分一个页面中客户端脚本程序与服务器端的程序,而且客户端的程序与服务器端的程序很难交互	使用 Web 控件,不再区分客户端程序和服务器端程序,可以直接进行数据交换
仅支持 HTML Element	支持 HTML Element、Web Control
解释执行	第一次请求时自动编译执行,以后再次请求时不需要重新编译
支持 COM 组件	支持 COM 组件、Class Library 组件和 Web Service 组件
很难调试和跟踪	可以方便地调试和跟踪
支持 Visual Basic	支持 C#、Visual Basic 和 JavaScript
不支持面向对象编程	支持面向对象编程

1.2.2   ASP.NET 的发展历程

1996 年,ASP 1.0 出现在世人的面前,当时给 Web 的开发带来了新的动力,虽然当时是作为 IIS 的附属品免费赠送的,但是在不久之后就广泛地应用于 Windows 平台。

1998 年,微软公司发布了 ASP 2.0。ASP 2.0 和 ASP 1.0 主要区别是外部的组件需要实例化,在 ASP 的每个组件中都有自己独立的内存空间,并且能进行简单的事务处理。

2000 年,伴随着微软公司开发出 Windows 2000 操作系统,ASP 出现了 3.0 版本。它与 2.0 版本不同的是将 COM 升级到了 COM+,使效率得到提高,版本更加稳定。

2000 年 6 月,微软公司宣布了.NET 战略,这一战略体现了下一代软件开发的新趋势。直到现在.NET 平台框架成为程序员实现梦想的强大工具。ASP.NET 的发展是随着.NET 平台的发展而发展的。如 2000 年 7 月,微软公司做出了.NET 1.0 历史上的变革后,发布了 ASP.NET 1.0 之后陆续产生了 ASP.NET 1.x,ASP.NET 2.0,ASP.NET 3.0,ASP.NET 3.5,ASP.NET 4.0。从 ASP.NET 1.0 到 ASP.NET 1.x 变化不是很大,但从 ASP.NET 1.x 到 ASP.NET 2.0 的变化却是巨大的,而从 ASP.NET 2.0 到 ASP.NET 3.5,再到 ASP.NET 4.0 的变化却比较平缓。

1. ASP.NET 2.0 的特性

(1) ASP.NET 2.0 比 ASP.NET 1.x 增加了新的数据方式和新控件。

- 数据访问控件(Data Controls):ASP.NET 2.0 提供新的数据访问模式,可以只使用少数或甚至不需要 VB/C# 代码就可以完成数据访问的网页。

- 导航控件(Navigation Controls)：可快速创建网站导航。
- 登录相关控件(Login Controls)：可快速创建安全性管理网页。
- 网页组件控件(WebPart Controls)：可快速创建个性化网页。

(2) 母版页功能(MasterPage)：可设计统一的网页。

(3) 主题与外观(Themes and Skins)：可设计具有相同外表的网页。

(4) 个性化信息(Profile)：可用于记录每个用户的信息。

(5) 多语言功能(Localization)：可用于创建多语言支持的网站。

(6) 增加的 Provider 架构，增强了网站弹性与可扩展性。

(7) 在程序编译方面，ASP.NET 2.0 提供了几种不同的方案，从而使编译方式得到改善。

除此之外，ASP.NET 2.0 还提供了两种网站管理工具，分别提供给程序员与网站管理员管理网站。在数据的缓存功能方面，ASP.NET 2.0 比 ASP.NET 1.x 有了很大的改变。如将一些最近不改变的数据放到缓存中，不必每次调用时都去读取数据库，直接从缓存中就可得到，这样就可大大增强数据的读取效率。在 ASP.NET 1.x 中，虽然已经实现了缓存这个功能，但是它是有缺陷的，当改变数据库数据时，缓存的更新必须等到失效后才能进行。而在 ASP.NET 2.0 中，如果对数据库进行更新则在缓存中立即更新。

2. ASP.NET 3.0 的特性

ASP.NET 3.0 以 ASP.NET 2.0 为基础，增加了三种全新的技术：

(1) Windows 表现层技术(Windows Presentation Foundation，WPF)；

(2) Windows 通信层技术(Windows Communication Foundation，WCF)；

(3) Windows 工作流开发技术(Windows Workflow Foundation，WWF)。

3. ASP.NET 3.5 的特点

ASP.NET 3.5 的绝大部分都与 ASP.NET 3.0 相似，并在 ASP.NET 3.0 的基础上增加了如下的特色：

(1) 提供了用于开发 ASP.NET 的 AJAX(Asynchronous JavaScript and XML)应用程序的内置服务器控件、类型和客户端脚本库；

(2) 新的 Forms 身份验证、角色管理和配置文件服务；

(3) 新的 ListView 数据控件，用于显示数据，还可提供具有高度可自定义的用户界面；

(4) 新的 LinqDataSource 控件，通过 ASP.NET 数据源控件结构公开语言集成查询(Language Integrated Query，LINQ)；

(5) 新的合并工具(Aspnet_merge.exe)，可用于合并预编译程序集，以灵活的方式实现部署和发布管理；

(6) 提供了与 IIS 7.0 的集成特性。

可以说 ASP.NET 3.5 就是 ASP.NET 3.0＋AJAX＋LINQ，除此之外，在 ASP.NET 中，还可以集成 Silverlight 应用程序，使 Web 呈现界面更加丰富多彩。

4. ASP.NET 4.0 的特点

ASP.NET 4.0 与 ASP.NET 3.5 相比，技术进一步得到提高和完善，在此基础上又增加了以下几点：

（1）支持普遍应用的"云计算"服务，支持基于微软云操作系统 Windows Azure 的应用开发；

（2）支持移动与嵌入式装置开发；

（3）实现较新的 Agile/Scrum 开发方法；

（4）支持最新的 C++标准和增强 IDE；

（5）支持多显示器显示。

总之，支持云计算是 ASP.NET 4.0 的显著特色，同时融合了一系列新技术，为团队开发提供了具有竞争力的开发工具。借助于 Visual Studio 2010 在 Web 开发方面的改进，ASP.NET 的开发效率将大大提升。

1.2.3 ASP.NET 的运行原理与运行机制

1. ASP.NET 的运行原理

当用户要通过浏览器向 ASP.NET 页面发送一个请求时，首先是 IIS 接受用户的请求，然后经过处理过程发送给能够处理此请求的模块，此模块在 ASP.NET 中被称为 HttpHandler(Http 处理程序组件)。ASP.NET 的文件以.aspx 作为后缀名，.aspx 这样的文件可以被服务器处理，就是因为在服务器端有默认的 HttpHandler 专门处理.aspx 文件。IIS 在将这条请求发送给能够处理这个请求的模块之前，还需要经过一些 HttpModules 的处理，这些都是系统默认的 Modules(用于获取当前应用程序的模块集合)，在这个 HTTP 请求传到 HttpHandler 之前要经过不同的 HttpModules 的处理。这样做的好处是：一是为了一些必需的过程，二是为了安全性，三是为了提高效率，四是为了用户能够在更多的环节上进行控制，增强用户的控制能力。

2. ASP.NET 的运行机制

ASP.NET 运行机制如图 1-3 所示。

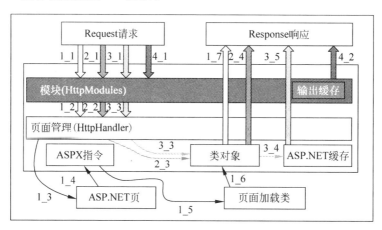

图 1-3   ASP.NET 运行机制

从图 1-3 中可以清楚地看到一个 HTTP 请求是如何经过服务器处理的。图中展示了一个 HTTP 请求经过的 4 条路线。

第一条路线是当用户第一次访问某页面时，访问请求首先经过 1_1 和 1_2 传送到

HttpModules 和 HttpHandler 进行处理,在 HttpHandler 的处理中服务器(IIS 服务器)通过线路 1_3 为用户转到其真正要访问的 ASP.NET 页面,ASP.NET 页面通过线路 1_4 执行 ASPX 指令,要执行这些指令还要通过服务器的 ASP Engine 来找到这个页面背后的类,并实例化为一个临时对象,在此过程中会触发一系列的事件,其中一部分的事件需要经过对象中的方法处理,然后服务器会将这个处理后的页面移交给 Response 对象,最后由 Response 对象将这个页面发送到客户端,这就是第一条路线。

第二条路线是当用户在这个页面上重新提取信息,并继续向服务器发送请求时,因为用户与服务器之间的会话已经建立,同时对应的临时对象也在服务器中建立,所以不用再经过初始化页面的工作,故这第二条路线是按照 HttpModules、HttpHandler 直接与临时对象交互,然后返回,图中表示为 2_1~2_4。

第三条路线与第二条路线不同的是在处理请求时如果涉及需要调用 ASP Cache(即 ASP 缓存),而临时对象将直接从 ASP 缓存提取信息并返回,图中表示为 3_1~3_4。

第四条路线是当用户刷新这个页面的时候,服务器接收到 HTTP 请求,发现这个请求先前已经处理过,并将处理结果存储到由一个默认的 HttpModules 管理的输出缓存中,那么用户就可直接从这个缓存提取信息并返回,而无需再重新处理一遍,图中表示为 4_1、4_2。

1.3　制作第一个网站

启动 Visual Studio 2010 开发环境,选择菜单"文件"→"新建"→"网站",然后打开"新建网站"对话框,如图 1-4 所示。在"联机模板"选项中选择"ASP.NET 网站"选项。

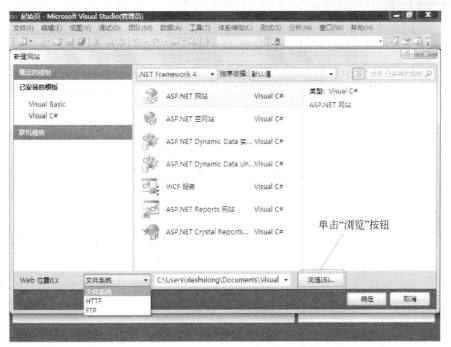

图 1-4　"新建网站"对话框

　　单击"新建网站"对话框中的"文件系统",下拉菜单有"文件系统"、HTTP 和 FTP,分别是指将网站放在本地文件系统中、HTTP 协议和 FTP 协议下的远程系统中。选择的语言有 Visual Basic.net、Visual C♯.net。在这里分别选择"文件系统"与"Visual C♯"选项,单击"浏览"按钮,选择网站所在位置,如图 1-5 所示。本例选择位置为"E:\Work\new\书稿二版\ccx\Last\书上例题源代码\Chapter01"。单击"打开"按钮,返回"新建网站"对话框。单击"确定"按钮,完成新建网站。

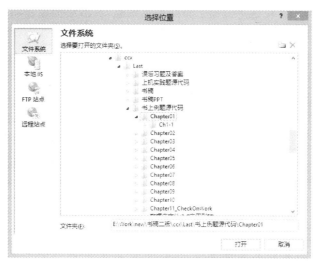

图 1-5　"选择位置"对话框

　　单击"源"按钮,修改代码,将标签"<h2>"到"</h2>"中的内容删除,修改为"这是我的第一个网站",将两组标签<p></p>中的内容也删除,如图 1-6 所示。

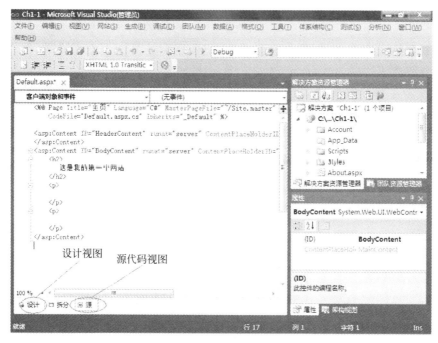

图 1-6　在源代码视图中修改标题

单击"设计"按钮，输入"这是我的第一个网站"和"我拖曳的 TextBox 控件"，然后从工具箱拖曳 TextBox 控件，再输入"我拖曳的 Button 控件"，再从工具箱拖曳 Button 控件，如图 1-7 和图 1-8 所示。

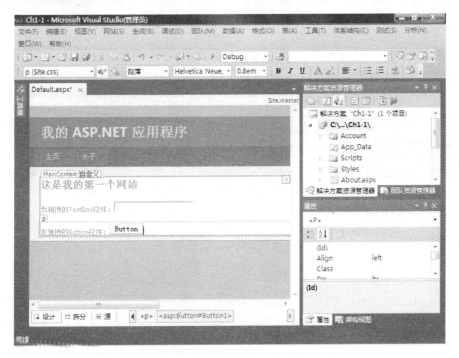

图 1-7 设计视图添加内容 1

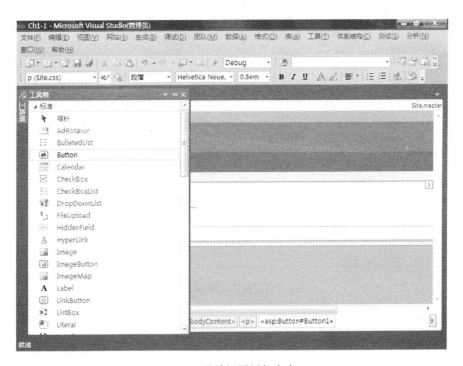

图 1-8 设计视图添加内容 2

选择菜单"调试"→"启动调试"或按 F5 键，或按工具栏上的运行应用程序，如图 1-9 所示。第一次运行网站时会出现"未启用调试"对话框，如图 1-10 所示。

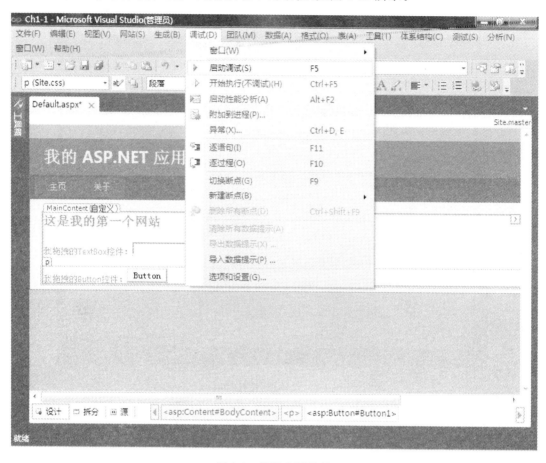

图 1-9　运行应用程序

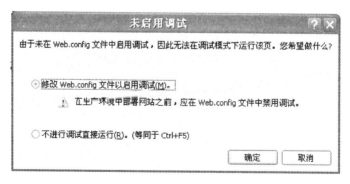

图 1-10　"未启用调试"对话框

单击"确定"按钮，添加 WebConfig 文件于网站系统中。运行结果如图 1-11 所示。

图 1-11　系统运行结果

1.4　ASP.NET 开发基础

1.4.1　ASP.NET 程序结构

通常，一个 ASP.NET 应用程序由多个 Web Form 组成，每个 Web Form 将共享相同应用程序的很多通用的资源和配置设置，即使在相同的 IIS 服务器上，也不大可能有多个应用程序共享资源和配置，这是因为每个应用程序都被执行在一个分离的应用程序域中。可以把应用程序域想象成内存中的一块隔离区域，这样，即使其他 ASP.NET 应用程序崩溃，也不会影响到当前应用程序，保证了程序安全。

一个标准的 ASP.NET 应用程序由多个文件组成，包括 Web 页面、HTTP 页面、HTTP 处理器、HTTP 模块，以及可执行的代码、配置文件和数据文件。

1. ASP.NET 文件类型

网站应用程序中可包含很多文件类型。例如，经常使用的 Web 窗体页以 .aspx 为扩展名的文件。ASP.NET 开发过程中的文件类型与文件扩展名的具体描述如表 1-2 所示。

表 1-2　ASP.NET 网页扩展名

文　件	扩展名	文　件	扩展名
Web 用户控件	.ascx	全局应用程序类	.asax
HTML 页	.htm	Web 配置文件	.config
XML 页	.xml	网站地图	.sitemap
母版页	.master	外观文件	.skin
Web 服务	.asmx	样式表	.css

2. ASP.NET 目录介绍

在 ASP.NET 中,提供了几个特定的子目录来组织不同类型的文件。

(1) Bin 文件夹:包含 Web 应用程序要使用的已经编译的 .NET 组件程序集,例如用户创建了自定义数据访问组件,或者是引用第三方的数据访问组件,ASP.NET 将自动检测该文件夹的程序集,并且 Web 站点中的任何页面都可以使用这个文件夹中的程序集。

(2) App_Code 文件夹:包含源代码文件,例如 .cs 文件。该文件夹中的源代码文件将被动态编译,该文件夹与 Bin 文件夹有点相似,不同之处在于 Bin 放置的是编译好的程序集,而这个文件夹放置的是源代码文件。

(3) App_GlobalResources 文件夹:保存 Web 应用程序中所有页面都可见的全局资源,这个目录通常用于本地化的情形,例如在开发一个多语言版本的 Web 应用程序时。

(4) App_LocalResources 文件夹:与 App_GlobalResources 文件夹功能相同,但其可访问性仅限于特定的页面。

(5) App_WebReferences 文件夹:存储 Web 应用程序使用的 Web 服务文件。

(6) App_Data 文件夹:当添加数据库文件时,Visual Studio 2010 会自动添加该文件夹,用于存储数据。

(7) App_Themes 文件夹:存储 Web 应用程序中使用的主题,主题用于控制 Web 应用程序的外观。

(8) App_Browsers 文件夹:包含 ASP.NET 用于标识个别浏览器并确定其功能的浏览器定义(.browser)文件。

添加上述目录的方法是右击解决方案资源管理器中的项目,选择添加 ASP.NET 文件夹,再在二级级联菜单中添加相应的文件夹,如图 1-12 所示。

1.4.2　ASP.NET 编程模型

1. 编程执行步骤

ASP.NET 是使用事件驱动的编程模型,开发人员只需向 Web 窗体添加一些控件,然后响应相应的事件。

ASP.NET 事件编程模型基本过程可参照图 1-3 的 ASP.NET 运行机制,具体步骤如下:

(1) 当页面首次运行时,ASP.NET 创建 Page 对象和控件对象,初始化代码将被执行,然后页面被渲染为 HTML 格式返回到客户端。

(2) 当用户触发了页面回发(Postback)时,通常是触发一些事件,例如单击按钮事件,此时,页面将再次提交所有的表单数据到服务器。

图 1-12　添加 ASP.NET 文件夹

（3）ASP.NET 截取返回的页面，并重新创建 Page 对象。

（4）ASP.NET 检查是什么事件触发了 Postback，并触发相应的事件代码执行，此事件处理代码由开发人员编写。

（5）页面将被渲染并返回到客户端，Page 对象从内存中释放，如果其他 Postback 产生，ASP.NET 将重复（2）～（4）步的操作。

在 ASP.NET 中，大多数控件事件都会产生一个页面回发过程，这个过程将向服务器提交所有的表单数据，服务器端的 ASP.NET 引擎获取到返回的表单数据，触发用户定义的服务器端代码，然后重新生成页面，发送给客户端。

2. 自动回发特性（AutoPostback）

当使用者在客户端触发事件时，只是产生了一个客户端行为，服务器端其实并不知道客户端触发了事件。因此需要一种机制将客户端产生的事件传递到服务器端，让服务器能有机会执行相应的服务器端代码，自动回发机制即完成此功能。由于客户端与服务器端要通过网络通信，频繁的事件会严重影响服务器端的性能。

一般情况下，ASP.NET 服务器控件具有一个 AutoPostback 属性，当将该属性设置为True 时，会对该控件触发事件产生页面回发行为。实质上，此自动回发功能由 JavaScript 函数来实现。

1.4.3　Web 窗体

1. Web 窗体的内涵

一个 ASP.NET Web 应用程序主要是由多个 Web 页面（也称为 Web 窗体）组成的，访问程序的用户将会在浏览器中直接看到这些 Web 窗体的运行效果。开发人员可以用开发

Windows 桌面应用程序的方式(基于控件)来开发 ASP.NET 应用程序,当 ASP.NET 运行时,ASP.NET 引擎读取整个 aspx 文件,生成相应的对象,并触发一系列事件。

2. Web 窗体的处理流程

当客户端发起一个对 Web 页面的请求时,ASP.NET 将执行如下 6 个步骤来完成页面的处理流程,具体执行过程如图 1-13 所示。

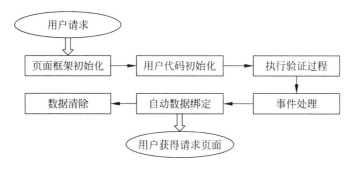

图 1-13　Web 窗体处理流程

(1) 当用户请求 Web 窗体时,页面框架初始化最初被执行,触发一个 Page.init 事件,生成所有在 aspx 页面中定义的控件。

(2) 用户代码初始化将触发 Page_Load 事件,基本上大多数窗体都会响应该事件来完成一些初始化的工作。Page_Load 事件不管是首次请求还是回送请求,总是会被触发,ASP.NET 提供了一个非常有用的属性 IsPostBack,用于判断是否是回送的页面请求。

(3) 验证过程中主要是 ASP.NET 包含验证控件执行自动验证用户控件,并且显示错误消息。这些控件在页面被加载后,在任何事件被触发前执行验证过程,可通过 Page.IsValid 属性来判断当前页面是否通过验证。

(4) 事件处理过程发生在页面被完全加载并且被验证之后,在这个过程中,将处理开发人员在控件事件中编写的代码。

(5) 如果页面上使用了数据源控件,自动数据绑定将自动完成数据的绑定工作,并实现数据的更新和查询过程。有两种类型的数据源操作:一种是产生的数据改变操作,如插入、删除和更新,发生在所有控件事件都执行完毕,但在 Page.PreRender 事件触发之前;另一种则是在 Page.PreRender 触发之后,数据源控件完成查询工作,并向所有连接的控件插入数据。

(6) 在自动数据绑定事件完成之后,将生成 HTML 输出到客户端,当页面被输出后,清除工作将开始,Page.Unload 事件被触发,Page 对象仍然可用,但 HTML 已经被输出到了客户端浏览器,无法再进行更改,可在 Page.Unload 事件中添加代码来完成清除工作。

1.5　Web.Config 配置文件

在 ASP.NET 应用程序中,配置文件具有举足轻重的地位。ASP.NET 的配置信息保存在基于 XML 的文本文件中,通常命名为 Web.Config。在一个 ASP.NET 应用程序中,可以出现一个或多个 Web.Config 文件,这些文件根据需要存放在应用程序的不同文件夹中。

Web.Config 继承自 .NET Framework 安装目录的 machine.config 文件，machine.config 配置文件存储了影响整个机器的配置信息，不管应用程序位于哪个应用程序域中，都将取用 machine.config 中的配置。Web.Config 继承了 machine.config 的大部分设置，同时也允许开发人员添加自定义配置，或者是覆盖 machine.config 中已有的配置。

下面的代码是一个常规的 Web.Config 配置文件的框架，这个框架代码包含了一个标准 Web.Config 配置文件中的大多数信息。

```
<?xml version = "1.0"?>
<configuration>
<connectionStrings>…</connectionStrings>
<system.web>…</system.web>
<system.webServer>…</system.webServer>
</configuration>
```

从代码中可以看到，整个配置文件被嵌入<configuration>节点中，在这个节点中有几个子节点是用户可自行更改的，而有一些则是非常重要的、不可更改的配置项。

在这个框架文件中有以下几个配置节点是开发人员必须要掌握的。

(1) <connectionStrings>：允许开发人员定义连接数据库的连接信息。

(2) <system.web>：保存了用户将配置的每个 ASP.NET 设置，在一个 Web.Config 配置文件中，通常可以看到多个<system.web>配置块，用户也可以根据需要创建自己的<system.web>配置块。

(3) <system.webServer>：用于指定适用于 Web 应用程序的 IIS 7.0 设置。

注意：Web.Config 配置文件区分大小写，与 XML 一样，使用小写字母开头。

在 ASP.NET 应用程序中添加 Web.Config 文件的方法是：右击解决方案管理器中的项目，选择"添加新项"选项，出现如图 1-14 所示的"添加新项"对话框，选择"Web 配置文件"选项，单击"添加"按钮即可。

图 1-14　"添加新项"对话框

1.6　小结

本章首先讲解了什么是 Microsoft.NET Framework,其战略目标、组成、特点和版本,目的是给读者一个清晰的关于.NET 的轮廓,然后详细地介绍了 ASP.NET 的发展历程、运行原理与运行机制;介绍了动态网页设计技术,目的是让读者了解 ASP.NET 的前因后果,从而对 ASP.NET 有更深层次的理解。通过多年的教学得知,不讲这些学生只知其然,不知所以然,甚至连 ASP 与 ASP.NET 的区别都不知道,也不能结合目前 Web 开发的技术进行自主学习,随着学习的深入,读者会有一个更深层次的了解。在此基础上制作了第一个网站,目的是使读者能搭建 ASP.NET 开发环境,对 ASP.NET 程序结构、编程模型与 Web 窗体做了介绍,至此为进一步开发做好了相应的准备工作,后续章节将带领读者一步一步开发 ASP.NET Web 应用程序。

1.7　课后习题

1.7.1　作业题

1. 什么是.NET Framework?
2. ASP 与 ASP.NET 有什么区别?
3. ASP.NET 的运行原理是什么?

1.7.2　思考题

1. 什么是 WYSIWYG,在 Windows 操作系统中的什么字体体现了 WYSIWYG?
2. 网页上有动画、Flash,就可以说采用动态网页技术吗? 为什么? 静态与动态网页制作与维护方面的优缺点各是什么? 寻找 Internet 中的静态与动态页面。
3. 用户在客户端产生的一个事件,服务器端是如何获知的? 在新闻 Web 网站浏览新闻时,打开一个新闻链接到另一个页面,阅读后又回到主页面,此时客户端与服务器一直在保持连接通信吗?

1.8　上机实践题

建立一个网站,在浏览器中输出"欢迎访问列车信息查询网站!"。

第2章

JavaScript语言简介

Web 程序不论是 B/S(Browser/Server)还是 C/S(Client/Server)构架,分为客户端程序与服务器端程序两种。ASP.NET 是开发服务器端程序的强大工具,但有时为了降低服务器负担与通信流量,这就需要编写能够在客户端执行的程序。脚本语言是开发在客户端执行程序的工具,将脚本语言与 ASP.NET 相结合会更具有效率。脚本语言有许多种,如 Python、VbScript、JavaScript、ActionScript 等。鉴于 JavaScript 脚本语言的通用性,本书主要介绍 JavaScript 脚本语言。本章简要介绍 JavaScript 基本语法知识,包括变量、函数、语句、对象等的使用。

本章主要学习目标如下:

- 掌握 JavaScript 语言的变量、函数、语句等的使用;
- 掌握 JavaScript 语言的对象及浏览器对象、文档对象等的使用。

2.1 JavaScript 语言的历史

介绍 JavaScript 语言就会提到 Java 语言,二者是两种不同的语言,没有直接的隶属关系。Java 语言由美国 Sun 公司(后被 Oracle 公司收购)开发,是一种面向对象、跨平台的编程语言,它与 Asp.net 语言分属两个不同方向的开发工具,有较好的网络编程优点,被不少程序员热衷使用。

JavaScript 语言由程序员 Brendan Eich 在 1996 年开发,当时叫 LiveScript。随着网络的普及,浏览器产品不断推出,为了检测 Web 站点在不同浏览器的运行情况,各大软件公司与欧洲计算机制造商协会(简称 ECMA)联合发布了浏览器支持的 ECMAScript 标准版本,它后来被通俗地称为 JavaScript。从一定意义上讲 JavaScript 不是一种编译型语言,而是一种补充语言,配合 HTML 等标记类语言主要用于和 Web 相关的编程。

2.2 一个简单的 JavaScript 开发例子

例 2-1 通过运行程序,输出一条"Hello World!"语句,具体操作步骤如下:

(1) 启动 Visual Studio 2010,建立一个网站,命名为 Ch2-1.aspx,默认主页为 Default.aspx。在右侧"解决方案资源管理器"的窗口中找到网站名称,用鼠标右键单击,在弹出的快捷菜单中选择"添加新项",如图 2-1 所示。

图 2-1　在快捷菜单中选择"添加新项"选项

（2）在打开的"添加新项"对话框中列出了已安装的模板选项，选择"HTML 页"选项，在下面的名称框中命名为"MyPage.htm"，然后单击"添加"按钮，如图 2-2 所示。

图 2-2　选择添加"HTML 页"文件

（3）在 MyPage.htm 页面，把光标定位在＜title＞和＜/title＞之间，把标题改成 My First Page。然后在标签＜title＞＜/title＞后面添加要执行的代码。

```
< head >
    < title > My First Page </title>
    < script type = "text/javascript">
        function theAlert(textToAlert){
            alert(textToAlert);
        }
        theAlert("Hello World!");
    </script>
</head>
```

添加代码的结果如图 2-3 所示。

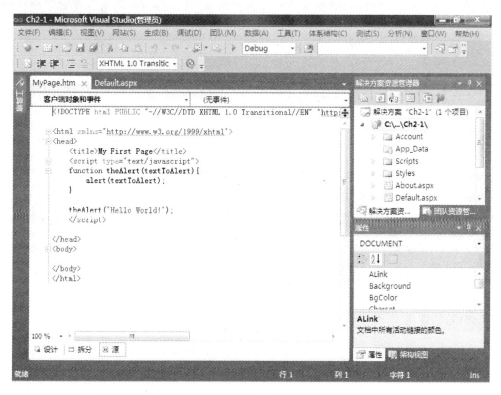

图 2-3 在 MyPage.htm 文件中添加代码

（4）然后选择"文件"菜单中的"全部保存"，保存编写的代码。

（5）要运行程序，选择"调试"菜单中的"启动调试"，或者按键盘上的功能键 F5，或者单击工具栏中的"启动调试"按钮。运行结果显示一个提示框，如图 2-4 所示。

上述的代码工作过程如下：

首先，打开 script 标签，声明是 JavaScript，即下面的一行代码：

图 2-4 程序运行后的界面

```
< script type = "text/javascript">
```

然后,声明了一个函数 theAlert,使用参数 textToAlert,它调用内部函数 alert( )完成显示功能。

最后,通过给参数赋值调用这个函数,参数用引号括起来:"Hello World!"。

2.3　JavaScript 语言的基本语法要求

1. 区分大小写

JavaScript 语言区分字符大小写,两个字符串字符相同大小写不同,被认为是不同的字符串,比如"JavaScript"与"JAVASCRIPT"是不同的串。JavaScript 语言的关键字也区分大小写,按语法要求应小写。

2. 书写格式

JavaScript 语言忽略语句间空白,即语句间的空格、空行、缩进等。为了提高程序的可读性,应当使用这些格式,使程序更加清晰,可读性更高。在书写代码时采用良好的习惯,对于调试和日后维护都有益处。

3. 注释语句

为提高程序的可维护性和可读性,应当有一定的注释语句,它是给读程序的人员看的,有单行和多行两种方式,单行以双斜线开始,多行以/ * 、* /为开始和结束的标识,例如:

```
//Here is a single comment.
/ *  This is a multiline comment in JavaScript.
It will not run. * /
```

4. 分号的使用

JavaScript 语言中语句以分号结束。有些情况,比如循环或者选择结构的条件语句后面不需要分号,否则会改变原结构的执行路径。例如下面一条语句:

```
if(a == 1);
```

加上分号后,不论 a 的取值是否为 1 都将执行条件语句后面内容,条件测试失败。

5. JavaScript 放置的位置

JavaScript 代码可以放在 HTML 页面中＜head＞＜/head＞标签内,也可以放在＜body＞＜/body＞标签内,在＜script＞标签开始部分,需要声明是 JavaScript 脚本类型。如果 JavaScript 代码没有直接放在 HTML 页面,而在另外一个文件中,比如 MyPage. js,可以使用＜script＞的 src 属性链接它:

```
< script type = "text/javascript" src = "MyPage. js">
```

6. JavaScript 语句类型

JavaScript 程序的语句分为简单语句和复合语句两种。简单语句实现基本的功能,例如变量赋值语句:var x＝1;复合语句包括多重逻辑关系,比如选择结构、循环结构等。

7. JavaScript 中的保留字

JavaScript 保留了一部分单词用于专门用途,称为保留字,不能用于常量、变量、标识符等的命名。下面是 JavaScript 语言规定的保留字:

break,delete,function,return,typeof,case,do,if,switch,var,catch,else,in,this,void,continue,finally,instanceof,throw,while,default,for,new,try,with。

还有一些特殊的单词,为避免歧义也不能用于命名:boolean,byte,char,class,const,double,enum,float,int,long,private,protected,public,short,static 等。

2.4　数据类型

JavaScript 中使用 6 种数据类型:

- 数字类型(Numbers type);
- 字符串类型(Strings type);
- 布尔值类型(Booleans type);
- 空类型(Null type);
- 未定义类型(Undefined type);
- 对象类型(Objects type)。

前面 3 种是常用类型,后面 3 种类型不经常使用,先介绍前 5 种数据类型,对象类型在使用时再介绍。

2.4.1　数字类型

JavaScript 中的数字类型为一个总体类型,不再细分为整数和浮点类型,合法的数据有:15,－23.4,0xb,07 等,后两个分别为十六进制和八进制的形式。

JavaScript 提供了与数值运算有关的内部函数,其中 isNaN( )用来确定参数是否为一个有效的数字(NaN 是"Not a Number"的缩称),返回一个布尔值,当参数为数字时返回"false",为非数字时返回"true"。常用来验证输入的是数字还是文字。例如:

```
Alert(isNaN("2"));        //结果显示"false",数字参数在引号中也能识别出来。
Alert(isNaN("two"));      //结果显示"true",单词含义是2,但识别为字符串。
```

Math 对象(首字母大写)是一个常用的内部对象,具有与数字有关的属性和函数:

Math. PI:返回圆周率,常用属性之一,字母大写。

Math. random():返回一个伪随机数。

Math. abs(x):返回 x 的绝对值。

Math. pow(x,y):返回 x 的 y 次幂。

Math. round(x)：返回 x 四舍五入的值。

2.4.2　字符串类型

JavaScript 中字符串由一个或者多个字符组成,放在引号当中(双引号或单引号都允许)。若字符串当中出现引号字符,则需要交叉使用,例如:

```
"This string has 'another format'"
```

如果在引号括起来的字符串中出现同样的引号字符,需要使用转义符,例如:

```
"This string has \"another format\""
```

其他常用的表示转义作用的字符序列有:
- \r：回车符。
- \t：水平制表符。
- \n：换行符。
- \\：反斜杠符号。

JavaScript 定义字符串的属性和方法可通过点号(.)访问,比如求字符串的长度属性:

```
var str1 = "Beijing China"
alert(str1.length); //显示 13
```

求字符串的子串的方法为:substring(start,end),返回从第一个参数开始到第二个参数结束的子串,但子串中不包括第二个参数。例如显示字符串 str1 中的第一个单词:

```
alert(str1.substring(0,7)); //"Beijing"
```

2.4.3　布尔值类型

JavaScript 语言中布尔值有两个:true 和 false,一般用在循环结构或选择结构中,作为条件表达式的结果,决定程序下面的执行路径。

2.4.4　空类型

JavaScript 语言中的空是一种特殊的数据类型,表示没有值,而且也不包含任何值,与数字 0、空格字符串都不同。

2.4.5　未定义类型

未定义是一种状态,表示还没有包含一个值的一个变量,未定义的状态与空不相同。

2.5　变量的使用

var 是声明变量的关键字,变量名由英文字母、数字以及下划线(_)组成,但开始字符不允许是数字。可以在一行中声明多个变量,用逗号隔开,在声明的同时可以赋初值:

```
var value1 = 18, office_address = "Beijing Road No.15.";
```

JavaScript 的变量不是强制类型的,可以保存数值、字符串、布尔值等任何数据类型。通过重新赋值,可以隐式地改变变量类型,比如下面语句把变量由整数变为字符串:

```
var value1 = "From int to string"
```

变量也可以通过转换函数显式地进行强制转换:

1. 数字转换

当数字用在字符串运算中时,自动转换成字符串;显式转换可以调用 String( )函数,或者使用 toString( )方法。

```
var mystr1 = 123;              //int
var mystr2 = String(mystr1);   //"123"
var mystr3 = mystr1.toString();  //"123"
```

2. 字符串转换

由数字组成的字符串可以自动转换成数字,也可以调用 Number( )函数实现。

```
var myStr4 = "246";
var myInt = Number(myStr4)      //246
```

3. 布尔值转换

在和数字一起运算时,布尔值自动转换:true 转换为 1,false 转换为 0,在和字符串一起运算时:true 转换为字符串"true",false 转换为"false";需要把数字或字符串转换为布尔值时,可以调用 Boolean( )函数。

2.6 操作符与表达式

JavaScript 提供了多种形式的操作符,包括:加法、乘法、位、相等、关系、一元、赋值操作符等,操作符与常量、变量及括号等组成表达式。

2.6.1 加法操作符

加法操作符包括加法运算符(+)和减法运算符(-)。当参与运算的操作数是数值时,执行数值的加减法。加法运算允许字符串参加,把两个字符串连在一起,数值与字符串混合做加法运算时,把数值转换为字符串后再进行连接。例如:

```
var value1 = 123
var value2 = 456
var value3 = "456"
var value4 = "goodluck"
var result1 = value1 + value2;         //579
```

```
var result2 = value3 + value4;              //"456goodluck"
var result3 = value1 + value4;              //"123goodluck"
```

2.6.2 乘法操作符

乘法操作符包括 * 、/和%,其中, * 、/运算执行两个数之间的乘除法,%执行模除运算,也就是被除数做除法后的余数,例如 10 模除 4 的结果是 2。

2.6.3 位操作符

位操作符包括:与运算、或运算、非运算、异或运算、左移运算、右移运算等,运算符如下:

- &:AND。
- |:OR。
- ~:NOT。
- ^:XOR。
- <<:左移。
- >>:右移。

2.6.4 相等操作符

相等操作符测试两个表达式是否相同,结果为布尔值。有两种方式:普通相等操作符==和严格相等操作符===,区别在于:严格相等测试要求操作符两边的操作数大小和类型都相同,才返回真;普通相等测试两边的操作数相等就返回真。例如下面的测试结果不同:

```
var value1 = 18;
var value2 = "18";
var result1 = (value1 == value2);           //true
var result2 = (value1 === value2);          //false
```

与相等测试对应,有两种不相等测试:普通不相等操作符!=和严格不相等操作符!==。普通不相等测试只看数值大小,严格不相等测试要同时看数值大小和类型。

2.6.5 关系操作符

关系操作符包括>、<、>=、<=,还有操作符 instanceof,由关系操作符组成的表达式结果返回一个布尔值。instanceof 测试一个表达式是否为类的一个实例,例如下面条件表达式的结果为真:

```
var birthday = new Date( );
if(birthday instanceof Date){
    //happy birthday to you!
}
```

2.6.6　一元操作符

一元操作符包括自增、自减运算符：＋＋、－－，单目的加减号：＋、－，按位求反：～，逻辑非：！。

在循环结构中常用到＋＋和－－，操作符在变量之前称为前缀，在变量之后称为后缀。前缀和后缀的赋值运算结果不同，以自增为例：后缀是先赋值后自增，前缀是先自增后赋值：

```
var value1 = 100;
var value2 = value1++;          //value2 = 100, value1 = 101
var value3 = 100;
var value4 = ++value3;          //value3 = 101, value4 = 101。
```

单目的加减号：加号把一个数值型的字符串转换为数字；减号是计算数字的相反数，字符串形式也能正常求值，例如：

```
var value1 = "100";
var value2 =+ value1;           // + value1 = 100, value2 = 100
var value3 = "123";
var value4 =- value1;           //value4 =- 123
```

按位求反操作是对操作数的每位二进制数字求反；逻辑非运算是对操作数的布尔值求反，true 和 false 的值互换。

2.6.7　赋值操作符

赋值操作符就是等号（＝），也称为简单赋值，还有复合赋值操作符，包括运算在一起：＊＝，／＝，％＝，＋＝，－＝等，它们使程序的可读性变差，不建议使用。

2.7　选择结构和循环结构

选择结构使用关键字 if、switch，循环结构使用关键字 for、while。

2.7.1　if 语句

if 语句是选择结构中的常用语句，根据条件测试结果决定程序的运行，一般有两个分支，在条件为真时执行 if 后面的语句，条件为假时执行 else 后面的语句。语法格式为：

```
if(判断条件){
    //条件为真时执行的语句
}else{
    //条件为假时执行的语句
}
```

else 部分是可选的，如果省略，条件不成立就不执行 if 结构中的所有语句。

例 2-2 用到内部函数 prompt( )，函数运行后弹出一个对话框，显示提示信息和文本框，文本框填有缺省文本"undefined",有"确认"和"取消"两个按钮。

例 2-2 使用选择结构判断在职职工输入的年龄的合法性,要求输入值不超过 60 岁。具体操作步骤如下:

(1) 启动 Visual Studio 2010,建立一个网站,命名为 Ch2-2. aspx,默认主页为 Default. aspx。在右侧"解决方案资源管理器"窗口中右键单击后选择"添加新项",在对话框中选择"HTML 页",在名称框中命名为:Ch2-2. htm,然后单击"添加"按钮。

(2) 在<head>和<body>标签内填写以下代码:

```
< head >
    < title > This is an selected example.</title >
    < script type = "text/javascript">
        var inputNum = prompt("please enter your age (< = 60):");
        if (inputNum > 60) {
            alert("Your age " + inputNum + ",is not below 60.");
        }
    </script >
</head >
< body >
    < p > This is an example of selected - structure.</p >
</body >
```

(3) 保存程序并运行,出现一个对话框,在文本框中输入"20",如图 2-5 所示。

图 2-5　在文本框中输入年龄值

(4) 单击"确定"按钮,输入值通过有效性检验,执行<body>标签的语句,显示一条文本性提示信息。

(5) 如果输入大于 60 的数值,将显示一个提示框说明超过年龄要求,如图 2-6 所示。

仿照设置 60 岁为在职职工的年龄上限,还可以设置年龄下限,设为 18 岁,这样多个条件在一起称为复合条件语句,使用逻辑或运算符进行连接。在输入年龄时会发生其他情况,比如输入的不是数字,而是其他字符,也

图 2-6　输入无效年龄的界面

应该判为年龄不合法。通过 isNaN( )函数检测这种情况,代码修改如下:

```
var inputNum = prompt("please enter your age (between 18 and 60):");
if ((isNaN(inputNum))||(inputNum > 60)||(inputNum < 18)) {
    alert("Your age , " + inputNum + ",is not between 18 and 60.");
}
```

进一步改写为两个分支形式:若输入合法年龄,计算到退休需要工作的年头:

```
var inputNum = prompt("please enter your age (between 18 and 60):");
if ((isNaN(inputNum))||(inputNum > 60)||(inputNum < 18)) {
    alert("Your age , " + inputNum + ",is not between 18 and 60.");
}
else{
    var workTime = 60 - inputNum;
    alert("Your have " + workTime + " years to work.");
}
```

if/else 结构连续使用可建立多条件测试,如果第一个条件不满足,在 else 部分进行第二个条件的测试,以此类推。改写以上代码为 if/else if 结构:

```
var inputNum = prompt("please enter your age (between 18 and 60):");
if(isNaN(inputNum) {
    alert("Here need a number .");
}else if((inputNum > 60)||(inputNum < 18)) {
    alert("Your age , " + inputNum + ",is not between 18 and 60.");
}else{
    var workTime = 60 - inputNum;
    alert("Your have " + workTime + " years to work.");;
}
```

if/else 结构有一种紧凑形式,称为三元条件语句,语法格式为:

(条件表达式)?条件为真时执行的语句:条件为假时执行的语句;

例如,根据性别的不同采用不同的称呼:

```
(sex = "male")?"Hello, Sir!":"Hello, Miss!";
```

2.7.2 switch 语句

if/else if 结构可以实现多重条件判断,但条件重数超过三个后程序可读性就降低了。switch 语句称为开关语句,实现同样的多重条件判断,程序结构更加清晰,语法格式为:

```
switch(variable){
    case 1:
        //does when case 1 is true
        break;
    case 2:
        //does when case 2 is true
        break
    …
    default:
        //does when none case is true
}
```

下面代码说明 switch 语句的使用,由网站的访问者选择自己国家的名称,然后决定网页显示所使用的语言,比如选择德国则采用德语,如果没有选择则采用默认的法语。

```
switch(countryChoice){
    case "US":
```

```
        case "England" :
        case "Canada" :
            //Language is English
            break;
        case "Germany" :
            //Language is German
            break;
        case "China" :
            //Language is Chinese
            break;
        default:
            //Language is French
    }
```

需要说明的是：首先，若不同选项执行相同的内容，比如美国、英国和加拿大都使用英语，则在选项都列出来后再填写相应的代码；其次，不同情况执行不同内容，需要用 break 语句断开；再有，所有情况都不满足时，若有缺省语句就执行缺省情况，没有缺省语句就不执行任何语句。

2.7.3　while 循环的使用

while 组成的循环结构，在条件语句为真时将一直执行循环体的内容。它有两种形式：while 形式和 do…while 形式。区别在于：如果第一次判断条件表达式为假，前者一次也不执行；后者执行一次循环体后再退出，所以它们又称为 0 次 while 循环、1 次 while 循环。先介绍 while 形式的循环，语法格式为：

```
while(循环条件表达式){
    //循环体
}
```

条件表达式中的变量称为循环控制变量，根据表达式的值决定是否需要循环，在循环体中应有修改控制变量的语句，否则形成死循环。如果进行程序测试，需要循环不停地执行，可以把条件设为真的情况，比如 while(1==1)。

下面介绍数学家高斯的一个小故事，他上小学时老师布置了一道数学题，求从 1 到 100 所有数字的和，老师刚说完题高斯就得到答案，他把首尾两个数拿出来组成一组，和是 101，这样共有 50 组，所以速算的结果是 5050。现在使用循环结构完成以上计算。

例 2-3　通过 while 循环结构，计算从 1 到 100 的和，具体操作步骤如下。

(1) 启动 Visual Studio 2010，建立一个网站，命名为 Ch2-3. aspx，默认主页为 Default. aspx。在右侧"解决方案资源管理器"的窗口中用右键单击文件名，在快捷菜单中选择"添加新项"，选择"HTML 页"选项，然后单击"添加"按钮。

(2) 在<head>和</head>中填写如下代码：

```
< head >
    < title > This is an while - structure example.</title>
    < script type = "text/javascript">
        var sum = 0, count = 1;
```

```
        while (count <= 100) {
            sum = sum + count;
            count++;
        }
        alert("The sum of 1 - to - 100 is " + sum );
    </script>
</head>
```

（3）保存文件，运行程序显示结果是5050，如图2-7
所示。

循环while的另一种形式是do…while形式，它的
语法格式为：

```
do{
    //循环体中要执行的语句
}while(条件表达式)
```

图2-7 while循环求和的界面

这种循环首先执行一次循环体，然后根据循环条件表达式的真假决定是否进行第二次
循环。上面例题改写为do…while形式，代码如下所示：

```
var sum = 0, count = 1;
do {
    sum = sum + count;
    count++;
} while (count <= 100)
alert("The sum of 1 - to - 100 is: " + sum);
```

2.7.4 for 循环的使用

for循环是常用的循环形式，与while循环可以相互转换，上述例题改写为for形式为：

```
var sum = 0;
for( count = 1;count <= 100; count++){
    sum = sum + count;
}
alert("the sum of 1 - to - 100 is " + sum);
```

for 循环的语法格式为：

```
for(控制变量赋初值;测试条件表达式;修改控制变量)
{
    //循环体
}
```

从for循环的结构看到，关键字for后面的括号中包括3条子句，用分号（;）隔开，它们
完成while循环类似的功能：第一条子句为控制变量赋初值，while循环在while语句之前
赋初值；第二条子句是测试条件表达式，while循环的条件表达式完成这项功能；第三条子
句是修改控制变量，while循环在循环体中修改变量。

2.8 函数的使用

函数是一些语句的集合,完成特定的功能,定义后可在程序中的任何位置调用。分为内部函数和用户自定义函数两类,内部函数是 JavaScript 语言已经定义的标准函数,比如 alert( )函数;自定义函数是程序员根据需要自己定义的函数,语法格式为:

```
function functionName([parameter1,parameter2,…]){
    //函数体
    [return resultValue;]
}
```

函数定义的关键字是 function,后面是函数名称,在小括号中放置形式参数;调用函数时需要给形式参数赋值,这时参数称为实际参数。大括号中的内容称为函数体,其中 return 语句是可选的,如果需要返回运算结果,则包含 return 语句,否则无 return 语句。

函数调用时,按照定义时形式参数的要求,为每个参数进行赋值。函数调用时使用一个名为 arguments 的数组,保存传递给函数的参数值,数组长度是参数的个数。下面以两个参数的函数形式改写例 2-1,用实际参数"hello"、"world"调用,代码如下:

```
<script type = "text/javascript">
    function twoArguments() {
        var firstArg = arguments[0];
        var secondArg = arguments[1];
        alert("the first word is :" + firstArg);
        alert("the second word is :" + secondArg);
    }
    twoArguments("hello", "world");
</script>
```

运行上面代码,分别显示如图 2-8 和图 2-9 所示。

图 2-8   访问 arguments 第一个参数

图 2-9   访问 arguments 第二个参数

2.9 对象的使用

类和对象都属于面向对象编程的范畴,JavaScript 支持面向对象的编程方法。

2.9.1 window 对象的常用方法

在面向对象编程中,对象是类的一个具体实例,具有静态的属性和动态的方法,方法可以看作是对象运行的函数,比如内部函数 alert( ),实际上是 window 对象(即窗口对象)的方法,写成全称为 window. alert( )。窗口对象另一个常用方法为 confirm( ),参数部分是询问的内容,通过"确认"或"取消"按钮进行回答,返回结果是布尔值。下面代码调用 confirm( )函数,询问是否开始一项工作。

```
< head >
    <title> The example is about function of confirm().</title>
    < script type = "text/javascript">
        function processConfirm(answer) {
            var result = "";
            if (answer) {
                result = "OK! We will begin a job now!";
            }else {
                result = "OK! Let's have a rest!";
            }
            return result;
        }
    </script>
</head>
< body >
< script type = "text/javascript">
    var confirmAnswer = confirm("Shall we begin a job now?");
    var theAnswer = processConfirm(confirmAnswer);
    alert(theAnswer);
    </script>
</body>
```

程序运行后,调用内部函数 confirm( ),显示如图 2-10 所示界面,由用户进行选择。

用户单击按钮,函数 confirm( )返回的布尔值作为参数,传递给自定义函数 processConfirm( )执行相应分支。单击"确定"或"取消"按钮,结果如图 2-11 和图 2-12 所示。

图 2-10 confirm( )函数运行界面

图 2-11 单击"确定"按钮的界面

图 2-12 单击"取消"按钮的界面

2.9.2 对象的创建

对象是类的一个具体实例,创建对象前先定义类。比如定义一个描述的计算机类,类名为 computer,属性有：显示器尺寸、中央处理器速度、内存大小、硬盘大小、操作系统类型等，实现的方法：开机、关机等。

创建对象有两种方法：使用关键字 new 和使用花括号,下面两条语句功能相同：

```
var computer = new Object;
var computer = { };
```

对象创建后可以命名,也可为属性赋值,比如一台家用计算机,为它命名并设置属性值：

```
computer.name = "home1"
computer.crt = 15;
```

如果有多个对象,需要为每个对象的属性都赋值。JavaScript 语言提供一种快捷的方式,一条语句完成一个对象所有属性的赋值。比如以下代码实现类定义和三台计算机的赋值。

```
< script type = "text/javascript">
    var computer = { };
    function Computer(crt,cpu,memory,harddisk,os){
        this.crt = crt;
        this.cpu = cpu;
        this.memory = memory;
        this.harddisk = harddisk;
        this.os = os;
        this.startup = function startup(){
            //power on and run
        }
        this.close = function close(){
            //exit and power off
        }
    }
    computer["home1"] = new Computer("15", "2.0GHz", "4GB", "1.0TB", "vista");
    computer["office1"] = new Computer("14","1.2GHz","1GB","500GB","winxp");
    computer["office2"] = new Computer("17", "2.5GHz", "2GB", "2.0TB", "win7");
</script>
```

上述代码调用 Computer() 函数,通过类创建一个新的 computer 对象,命名为 "home1",并为各个属性赋值,另外两个对象"office1"和"office2"执行相同的操作。对象创建后访问它们的名字,可以采用 for 循环结构。for 循环的 for…in 形式完成遍历类的属性,把下列代码放在<body>标签中,运行后按顺序显示 3 台计算机的名字。

```
< script type = "text/javascript">
    for ( var propt in computer){
        alert(propt);
    }
}
</script>
```

图 2-13　显示第一个对象
　　　　名字的界面

运行后的第一个界面如图 2-13 所示。

2.9.3　数组的使用

对象赋值还可以采用数组形式,数组中存放一系列元素,通过索引进行访问,索引值是从 0 开始的。数组构造有显式方法和隐式方法两种,显式方法由函数 new Array( )实现,隐式方法也叫方括号方法,下面分别采用显式、隐式方法定义 3 台计算机:

```
var computer = new Array( );
computer[0] = "home1";
computer[1] = "office1";
computer[2] = "office2";
var computer = ["home1","office1","office2"];
```

在有关数组的属性中,长度属性表示数组中元素的个数:

```
var computerTotal = computer.length;        //The value of length is 3
```

有关数组操作的方法有:数组连接方法、元素添加删除方法、取数组一部分的方法等。数组连接方法为 concat( ),参数如果是数组,则把两个数组连接在一起:

```
var myOffice = ["office1","office2"];
var myHome = ["home1"];
var newComputer = myOffice.concat(myHome);    //office1,office2,home1
```

参数如果是元素,则在调用它的数组最后添加该元素:

```
var myOffice = ["office1","office2"];
var newOffice = myOffice.concat("office3");    //office1,office2,office3
```

取数组一部分的方法是 slice( ),两个参数对应于开始和结束元素的索引号。

```
var partComputer = newOffice.slice(1,2);       //office2, Office3
```

数组添加与删除元素的方法有两组:在数组末尾用 push( )、pop( ),在开头用 unshift( )、shift( )。对于有两个元素的数组 myOffice,添加一个新元素 office3,放在末尾使用 push( ):

```
myOffice.push("office3");                 //office1,office2,office3
```

pop( )实现删除功能,另一组函数在数组开头操作:unshift( )添加元素,shift( )删除元素。

2.9.4　Date 对象的使用

有关日期和时间操作的对象是 Date。创建一个日期对象的语句为:

```
var myDate = new Date( );
```

Date 对象可以处理多种形式的参数,参数从 0 个到最多 7 个,它的一般形式为:

```
new Date(year,month,day,hours,minutes,seconds,milliseconds)
```

各个参数的含义:

Year：4 位形式的年份。

Month：用 0～11 表示月份,0 代表 1 月,11 代表 12 月。

Day：日期的范围是 0～31。

Hours：小时的范围是 0～23。

Minutes,Seconds：分钟和秒的范围都是 0～59。

Milliseconds：毫秒的范围是 0～999,1 秒钟等于 1000 毫秒。

Date 对象提供了关于时间和日期操作的多种方法。对应于 7 个参数,以 set 为前缀的一组完成设置功能,以 get 为前缀的一组完成获取功能,以参数 Hours 为例：

setHours( )：设置一个日期对象的小时数。

getHours( )：获取一个日期对象的小时数。

还有一对方法 toLocalDateString( )和 toLocalTimeString( ),分别调整对象为本地时区的日期和时间。

2.9.5　浏览器对象的使用

浏览器本身用一个名为 window 的对象表示。window 对象的子对象包括 document、frames、history、location、screen、self、navigator 等,下面介绍几个 Web 开发常用的 Window 子对象。

1. self 对象

window 对象是显示在浏览器的当前打开窗口中的全局对象,它有自己的属性、方法以及子对象,当引用时不需要 window 前缀,比如已经用到的 alert()方法。self 表示 window 本身,可以使用 self 来引用 window 的属性,比如当前窗口左上角的坐标可以表示为(self.screenLeft,self. screenTop),也可以引用 window 的方法,比如关闭当前浏览器窗口可以使用 self. close( )方法。

2. screen 对象

screen 对象提供了有关屏幕的信息,常用的属性有 height/width,availHeight/availWidth,前者表示整个屏幕的高和宽,后者表示可用屏幕的高和宽,如果任务栏不是设置为自动隐藏,可用高度要小于屏幕的高度。

3. navigator 对象

navigator 对象提供了几个属性,用于检查浏览器与运行环境的各种元素,例如以下 for 循环结构,显示 navigator 对象的属性及取值(有关文档对象的方法在后面介绍)：

```
< head >
    < title > The navigator Object </title >
    < script type = "text/javascript" >
        function showProps() {
            var body = document.getElementsByTagName("body")[0];
            for (var prop in navigator) {
                var elem = document.createElement("p");
```

```
                var text = document.createTextNode(prop + ":" + navigator[prop]);
                elem.appendChild(text);
                body.appendChild(elem);
            }
        }
    </script>
</head>
<body onload = "showProps( )">
</body>
```

如果是 IE 浏览器,运行以上代码,显示如图 2-14 所示的属性结果。

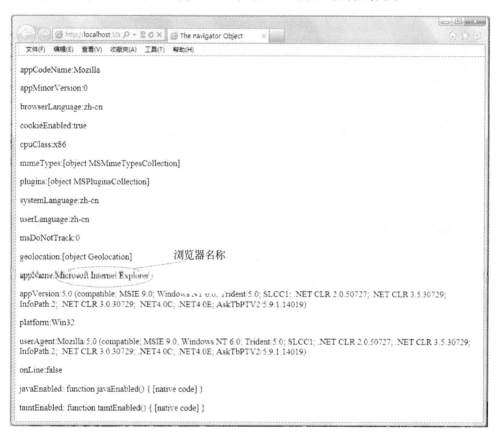

图 2-14 显示 navigator 对象属性的界面

2.10 文档对象模型的使用

文档对象模型(Document Object Model,DOM)的作用是访问和修改 HTML 文档的内容,它使用一个类似树的结构表示 HTML 文档,树结构中的元素叫节点或节点对象,位于给定节点下一层的节点叫做该节点的孩子。

2.10.1　获取元素

有两种方法获取一个文档的元素：getElementById()和 getElementByTagName()，前者通过元素的 id 标识进行访问,后者是通过标签名进行访问的。下面一段代码定义了文档的元素和 id 值,函数 checkhref()通过 id 值访问文档中的元素。

```
< head >
    < title > Get by id </title >
    < script type = "text/javascript">
        function checkhref() {
            var a1 = document.getElementById("mslink");
            alert(a1.href);
        }
        </script >
</head >
< body onload = "checkhref()">
< p id = "sometext"> here's some text.</p>
< p id = "linkp">Link to the < a id = "mslink"href = "http://www.microsoft.com">MS </a ></p >
</body >
```

图 2-15 是运行的结果。

图 2-15　调用函数 getElementById()的运行界面

如果需要访问多个元素,getElementByTagName()比较方便,它以数组的形式返回给定标签的所有元素,比如下面代码定义了一个表格,表中每个 td 元素通过标签名进行访问。

```
< head >
    < title > Tag name </title >
    < script type = "text/javascript">
        function changcolors() {
            var a1 = document.getElementsByTagName("td");
            for (var i = 0; i < a1.length; i++) {
```

```
                    a1[i].style.background = "#ff00ff";
                }
            }
        </script>
    </head>
    <body>
        <table id="mytable"border="1">
        <tr><td id="lefttd0">left column</td><td id="righttd0">right column</td></tr>
        <tr><td id="lefttd1">left column</td><td id="righttd1">right column</td></tr>
        </table>
        <a href="#"onclick="return changcolors();">click to change colors</a>
    </body>
```

图 2-16 是运行的结果。

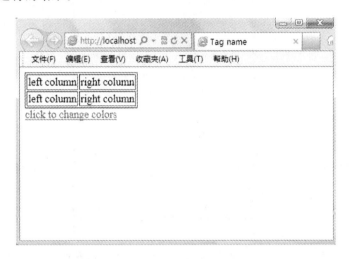

图 2-16　调用函数 getElementByTagName()的运行界面

2.10.2　文档的属性操作

对文档对象的属性可以使用 getAttribute()方法进行获取,也可以由 setAttribute()方法进行设置。使用循环结构可以查看给定元素的所有属性,下面一段代码定义了一个函数,通过遍历获取 a 元素的属性,保存到变量中并显示出来。

```
<head>
    <title>show attribs</title>
    <script type="text/javascript">
        function showattribs(e) {
            var e = document.getElementById("mslink");
            var elemList = "";
            for (var element in e) {
                var attrib = e.getAttribute(element);
                elemList = elemList + element + ":" + attrib + "\n";
            }
```

```
            alert(elemList);
        }
    </script>
</head>
<body>
    <a onclick = "showattribs()" href = "http://www.microsoft.com" id = "mslink"> Microsoft
Corporation Web Site </a>
</body>
```

代码运行后,显示的部分内容如图 2-17 所示。

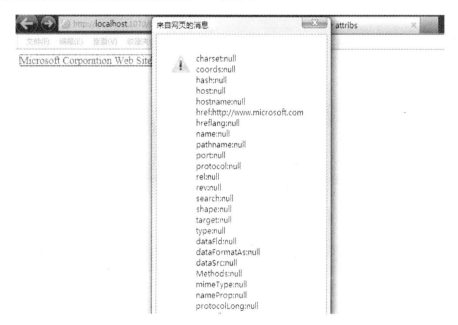

图 2-17   调用函数 getAttribute() 的运行界面

对象的属性可以使用 setAttribute() 方法进行设置,它需要两个参数,第一个是要设置的属性,第二个是该属性的新值,下面代码把链接地址由微软改为谷歌。

```
<body>
    <a onclick = "showattribs()" href = "http://www.microsoft.com" id = "mslink"> Microsoft
Corporation Web Site </a>
    <script type = "text/javascript">
        var a1 = document.getElementById("mslink");
        alert(a1.getAttribute("href"));
        a1.setAttribute("href", "http://www.google.com");
        alert(a1.getAttribute("href"));
    </script>
</body>
```

2.10.3   元素属性的使用

文档对象使用方法 createElement() 为文档创建一个元素,例如:

```
var newelement = document.createElement("p");
```

变量 newelement 保存了对新创建元素的引用,使用 appendChild()方法把这个元素添加到文档中;此时新元素 p 没有赋值,可以使用 appendChild()和 createTextNode()两个方法,为 p 元素设置文本内容;还可以调用 setAttribute()方法,设置元素的 id 值,下面代码完成新元素的添加与设置功能。

```
< script type = "text/javascript">
        var newelement = document.createElement("p");
        newelement.setAttribute("id", "newelement" );
        document.body.appendChild(newelement);
        newelement.appendChild(document.createTextNode("hello world "));
</script>
```

删除文档节点的方法为 removeChild(),方法的参数是所要删除元素的引用,它可以通过方法 getElementById()获取,以下两行代码删除元素 newelement。

```
var removee1 = document.getElementById("newelement");
document.body.removeChild(removee1);
```

2.11 客户端数据验证

JavaScript 可以验证一个给定表单中的字段是否正确填写,实现对数据的预先校验,以确保输入数据的有效性,也就是在客户端实现数据的验证功能。但是,对于要发送到服务端的数据,需要用 C# 编程在服务器端进行验证,这样才能实现数据的全面验证。因此,客户端和服务器端验证各司其职,在客户端的验证由 JavaScript 语言完成,它先保证输入的数据从形式上是正确的。

2.11.1 文本框数据的验证

JavaScript 用于对表单(forms)中的数据进行验证,文本框是一种常用的输入方式,用户输入的内容发送到服务器,在发送前应及时验证该文本框是否被正确填写。对表单的引用可以采用数组索引的形式,索引是从 0 开始的,因此第一个表单可以表示为:document.forms[0]。对于设置 id 标识的表单,也可以采用 id 引用,例如下面语句定义带标识的表单。

```
< form action = " # " id = "testform" onsubmit = "return formValid();">
```

那么,可以使用表单的标识进行引用:document.forms["testform"]。

下面代码完成文本框的验证,要求输入的姓名字段不能为空。如果没有输入就单击按钮,则弹出一个提示框说明姓名是必填字段;如果输入姓名,则显示一条欢迎信息。

```
< head >
    <title></title>
    < script type = "text/javascript">
        function formValid() {
            if (document.forms[0].textname.value.length == 0) {
```

```
                alert("Name is required.");
                return false;
            } else {
                alert("Hello " + document.forms[0].textname.value);
                return true;
            }
        }
    </script>
</head>
<body>
    <p>A basic form example</p>
    <form action="#"onsubmit="return formValid();">
        <p>Name<em>(Required)</em>:<input id="textbox1"name="textname"type="text" /></p>
        <p><input id="submitbutton1"type="submit" /></p>
    </form>
</body>
```

运行这段代码,显示结果如图 2-18 所示。

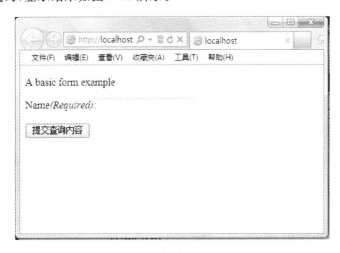

图 2-18　文本框验证的初始界面

如果没有输入,验证函数就会检验文本框的长度是 0,显示如图 2-19 所示的界面。如果输入姓名,经检验文本框的长度不是 0,显示如图 2-20 所示的界面。

图 2-19　文本框验证为空的界面　　　　　图 2-20　文本框验证不为空的界面

对于表单字段的验证,还有列表框、复选框、单选按钮等都可以实现数据的验证,验证方法类似于文本框,在此不再赘述。

2.11.2 实现异常处理的验证

JavaScript 语言具有错误处理能力,它的语法结构为 try/catch/finally 形式:

```
try{
    //execute some code
}
catch(errorObject){
    //error handling code goes here
}
finally{
    //code goes always
}
```

首先,try 子句中的代码运行,若发现错误将传递到 catch 子句,进行错误处理,最后,不管 try 子句和 catch 子句的执行情况,finally 子句都将执行。而 finally 子句是可选的,如果省略就转变为 try/catch 结构。改写前面例题,检验输入在职职工年龄的合法性采用 try/catch 结构实现,同时也演示表单字段的数据验证,代码如下所示:

```html
<head>
    <title>try/catch</title>
    <script type="text/javascript">
        function checkValid() {
            try {
                var numField = document.forms[0]["num"];
                if (isNaN(numField.value)) {
                    var err = new Array("it's not a number ", numField);
                    throw err;
                }
                else if (numField.value > 60) {
                    var err = new Array("it's greater than 60", numField);
                    throw err;
                }
                else if (numField.value < 18) {
                    var err = new Array("it's less than 18 ", numField);
                    throw err;
                }
                return true;
            }
            catch (errorObject) {
                var errorText = document.createTextNode(errorObject[0]);
                var feedback = document.getElementById("feedback");
                var newspan = document.createElement("span");
                newspan.appendChild(errorText);
                newspan.style.color = "#FF0000";
                newspan.setAttribute("id", "feedback");
                var parent = feedback.parentNode;
                var newChild = parent.replaceChild(newspan, feedback);
                return false;
            }
        }
```

```
        </script>
    </head>
    <body>
        <form name = "formexample"id = "formexample"action = " # ">
        <div id = "citydiv">Enter a number between 18 and 60:<input id = "num"name = "num" /><span
id = "feedback"></span></div>
        <div><input id = "submit"type = "submit"/></div>
        </form>
        <script type = "text/javascript">
            function init() {
                document.forms[0].onsubmit = function () { return checkValid() };
            }
            window.onload = init;
        </script>
    </body>
```

运行以上代码,要求在文本框中输入一个年龄值,如图 2-21 所示。如果输入的不是数字,比如"abc",则提示输入内容不合法,如图 2-22 所示。

图 2-21　运行的初始界面

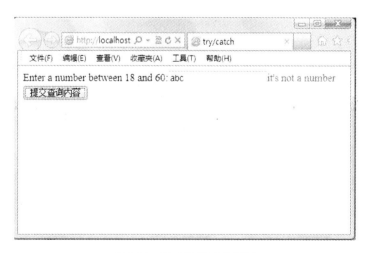

图 2-22　输入字符后的界面

如果输入数字超出允许的范围,当大于上限或小于下限时,分别显示如图 2-23 与图 2-24 所示的界面。只有输入 18~60 之间的数字,单击按钮才会通过验证,不出现错误信息。

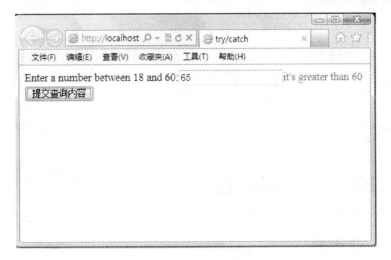

图 2-23　输入超过上限的界面

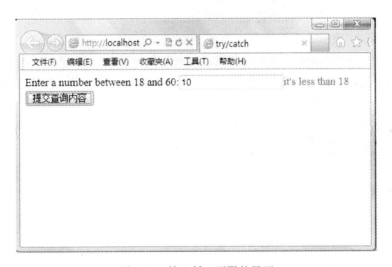

图 2-24　输入低于下限的界面

2.12　小结

本章简要介绍 JavaScript 语言的语法规则,包括数据类型、变量、操作符的使用,选择结构与循环结构的组成,函数以及对象的应用等。通过本章的学习,为下一步学习 ASP.NET 编程提供必要的知识准备,也为深入学习 JavaScript 知识,包括图像操作、AJAX 技术等打好基础。

2.13　课后习题

2.13.1　作业题

1. JavaScript 中使用的数据类型有几种?

2. 5＝＝"5"与 5＝＝＝"5"的结果一样吗? 5! ＝"5"与 5! ＝＝"5"一样吗?

3. 0 次 while 循环、1 次 while 循环在什么条件下运行结果相同? 什么条件下不同?

4. 给数组添加和删除元素有两组函数:push()/pop()与 unshift()/shift(),它们有什么区别?

5. 文档对象模型获取元素的方法是什么?

6. 利用乘法运算和 for 循环定义五次乘方的函数 fifth_power()。

2.13.2　思考题

1. 既然 ASP.NET 语言功能强大,为什么还要采用功能较弱的脚本语言?

2. JavaScript 语言和 Java 语言是一回事吗?

3. 0xb,013,11 表示数字的大小一样吗?

4. 可以使用 do/if/case 这些单词为变量或者常量命名吗?

5. 怎样把三元语句改写为 if 结构:(sex＝"male")? alert("Hello, Sir!"):alert("Hello, Miss!"); ?

2.14　上机实践题

请结合例 2-1 与例 2-2,出现"欢迎学习 ASP.NET"与验证人的年龄是否在 0～120 之间。

第 3 章

ASP.NET的内置对象

传统的 ASP 程序通常将 ASP 代码和 HTML 标签集成在一个文件中,或者将其分离于多个文件。当执行文件时,服务器会从该文件的顶端开始,将它所找到的 HTML 文本都发回客户端。在 ASP.NET 中,页面实际上是一个输出 HTML 的可执行对象。对象在 ASP.NET 面向对象程序开发中具有举足轻重的地位,为了便于程序员进行 Web 开发,ASP.NET 提供了特定类(Page 类)的对象,如 Response、Request、Application、Session、ViewState、Cookie、Server 等对象。

本章主要学习目标如下:

* 掌握通过 Response 对象向页面输出信息与页面跳转;
* 掌握通过 Request 对象获取客户端信息;
* 掌握用 Session 对象存储和读取数据;
* 了解 Application 对象读取全局变量;
* 了解 Server 对象字符串编码。

3.1 Response 对象

Response 对象是 HttpResponse 类的一个实例。该类主要是封装来自 ASP.NET 操作的 HTTP 响应信息。Response 对象将数据作为请求的结果从服务器发送到客户浏览器中,并提供有关响应的信息。它可用来在页面中输出数据、在页面中跳转,还可以传递各个页面的参数。

3.1.1 Response 对象的常用属性与方法

Response 对象常用属性及其说明如表 3-1 所示。Response 对象常用方法如表 3-2 所示。

表 3-1　Response 对象常用属性及其说明

属　　性	描　　述
Buffer	用来指示是否有缓冲页输出
Cache	用来获取 Web 页的缓存策略
Charset	用来获取输出流的字符编码
Cookies	用来获取发送到客户端的 Cookies 集合
Expires	设定或设置在浏览器上缓存的页过期之前的分钟数
IsClientConnected	传回客户端是否仍然和 Server 相连
Status	用来指定服务器返回的状态行的值

表 3-2   Response 对象常用方法

方 法	描 述
AddHeader	添加 HTML 标题
AppendToLog	将字符串添加到 Web 服务器日志
BinaryWrite	不进行字符转换进行输出,可以输出二进制
Clear	删除缓冲区的内容
Close	关闭当前服务器到客户端的连接
End	将缓冲区内容发送到用户端,然后结束
Redirect	使网页重新定向到其他 URL
Write	将指定字符串进行输出
WriteFile	将指定文件直接写入 HTTP 内容输入流

3.1.2   向页面中输出数据

1. 输出文本

1) 语法格式

Response 对象通过 Write 方法或 WriteFile 方法在页面上输出数据。输出的对象可以是字符、字符串、字符数组、对象或文件。

用 Response 输出数据时,ASP.NET 最重要的语法是:

`Response.Write(…);` ◄——— … 为输出内容,可以是字符、字符串、字符数组等

2) 实例

例 3-1   通过 Response 对象向页面输出数据。具体操作步骤如下:

(1) 启动 Visual Studio 2010,新建一个 ASP.NE 网站,默认主页为 Default.aspx。修改标题为"在页面中输出数据"。操作方法是在 Default.aspx 源视图修改"<title></title>"为"<title>在页面中输出数据</title>",如图 3-1 所示。

图 3-1   新建网站并修改标题

(2) 右击资源管理器中的项目名称,选择"添加新项"命令。在如图 3-2 所示的"添加新项"对话框中选择"文本文件",名称设为"WriteFile.txt"。

(3) 双击资源管理器的"WriteFile.txt"文件,输入如下字符,如图 3-3 所示。

图 3-2　在项目中添加名为 WriteFile 的文本文件

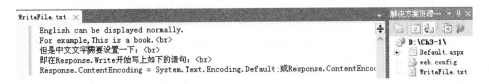

图 3-3　在 WriteFile.txt 文件中输入文本

English can be displayed normally.

For example,This is a book.< br >

但是中文文字需要设置一下:< br >

即在 Response.Write 开始写上如下的语句:< br >

Response.ContentEncoding = System.Text.Encoding.Default; 或 Response.ContentEncoding = System.Text.Encoding.UTF8;

（4）双击资源管理器的"Default.aspx.cs"文件,如图 3-4 所示。在代码编辑器中找到 Page_Load 函数,在函数内输入如下内容:

```
protected void Page_Load(object sender, EventArgs e)
    {
    //Response.ContentEncoding = System.Text.Encoding.UTF8;
    //Response.ContentEncoding = System.Text.Encoding.Default;
        char c = 'a';
        string s = "用 Response 打印字符串";
        char[] cArray = { '用', 'R', 'e', 's', 'p', 'o', 'n', 's', 'e', '打', '印', '字', '符', '数', '组' };
        Page p = new Page();
        Response.Write("输出单个字符:");
        Response.Write(c);
        Response.Write("< br >");                  //标签< br >表示在页面上回车换行.
        Response.Write("输出一个字符串:" + s + "< br >");
```

```
Response.Write("输出字符数组：");
Response.Write(cArray, 0, cArray.Length);
Response.Write("<br>");
Response.Write("输出一个对象：");
Response.Write(p);
Response.Write("<br>");
Response.Write("输出一个文件:" + "<br>");
Response.WriteFile("~/WriteFile.txt");     //符号"~/"表示根目录     }
```

图 3-4　Default.aspx.cs 文件

注意：ASP.NET 将设计与开发代码分开，Default.aspx 是设计页，它具有一体两面，一个是"设计"视图，一个是"源"视图。而后台执行的 C# 代码放在 Default.aspx.cs 中。在 ASP.NET 中每个页(*.aspx)都具有其 C# 代码(*.aspx.cs)。

（5）选择菜单"调试"→"启动调试"或按 F5 键，或直接按 Ctrl＋F5 键运行应用程序。运行结果如图 3-5 所示。

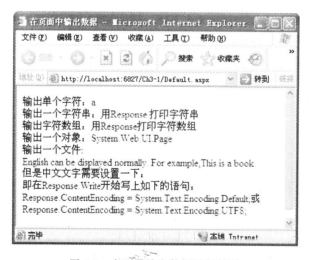

图 3-5　在页面输出数据运行结果

提示：选择菜单"调试"→"启动调试"或按 F5 键运行网站是以 DEBUG 模式生成程序并进入调试状态，这种模式可设置断点并单步执行以进行调试，按 Ctrl＋F5 键是不进行调试的，直接执行 DEBUG 生成的程序。

3）实例说明

（1）@"~\WriteFile.txt"：在本工程项目中的根目录用"~\"表示，@说明其后的字符串为字符串源格式,忽略其中的转义字符。若无@,则需"～\\WriteFile.txt"(两个反斜杠)。

(2) 语句 Response.ContentEncoding = System.Text.Encoding.UTF8；或 Response.ContentEncoding = System.Text.Encoding.Default；两个语句择其一。当输出 WriteFile.txt 文件出现乱码时(如图 3-6 所示,原因可能是系统输出文本编码设置或 Internet Explore 等浏览器编码设置出现问题),用此两语句中的一个即可变成中文。

提示:若此项目设置为 UTF8 后,再编写其他项目不用再进行编码 UTF8 设置也可以正常输出中文文本,不会再出现乱码。

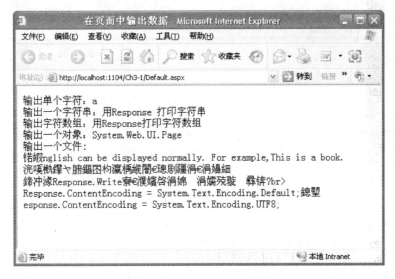

图 3-6　输出文件乱码情况

2.向页面输出图像文件

1) 利用 WriteFile 方法

(1) 语法格式

此方法是将图片文件以文件流的方式输出到客户端页面。该方法使用之前,必须通过 ContentType 属性定义文件流是什么文件类型。

```
Response.ContentType = "image/JPEG";
Response.WriteFile(包含图像的文件名);
```

(2) 实例

例 3-2　用 Visual Studio 新建一个 ASP.NET 网站,网站名称为 Ch3-2,默认主页为 Default.aspx。

① 单击"开始"→"所有程序"→"附件"→"画图",打开画图程序,随便画一个图,保存这个文件格式为 JPG 格式,文件名设为 tempimage.jpg。

② 在本地硬盘文件系统找到 tempimage.jpg,将其复制到 Ch3-2 网站项目的资源管理器中。右击 Ch3-2 项目名称,选择"粘贴"选项,将此文件粘贴到本项目中,如图 3-7 所示。

图 3-7　粘贴图像文件到网站项目中

③ 双击 Ch3-2 项目中的 Default.aspx.cs 文件,在 Page_Load 函数中添加如下代码:

```
protected void Page_Load(object sender, EventArgs e)
{
        Response.ContentType = "image/JPEG";
        Response.WriteFile(@"~\tempimage.jpg");
}
```

④ 按 Ctrl＋F5 键运行,结果如图 3-8 所示。

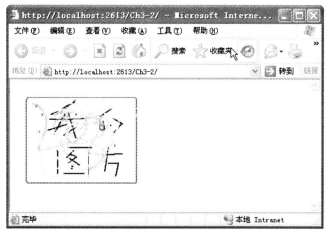

图 3-8　用 WriteFile 输出图像结果

2）用 BinaryWrite 方法输出图像

（1）语法格式

通过 Response 对象的 BinaryWrite 方法实现输出二进制图像格式如下：

```
byte[ ] buffer = new byte[整型文件长度];
Response.BinaryWrite(buffer);
```

（2）实例

例 3-3　新建一个网站，命名为 Ch3-3，默认主页为 Default.aspx。

① 为了能读入二进制文件，需要导入 System.IO 命名空间。

② 从网上下载一个 ＊.gif 文件，将其直接复制至项目文件夹中。也可利用"添加现有项"的方式。其操作步骤如图 3-9～图 3-11 所示。

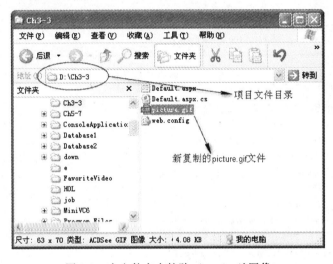

图 3-9　在文件夹中粘贴 picture.gif 图像

图 3-10　添加现有项

③ 在 Default.aspx.cs 文件中输入如下代码：

```
using System;                                  //此为系统自动加载的命名空间
using System.IO;                               //需读者自己加入的命名空间
public partial class _Default : System.Web.UI.Page
{
    protected void Page_Load(object sender, EventArgs e)
    {
```

图 3-11　找到目标图像

```
//打开图片文件,并存在文件流中
FileStream stream = new FileStream(Server.MapPath("picture.gif"), FileMode.Open);
long FileSize = stream.Length;                    //获取流的长度
byte[] Buffer = new byte[(int)FileSize];          //定义一个二进制数组
stream.Read(Buffer, 0, (int)FileSize);
                                       //从流中读取字节块并将该数据写入给定缓冲区中
stream.Close();                                   //关闭流
Response.BinaryWrite(Buffer);                     //将图片输出在页面上
//设置页面的输出格式. 具体格式见 Web 文件的 ContentType 类型大全
Response.ContentType = "image/gif";
//中止页面的其他输出
Response.End();
    }
}
```

④ 按 Ctrl＋F5 键运行,结果如图 3-12 所示。

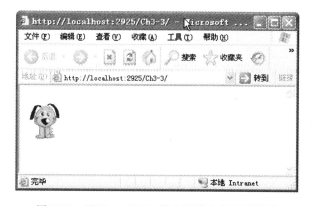

图 3-12　用 BinaryWrite 输出图像文件运行结果

注意：将 FileStream stream = new FileStream(Server.MapPath("picture.gif"), FileMode.Open)；改成 FileStream stream = new FileStream(Server.MapPath(@"~\picture.gif")，FileMode.Open)；会出现找不到路径问题。此为 FileStream 方法在找文件时会到 Visual Studio 安装路径去找引起，故得用 Server.MapPath 或 Request.MapPath 方法导出路径。

3.1.3 页面跳转

Response 对象的 Redirect 和 AppendHeader 方法均可实现页面重定向功能。Redirect 方法较为常用，但该方法是在页面内进行跳转，即在页面打开后才执行的页面重定向。而 AppendHeader 方法是在页面打开前执行的页面重定向。前者还会执行页面的一些程序，而后者则不会。

1. AppendHeader 方法

1）语法格式

```
Response.AppendHeader(Name,Value);
```

参数 Name 为 HTTP 头，参数 Value 为 HTTP 头的值。

提示：HTTP 是 Hyper Text Transfer Protocol 的缩写，译为超文本传输协议，主要用于传送 WWW 方式的数据。目前所有网站均支持 HTTP 协议，通过该协议用户才可以浏览网站的页面资料信息。

HTTP 头是 HTTP 协议规定的请求和响应消息都支持的头域内容。HTTP 头是页面通过 HTTP 协议访问页面时，最先响应的请求和响应消息，例如 HTTP 头中的 Location，Location 头用于将页面重定向到另一个页面，与 Redirect 方法相似。

2）实例

例 3-4 新建一个网站，名称为 Ch3-4，默认主页为 Default.aspx。

（1）在 Default.aspx.cs 的 Page_Load 函数中输入代码：

```
protected void Page_Load(object sender, EventArgs e)
{
    Response.Status = "302 页面重定向!";
    Response.AppendHeader("Location", "http://www.g.cn");
}
```

（2）运行结果：若本地计算机已连接 Internet 网络，则出现如图 3-13 所示的结果。

注意：ASP 中的 AddHeader 方法与 ASP.NET 中的 AppendHeader 方法功能是相同的。为了与 ASP 兼容，在 ASP.NET 中依然保留 AddHeader。

2. Redirect 方法

1）语法格式

```
Response.Redirect("重定向网页")方法
```

图 3-13   用 AppendHeader 重定向至谷歌的结果

2) 实例

例 3-5   新建一个网站,名称为"Ch3_5",默认主页为 Default. aspx。

(1) 在解决方案资源管理器中右击项目名称,选择"添加新项"选项。

(2) 在随之出现的"添加新项"对话框中选择"Web 窗体"项,命名为"Redirect. aspx",如图 3-14 所示。

图 3-14   添加新的 Web 窗体

（3）双击 Redirect.aspx 窗体，切换到设计视图，添加文字，如图 3-15 所示。

图 3-15　在 Redirect.aspx 中添加内容

（4）在 Default.aspx.cs 文件中输入代码：

```
protected void Page_Load(object sender, EventArgs e)
{
    Response.Redirect(@"~/Redirect.aspx");
}
```

（5）运行结果如图 3-16 所示。

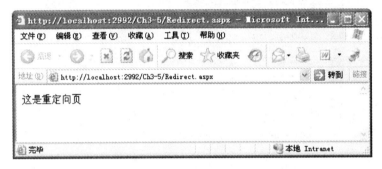

图 3-16　Redirect 重定向结果

3.1.4　Response 对象与 JavaScript 结合使用

第 2 章中我们学习了 JavaScript 语言，知道 JavaScript 代码运行在前台。有时，我们需要在后台服务器端通过 C♯语言来执行前台客户端的 JavaScript 代码，有一种方法就是采用 Response 对象。采用 Response.Write()方法可将 JavaScript 脚本写入客户端页面的＜head＞＜/head＞中并执行，以下列举三种常用的方式。

1. 弹出提示对话框

Alert 在 JavaScript 中主要用于警告作用，例如将要关闭一个网页时，可以提醒用户网页将要关闭。

```
Response.Write("< script >alert('这是提示对话框')</script >");
```

注意：'这是提示对话框'应用单引号。

2. 打开窗口

window.open 用于打开新的窗口，语法格式如下：

```
Response.Write("<script>window.open(url,windowname[,location])</script>");
```

可以对打开的新窗口设置文档的名称、窗口的宽高等一些参数。

3. 关闭窗口

window.close 用于关闭浏览器窗口。

```
Response.Write("<script>window.close()</script>");
```

4. 实例

例 3-6 新建一个网站,名称为"Ch3-6",默认主页为 Default.aspx。

(1) 双击"Default.aspx",打开设计视图,从工具箱拖入一个 Button 控件,如图 3-17 所示。

图 3-17　Ch3-6 项目中 Default.aspx 设计视图

双击 Button 控件,出现 Button1_Click()函数。输入如下内容:

```
protected void Button1_Click(object sender, EventArgs e)
{
    Response.Write("<script>alert('这是提示对话框')</script>");
}
```

(2) 拖入第二个 Button 控件,双击出现 Button2_Click()函数,输入如下内容:

```
protected void Button2_Click(object sender, EventArgs e)
{
        //在新窗口中打开 NewWindow.aspx,名字为空,宽为 100,高为 400,距屏幕顶端 0 像素,距左
        //端 0 像素,无工具条,无菜单条,无滚动条,不可调整大小,无地址栏,无状态栏
        string str = "<script>window.open('NewWindow.aspx','', 'height = 100, width = 400,
top = 0, left = 0, toolbar = no, menubar = no, scrollbars = no, resizable = no, location = no,
status = no')</script>";
        Response.Write(str);
}
```

(3) 拖入第三个 Button 控件,输入如下代码:

```
protected void Button3_Click(object sender, EventArgs e)
{
    Response.Write("<script>window.close()</script>");
}
```

（4）再添加一个 Web 窗体"NewWindow.aspx"，在页面中写上文字："这是 window.open 打开的新窗体"。

运行结果如图 3-18 所示。在页面上单击第一个 Button 按钮，运行结果如图 3-19 所示。单击第二个 Button 按钮，打开的新窗口如图 3-20 所示，注意该窗口的位置。单击第三个 Button 按钮，如图 3-21 所示，再单击对话框的"是"按钮，关闭页面。

图 3-18　Response 与 JavaScript 结合结果

图 3-19　单击第一个按钮时的结果

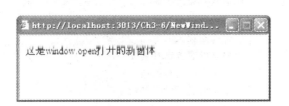

图 3-20　单击第二个按钮时的结果

图 3-21　单击第三个按钮时的结果

提示：请读者思考，为什么图 3-19 弹出对话框时，后面的页面是一片空白呢？页面上原有的三个 Button 为什么不显示？

原因是 Response.Write() 方法写入的脚本位于<head></head>中，所以弹出对话框时，<body></body>中的三个按钮尚未加载。

那么，如何在弹出对话框时依然显示页面上的其他元素呢？答案是采用 ClientScript.RegisterStartupScript() 方法。该方法将 JavaScript 脚本插入到页面的底部，</form>元素的前面。采用以下语句替换 Response 后，运行结果如图 3-22 所示。

ClientScript.RegisterStartupScript（typeof(Page),"message","<script>alert('这是提示

图 3-22　弹出对话框（区别图 3-19）

对话框');</script>");

试着让原语句与这条新语句同时运行,观察弹出的先后顺序。再调换两条语句的先后位置,观察弹出顺序有无变化,并思考原因。

3.2 Request 对象

Request 对象用于封装客户端请求信息,检索浏览器向服务器发送的消息。当用户访问网站时,服务器从用户端获取相关信息,也可以说用户向服务器发送请求,要求其响应操作。Request 对象最大的用途在于提交表单信息,可获取页面间传递的值、客户端浏览器的信息、客户端的 IP 地址以及当前页面的路径等。基本用法是读取对象或参数的内容。

3.2.1 Request 对象的常用属性与方法

(1) Request 对象的常用属性如表 3-3 所示。

表 3-3　Request 对象的常用属性

属　　性	描　　述
ClientCertificate	客户端证书中的字段用来表明用户身份
Cookies	用来获取发送到客户端的 Cookies 集合
QueryString	查询字符串的集合
ContentEncoding	所请求对象的编码
Path	请求中的虚拟路径
Params	取得元素提交的值
ServerVariables	所检索的服务器环境变量
Form	请求中表格变量的值
TotalBytes	请求中所发送的字节数
Item	从集合中获取某些特定的对象
UserLanguages	获取用户使用区域语言的列表
UserHostName	获取用户计算机的 DNS 名称
UserHostAddress	获取用户主机的 IP 地址
Url	获取当前页面的网址
PhysicalPath	获取当前页面在服务器端的物理路径
PhysicalApplicationPath	获取该站点在服务器端的物理路径
Browser	获取客户端浏览器的信息

(2) Request 对象的常用方法如表 3-4 所示。

表 3-4　Request 对象的常用方法

方　　法	描　　述
BinaryRead	检索 POST 请求的数据
MapPath	将 URL 的虚拟路径与服务器中的物理路径进行映射
SaveAs	将 HTTP 请求保存到磁盘

3.2.2 获取页面间传送的值

获取页面传送参数值是 Request 对象最广泛的应用之一。ASP.NET 可根据所获取的参数执行不同的程序操作。页面间传递参数常常是通过超级链接来实现的,基本语法结构如下:

Url?VariableName1 = value1&VariableName2 = value2;

上面的代码中 Url 为页面的网址,VariableName1 为页面的传递变量,value1 与 value2 为变量值,& 符号是多参数的连接符号。即有两个以上传递变量时,用 & 符号进行连接。例如:

http://localhost:1277/WebSite3/Default2.aspx?var1 = 50&var2 = string2

注意:通过页面传递参数,默认数据类型为字符串。即使是数值型 50 也默认为“50”。

1. 获取页面传送参数值有 4 种方法

方法一:

Request.QueryString["VariableName"]

用来获取客户端通过 GET 方式传送的数据。

GET 方式将传送的值显示在浏览器的地址栏中,安全性比较低,但效率较高,适用于比较简单的数值(IE 浏览器目前最多只允许 URL 中含有 2048 个字符)。

参数 VariableName 为页面传递的变量名或控件名。

例如,地址为 http://localhost/default.aspx? name=ccx&sex=man,在 default.aspx 中就可以设置 Request.QueryString["name"]和 Request.QueryString["sex"]来获得相应的值。

方法二:

Request.Form["VariableName"]

用来获取客户端通过 POST 方式提交的数据。

POST 方式传送的值在地址栏中看不到,安全性较高,但效率较低,可以传送的数据大小没有限制。见例 4-3。

方法三:

Request["VariableName"]

获取客户端通过 GET 或 POST 方式提交的数据。

方法四:

Request.Params["VariableName"]

获取客户端通过 GET 或 POST 方式提交的数据。

2. 获取 GET 方式传送的参数值实例

例 3-7 新建一个网站,名称为 Ch3-7,默认主页为 Default. aspx。

(1) 在 Default. aspx 页面的设计视图中拖曳一个 Button 控件,右击此 Button 控件,选择"属性"选项,分别设计 Text 属性为跳转,ID 属性为 btnRedirect,如图 3-23 所示。

图 3-23 设置 Button 控件 Text 属性与 ID 属性

(2) 双击此 Button 按钮,对 btnRedirect_Click()函数输入代码如下:

```
protected void btnRedirect_Click(object sender, EventArgs e)
{
    Response.Redirect("Request.aspx?value = 获取 GET 方式传送的值");
}
```

(3) 再添加新项,建一个 Web 窗体,名称为 Request. aspx,在此窗体的 Page_Load 函数下输入代码如下:

```
protected void Page_Load(object sender, EventArgs e)
{
    Response.Write("使用 Request.QueryString[string key]方法" + Request.QueryString
["value"] + "<br>");
    Response.Write("使用 Request[string key]方法" + Request["value"] + "<br>");
    Response.Write("使用 Request.Params[string key]方法" + Request.Params["value"] + "<br>");
}
```

(4) 运行结果。

在解决方案资源管理器中,右击"Default. aspx",选择"在浏览器中查看"选项,如图 3-24 和图 3-25 所示。在图 3-25 中单击"跳转"按钮,出现如图 3-26 所示的页面。

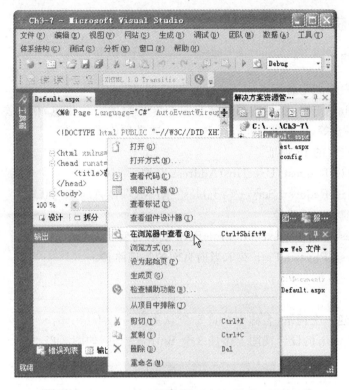

图 3-24 在浏览器中查看

图 3-25 运行结果——跳转前

图 3-26 运行结果——跳转后

3.2.3 获取客户端信息

1. 语法结构

1) 获取客户端浏览器信息

在访问 Web 站点时,服务器端通常会记录客户端的一些信息,例如浏览器的类型、名称、版本、操作平台等,可通过 Request. Browser 来获取。

2) 获取客户端的 IP 地址

方法一:通过 Request. UserHostAddress 获取。

方法二:通过 Request. ServerVariables['REMOTE_ADDR']获取。

3) 获取当前页面的路径

通过 Request. CurrentExecutionFilePath 获取当前页面的虚拟路径。

通过 Request. PhysicalPath 获取当前页面的物理路径。

2. 实例

例 3-8 新建一个网站,名称为 Ch3-8,默认主页为 Default. aspx。

在 Default. aspx 的设计视图上添加 3 个 Button 控件,如图 3-27 所示。

图 3-27 在 Default. aspx 设计视图中添加 Button

分别双击这 3 个 Button 按钮,映射 Button_Click 函数,添加代码如下:

```
protected void Button1_Click(object sender, EventArgs e)
{
    HttpBrowserCapabilities b = Request.Browser;
    Response.Write("客户端浏览器信息");
    Response.Write("<hr>");             //<hr>标签用来创建一条水平线
    Response.Write("类型: " + b.Type + "<br>");
    Response.Write("名称: " + b.Browser + "<br>");
    Response.Write("版本: " + b.Version + "<br>");
    Response.Write("操作平台: " + b.Platform + "<br>");
    Response.Write("是否支持框架: " + b.Frames + "<br>");
    Response.Write("是否支持表格: " + b.Tables + "<br>");
    Response.Write("是否支持 Cookies: " + b.Cookies + "<br>");
    Response.Write("<hr>");
}
protected void Button2_Click(object sender, EventArgs e)
{
    Response.Write("方法一: 通过 Request.UserHostAddress 获取客户端 IP 地址: " + Request.
UserHostAddress + "<br>");
    Response.Write("方法二: 通过 Request.ServerVariables['REMOTE_ADDR']获取客户端 IP 地址:
" + Request.ServerVariables["REMOTE_ADDR"] + "<br>");
}
```

```
protected void Button3_Click(object sender, EventArgs e)
{
    Response.Write("当前页面虚拟路径为: " + Request.CurrentExecutionFilePath + "<br>");
    Response.Write("当前页面物理路径为: " + Request.PhysicalPath);
}
```

按 Ctrl＋F5 键运行,单击 3 个按钮的运行结果分别如图 3-28~图 3-30 所示。

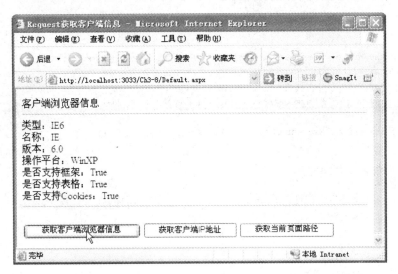

图 3-28　单击"获取客户端浏览器信息"按钮显示

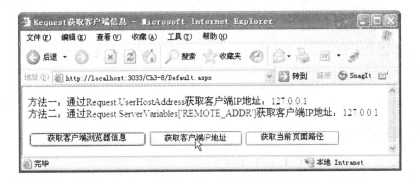

图 3-29　单击"获取客户端 IP 地址"按钮显示

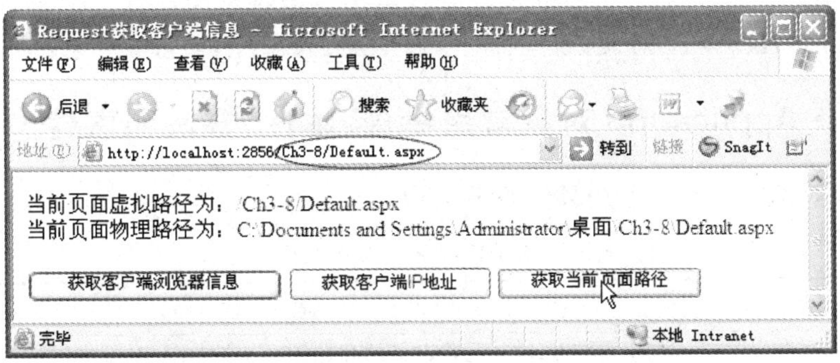

图 3-30　单击"获取当前页面路径"按钮显示

注意：虚拟路径采用正斜杠"/"，而物理路径采用反斜杠"\"。

例 3-9 新建一个网站，名称为 Ch3-9，默认主页为 Default.aspx。
在 Default.aspx.cs 的 Page_Load() 函数输入代码如下：

```
protected void Page_Load(object sender, EventArgs e)
{
    foreach (var p in Request.UserLanguages)
    {
        Response.Write("UserLanguages 属性: " + p + "<br/>");
    }
    Response.Write("UserHostName 属性: " + Request.UserHostName + "<br/>");
    Response.Write("UserHostAddress 属性: " + Request.UserHostAddress + "<br/>");
    Response.Write("Url 属性: " + Request.Url + "<br/>");
    Response.Write("PhysicalApplicationPath 属性: " + Request.PhysicalApplicationPath +
"<br/>");
    Response.Write("Browser 属性: " + Request.Browser + "<br/>");
}
```

运行结果如图 3-31 所示。

图 3-31　利用 Request 获取客户信息

3.3　Application 对象

Application 对象用于共享应用程序信息，即多个用户共享一个 Application 对象。

在第一个用户请求 ASP.NET 文件时，将启动应用程序并创建 Application 对象。一旦 Application 对象被创建，它就可以共享和管理整个应用程序的信息。在应用程序关闭之前，Application 对象将一直存在。

3.3.1　Application 对象常用集合、属性、方法和事件

（1）Application 对象的常用集合如表 3-5 所示。

表 3-5　Application 对象的常用集合

集　　合	描　　述
Contents	未使用<object>元素定义的存储于 Application 对象中的所有变量的集合
StaticObjects	使用<object>元素定义的存储于 Application 对象中的所有变量的集合

（2）Application 对象的常用属性如表 3-6 所示。

表 3-6　Application 对象的常用属性

属　　性	描　　述
Count	Application 对象变量的数量
Item	允许使用索引或 Application 变量名称传回内容

（3）Application 对象的常用方法如表 3-7 所示。

表 3-7　Application 对象的常用方法

方　　法	描　　述
Lock	保证同一时刻只能一个用户对 Application 操作
UnLock	取消 Lock 方法的限制

（4）Application 对象的常用事件如表 3-8 所示。

表 3-8　Application 对象的常用事件

事　　件	描　　述
OnStart	第一个访问服务器的用户第一次访问某一页面时发生
End	最后一个用户的会话结束并且该会话的 OnEnd 事件所有代码已经执行完毕后发生

3.3.2　使用 Application 对象存储和读取全局变量

1. 语法格式

```
Application[globalVar] = 值
```

2. 读取全局变量实例

例 3-10　新建一个网站，名称为 Ch3-10，Default.aspx 为默认主页。

（1）在 Default.aspx 页面中添加一个 Button 按钮，如图 3-32 所示。

图 3-32　Default.aspx 设计视图

（2）添加另一个 Web 窗体 Another.aspx,在其页面中添加另一个 Button 按钮,如图 3-33 所示。

图 3-33　Another.aspx 设计视图

（3）双击 Default.aspx 页面的 Button 按钮映射 Button1_Click()。分别在 Page_Load 和 Button1_Click 函数中添加如下代码：

```
protected void Page_Load(object sender, EventArgs e)
{
    Application.Lock();
    Application["Name"] = "我是全局变量";
    Application.UnLock();
    Response.Write("读取全局变量名为: " + Application["Name"]);
}
protected void Button1_Click(object sender, EventArgs e)
{
    Response.Redirect("Another.aspx");
}
```

（4）双击 Another.aspx 页面的 Button 按钮映射 Button1_Click()。添加如下代码：

```
protected void Page_Load(object sender, EventArgs e)
{
    Application.Lock();
    Application["Name"] = "Another 更改全局变量为 Another";
    Application.UnLock();
    Response.Write("读取全局变量名为: " + Application["Name"]);
}
protected void Button1_Click(object sender, EventArgs e)
{
    Response.Redirect("Default.aspx");
}
```

（5）运行结果如图 3-34 和图 3-35 所示。

图 3-34　Default.aspx 运行结果

图 3-35　Another.aspx 运行结果

3.3.3　利用 Application 设计一个网站在线人数计数器

例 3-11　统计网站在线人数。新建一个网站,命名为 Ch3-11,Default.aspx 为默认主页。

(1) 添加全局程序类。

右击"解决方案资源管理器",选择"添加新项"选项,出现"添加新项"对话框。选择"全局应用程序类"选项,名称默认,单击"添加"按钮,如图 3-36 所示。

(2) 在 Global.asax 文件的 Application_Start 函数中添加如下代码:

```
void Application_Start(object sender, EventArgs e)
{
    //在应用程序启动时运行的代码
    Application["count"] = 0;
}
```

(3) 在 Global.asax 文件的 Session_Start 和 Session_End 函数中添加如下代码:

```
void Session_Start(object sender, EventArgs e)
{
    //在新会话启动时运行的代码
    Application.Lock();
```

图 3-36　添加全局应用程序类

```
        Application["count"] = (int)Application["count"] + 1;  //在线人数加 1
        Application.UnLock();
        Session.Timeout = 1;                                   //Session 超时时间为 1 分钟
}
void Session_End(object sender, EventArgs e)
{
        //在会话结束时运行的代码
        //注意：只有在 Web.config 文件中的 sessionstate 模式设置为
        //InProc 时,才会引发 Session_End 事件.如果会话模式设置为 StateServer
        //或 SQLServer,则不会引发该事件
        Application.Lock();
        Application["count"] = (int)Application["count"] - 1;  //在线人数减 1
        Application.UnLock();
}
```

(4) 在 Default.aspx 的设计视图中拖曳一个 Label 控件,在 Default.aspx.cs 文件的
Page_Load 函数中添加如下代码：

```
protected void Page_Load(object sender, EventArgs e)
{
        Label1.Text = "网站当前在线人数为：" + Application["count"];
}
```

(5) 按 Ctrl+F5 键运行 4 次,结果如图 3-37 所示。

注意：当客户直接关闭浏览器时,Session_End 并没有执行,要等到 Session.Timeout
(会话超时)后才会执行。本例在 Session_Start 里采用语句 Session.Timeout =1 将超时时
间设置为最小值 1 分钟。所以此方法统计的在线人数有 1 分钟的延迟。

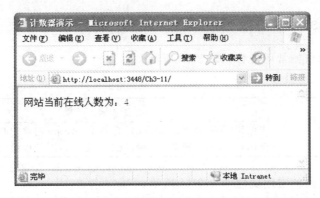

图 3-37　网站在线人数计数器运行结果

3.3.4　Global.asax 文件

Global.asax 代码框架中包含了许多应用和事件,可参考 MSDN 查看更多信息。基本常用的应用程序事件如表 3-9 所示。

表 3-9　常用的应用程序事件

Appcliation_Start()	在应用程序启动后,当有一个用户请求时触发这个事件,后用户请求将不会触发该事件,在该事件中通常用于创建或缓存一些初始信息以便于以后的重用
Application_End()	当应用程序关闭时,比如 Web 服务器重新启动时触发事件,可以在这个事件中插入清除代码
Application_Error()	该事件响应未被处理的错误
Application_BeginRequest()	当有用户请求产生时,触发该事件,这个事件发生在页面代码执行之前
Application_EndRequest()	当有用户请求产生时,触发该事件,这个事件发生在页面代码执行之后
Session_Start()	只要有用户请求 Web 页面,就会触发该事件,该事件对于每个请求的用户都会触发一次,假如有 100 个用户,则会触发 100 次
Session_End()	会话超时或以编程的方式终止会话时,触发该事件

3.4　Session 对象

Session 对象用于存储在多个页面调用之间特定用户的信息。它只针对单一网站使用者,不同的客户端无法互相访问。Session 对象中止于联机机器离线时,也就是当网站使用者关掉浏览器或超过设定 Session 对象的有效时间时,Session 对象变量就会关闭。

3.4.1　Session 对象的工作原理

当启动一个会话时,SessionID 就会启动一个 Session 字符串对会话进行标识和跟踪,每个用户访问该 Web 应用时都有自己的 Session 变量,而且不同于 Application 对象的是两个用户不能通过各自的变量共享信息。

3.4.2　Session 对象常用集合、属性、方法和事件

（1）Session 对象的常用集合如表 3-10 所示。

表 3-10　Session 对象常用的集合

集　　合	描　　述
Contents	未使用<object>元素定义的存储于 Session 对象中的所有变量的集合
StaticObjects	使用<object>元素定义的存储于 Session 对象中的所有变量的集合

（2）Session 对象的常用属性如表 3-11 所示。

表 3-11　Session 对象常用的属性

属　　性	描　　述
SessionID	返回会话的标识符
Timeout	为会话设定超时时间，单位为分钟
Keys	根据索引号获取变量值
Count	Session 变量的总数量
CodePage	用于在浏览器中显示页内容的代码页

（3）Session 对象的常用方法如表 3-12 所示。

表 3-12　Session 对象常用的方法

方　　法	描　　述
Abandon	结束会话并撤销 Session 会话信息
Clear	撤销会话信息但不结束会话
Contents. Remove	删除集合中的指定变量
Contents. Removeall	删除集合中的全部变量

（4）Session 对象的常用事件如表 3-13 所示。

表 3-13　Session 对象常用的事件

事　　件	描　　述
OnStart	第一个访问服务器的用户第一次访问某一页面时发生
End	最后一个用户的会话结束并且该会话的 OnEnd 事件所有代码已经执行完毕后发生

3.4.3　Session 使用语法格式

```
Session["变量名"] = "ccx";                          //存放信息
string UserName = Session["变量名"].ToString();     //读取数据
```

3.4.4　利用 Session 保存登录信息

例 3-12　新建一个网站，名称为 Ch3-12，Default. aspx 为默认主页。

（1）切换到 Default. aspx 设计视图，选择菜单"表"→"插入表"，插入一个 4 行、2 列的表

格,如图 3-38 和图 3-39 所示。

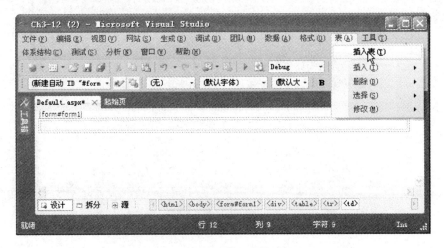

图 3-38 插入表格

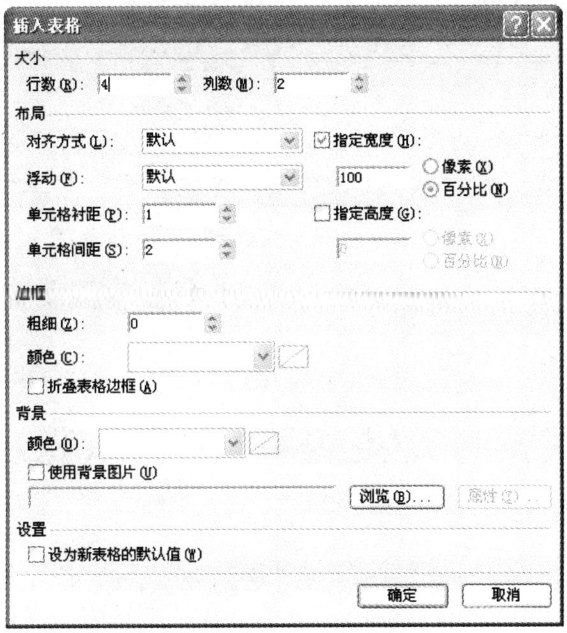

图 3-39 设置表格为 4 行 2 列

（2）调整表的列宽,如图 3-40 所示。再选中第一行两个单元格,选择"表"→"修改"→"合并单元格",如图 3-41 所示。

图 3-40 调整表格列宽

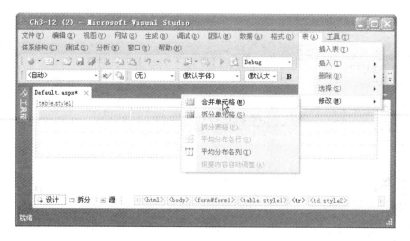

图 3-41　合并第一行

（3）调整第一行的行高，选中第一行，在属性面板中单击 BgColor 属性后边的 ⋯ 按钮，如图 3-42 所示。之后出现如图 3-43 所示的"其他颜色"对话框，选择背景为蓝色。

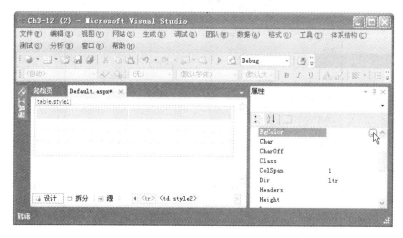

图 3-42　设置第一行背景颜色

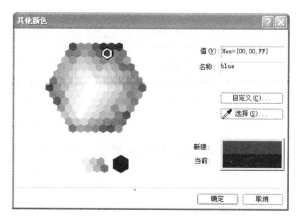

图 3-43　设置蓝色背景

提示：也可以直接在 BgColor 属性后输入"Blue"。

（4）输入"登录"文字，选中文字，用工具栏中的工具将"登录"设置为居中。

（5）再在表格中拖曳 Label、TextBox 与 Button 控件。其中，"登录"按钮的 ID 设为"btnLogin"，如图 3-44 所示。

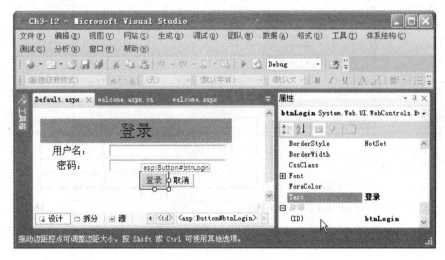

图 3-44　登录界面

（6）双击登录 Button 按钮，在 btnLogin_Click() 函数中输入代码如下：

```
protected void btnLogin_Click(object sender, EventArgs e)
{
    if (txtName.Text == "user" && txtPassword.Text == "pass")
    {
        Session["userName"] = txtName.Text;
        Session["loginTime"] = DateTime.Now;
        Response.Redirect("~/welcome.aspx");
    }
    else
    {
        Response.Write("< script > alert('用户名或密码不正确');location = 'Default.aspx'</script>");
    }
}
```

（7）在项目中添加新项，命名为 welcome.aspx，在 welcome.aspx.cs 文件的 Page_Load 函数添加代码如下：

```
protected void Page_Load(object sender, EventArgs e)
    {
    Response.Write("欢迎您" + Session["userName"] + "\n,您登录的时间为: " + Session["loginTime"]);
    }
```

（8）运行结果如图 3-45 和图 3-46 所示。在用户名与密码处输入 user 和 pass。

图 3-45　运行结果 1

图 3-46　运行结果 2

3.5　Cookie 对象

Cookie 对象用于保存客户端浏览器请求的服务器页面,也可用它存放非敏感性的用户信息,信息保存的时间可根据用户的需要进行设置。并非所有的浏览器都支持 Cookie,并且数据信息以文本的形式保存在客户端计算机中。

3.5.1　Cookie 对象常用的属性与方法

(1) Cookie 对象的常用属性如表 3-14 所示。

表 3-14　Cookie 对象常用的属性

属　性	描　述	属　性	描　述
Expires	Cookie 的有效日期	Path	获取 Cookie 的虚拟路径
Value	获取 Cookie 的内容	Domain	默认当前 URL 中的域名部分

（2）Cookie 对象的常用方法如表 3-15 所示。

表 3-15　Cookie 对象常用的方法

方　法	描　述	方　法	描　述
Equals	检验两个 Cookie 是否相等	ToString	显示返回的 Cookie 的字符串值

3.5.2　Cookie 对象的工作原理

Cookie 是为了保存用户浏览 Web 站点所提交的相关信息，当用户访问一个站点时，客户端就自动保存了用户的相关信息，当下次访问站点时就可检索出以前保存的信息。

3.5.3　使用 Cookie 对象保存和读取客户端信息

1. 语法格式

通过 Response 来存储 Cookie，通过 Request 来读取 Cookie。

```
Response.Cookies["变量名"].Value = 值;              //存储 Cookie
Response.Write(Request.Cookies["变量名"].Value);    //读取 Cookie
```

2. 实例

例 3-13　新建一个网站，名称为 Ch3-13，Default. aspx 为默认主页。
在 Default. aspx. cs 中输入代码如下：

```
protected void Page_Load(object sender, EventArgs e)
{
    string UserIP = Request.UserHostAddress;
    Response.Cookies["IP"].Value = UserIP;
    Response.Write("将客户端 IP 存入 Cookie: " + Request.Cookies["IP"].Value + "<br>");
    //要引入命名空间: using System.Web.Security;
    Response.Cookies["md5IP"].Value = FormsAuthentication.HashPasswordForStoringInConfigFile
(UserIP, "md5");
    Response.Write("将客户端 IP 进行 MD5 加密后存入 Cookie: " + Request.Cookies["md5IP"].
Value);
}
```

运行结果如图 3-47 所示。

图 3-47　存储 Cookie 和加密存储 Cookie

注意：采用 MD5 加密后，避免了明文存储，提高了 Cookie 存储信息的安全性。MD5 目前没有解密算法。

3.6　Server 对象

Server 对象定义一个与 Web 服务器相关的类提供对服务器上的方法和属性的访问，用于访问服务器上的资源。

3.6.1　Server 对象的属性与方法

（1）Server 对象的常用属性如表 3-16 所示。

表 3-16　Server 对象的常用属性

属　　性	描　　述
ScriptTimeout	程序能够运行的最大时间

（2）Server 对象的常用方法如表 3-17 所示。

表 3-17　Server 对象的常用方法

方　　法	描　　述	方　　法	描　　述
CreateObject	建立对象的实例	MapPath	将虚拟路径转换为绝对路径
UrlEncode	以字符串进行 URL 编码	Transfer	将现有的状态信息传送到另一个文件
HTMLEncode	对字符串进行 HTML 编码		

3.6.2　语法格式

1. 获取服务器文件的物理路径

MapPath 方法用来返回与指定的虚拟路径相对应的物理路径。格式如下：

```
Server.MapPath(path);
```

例 3-14　新建一个网站，名称为 Ch3-14，Default.aspx 为默认主页。

在解决方案资源管理器中右击项目名称，选择"新建文件夹"，如图 3-48 所示。

将其命名为 sub1，在 sub1 中再新建文件夹，命名为 sub2，在 sub2 文件夹中添加一个 Web 窗体，名称为 sub.aspx，如图 3-49 所示。

图 3-48　在网站中新建文件夹

图 3-49　网站目录

在 sub.aspx 中添加一个 Button 控件,双击该 Button,编写代码如下:

```
protected void Button1_Click(object sender, EventArgs e)
{
    Response.Write(Server.MapPath("./"));          //符号"./"表示当前目录,等价于""
    Response.Write("< hr >");
    Response.Write(Server.MapPath(""));            //同上
    Response.Write("< hr >");
    Response.Write(Server.MapPath("../"));          //符号"../"表示上级目录
    Response.Write("< hr >");
    Response.Write(Server.MapPath("~/"));          //符号"~/"表示根目录
    Response.Write("< hr >");
    Response.Write(Server.MapPath("~/Default.aspx"));
    Response.Write("< hr >");
    Response.Write(Server.MapPath(Request.CurrentExecutionFilePath));
}
```

右击 sub.aspx,选择在浏览器中查看,单击 Button 按钮,运行结果如图 3-50 所示。

图 3-50 虚拟路径转换为物理路径

提示:例 3-5 中的重定向语句可以有以下多种写法,读者可自行验证。

```
//按虚拟路径重定向:
Response.Redirect("Redirect.aspx");
Response.Redirect("./Redirect.aspx");          //本页面的当前目录就是根目录
Response.Redirect("~/Redirect.aspx");
//按物理路径重定向:
Response.Redirect(@".\Redirect.aspx");
Response.Redirect(".\\Redirect.aspx");
Response.Redirect(@"~\Redirect.aspx");
Response.Redirect("~\\Redirect.aspx");
```

2. URL 编码和解码

在因特网上传送 URL,只能采用 ASCII 字符集。而非 ASCII 字符需要转换为 ASCII

字符,格式为"%hh",其中 hh 为两位十六进制数,这就是 URL 编码。

UrlEncode 方法用来进行 URL 编码,而 UrlDecode 则是 UrlEncode 的相反方法,用来对 URL 格式的字符串进行解码,例如之前介绍的 Request. QueryString()所获得的数据如果被 URL 编码,则用 UrlDecode 来进行解码。格式如下:

```
Server.UrlEncode(string);
Response.Write(Server.UrlDecode());
```

例 3-15   新建一个网站,名称为 Ch3-15,默认主页为 Default. aspx。

(1) 在 Default. aspx 的设计视图中拖曳两个 Button 按钮,两个 Label 和一个 TextBox。

(2) 分别双击两个 Button 按钮,映射 Button_Click 消息函数如下:

```
protected void Button1_Click(object sender, EventArgs e)
{
    Label1.Text = Server.UrlEncode(TextBox1.Text);
}
protected void Button2_Click(object sender, EventArgs e)
{
    Label2.Text = Server.UrlDecode(Label1.Text);
}
```

(3) 运行,在 TextBox 中输入"http://ccxserver/c. aspx? c=张三 &b=11"进行编码,再对编码后的字符串进行解码,如图 3-51 所示。

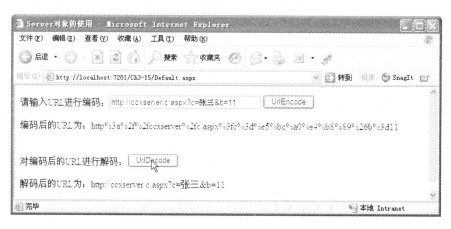

图 3-51   单击 UrlDecode 按钮时的运行结果

3. 页面跳转

(1) 采用 Server. Transfer 方法实现页面跳转

Server. Transfer 与 Response. Redirect 的区别如下:

- Response. Redirect 可跳转到任何网站的页面,所以其安全性较低;而 Server. Transfer 只能跳转到同一网站的页面。
- Response. Redirect 需要浏览器发出新的 HTTP 请求,速度较慢,服务器负担加重;而 Server. Transfer 直接在 Web 服务器上请求,速度较快。

- Server.Transfer 跳转后,页面的 URL 不变化,依然维持跳转前页面的 URL,所以可用于隐藏目标页面的地址。

请读者将例 3-7 的跳转语句改为 Server.Transfer("Request.aspx? value=获取 GET 方式传送的值");并观察运行结果,特别注意跳转前后浏览器地址栏中 URL 有无变化。

(2) 采用 Server.Execute 方法实现页面跳转

Server.Transfer 与 Server.Execute 的区别是:

Server.Transfer 是将执行完全转移到指定页面,Server.Execute 是从当前页面转移到指定页面,并将执行返回到当前页面。

请读者将例 3-7 的跳转语句改为 Server.Execute("Request.aspx? value=获取 GET 方式传送的值");并体会 Server.Transfer 与 Server.Execute 两者的不同之处。

3.7　小结

本章讲解了 ASP.NET 的内置对象,包括 Response 对象、Request 对象、Application 对象、Session 对象、Cookie 对象和 Server 对象。这些对象均是 ASP.NET 的 Page 类的内部对象,开发者不用先创建对象即可直接进行使用,且这些对象提供了很多日常开发的应用功能,大大方便了程序设计人员,提高了程序开发效率。

3.8　课后习题

3.8.1　作业题

1. 使用 Response 对象,在 Default.aspx 上输出系统当前日期和时间,如图 3-52 所示。

图 3-52　作业题 1

2. 创建一个网页 Default.aspx,用户输入姓名、年龄,如图 3-53 所示。单击"确定"按钮后,页面跳转到 Welcome.aspx,并显示用户刚才输入的信息,如图 3-54 所示。要求只能采用 Response 和 Request 对象,页面跳转采用 GET 请求。

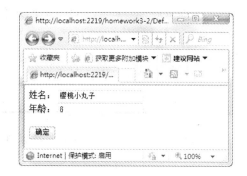
图 3-53　Default.aspx

图 3-54　Welcome.aspx

3. 实现不同身份的用户登录后进入不同的页面。在 Default.aspx 的下拉列表中只有 admin 和 user 选项,如图 3-55 所示。根据登录的用户名,分别进入 Admin.aspx 和 User. aspx,并且显示如图 3-56 和图 3-57 所示的欢迎信息。要求采用 Session 对象来实现。

图 3-55　Default.aspx　　　　图 3-56　Admin.aspx　　　　图 3-57　User.aspx

4. 在第 3 题的基础上分别统计 admin 和 user 的访问量,要求用 Application 对象来实现。如图 3-58~图 3-60 所示。

图 3-58　Default.aspx　　　　图 3-59　Admin.aspx　　　　图 3-60　User.aspx

5. 如图 3-61 所示,在默认主页输入昵称,进入网站中的另一个页面 NewPage,显示欢迎信息和客户端 IP 地址。若是第一次访问,用 Cookie 存储本次访问的时间。下次再访问时,显示上次访问的时间。要求采用 Server 对象进行页面跳转并传递参数,如图 3-61~图 3-63 所示。

图 3-61　输入昵称

图 3-62　第一次访问时的欢迎信息

小白欢迎光临本站点
您的IP地址是：127.0.0.1
上次访问时间为：2012/10/6 14:01:31

图 3-63　非第一次访问时的欢迎信息

3.8.2　思考题

1．ASP .NET 有哪些常用内置对象？能否对每个内置对象用一句话简述它们的作用？

2．HTTP 协议中有两种常用的请求：GET 和 POST，两者有何区别？

3.9　上机实践题

利用 Cookie 对象实现登录功能。当首次登录网站时显示欢迎信息“欢迎访问列车信息查询网站”，如果完成登录后，假设用户名为“holdon”，则显示欢迎信息“欢迎 holdon 访问列车信息查询网站”，当关闭浏览器后再次访问的时候依然显示欢迎 holdon 访问列车信息查询网站。

第 4 章

ASP.NET服务器控件

ASP.NET 应用程序具有交互性,除了提供超级链接给用户单击外,还提供如输入信息查询、用户注册、文章发表与回复等网络交互行为。ASP.NET 应用程序的交互性是通过其服务器控件来实现的。本章将结合实例讲述服务器控件的开发与运用。

本章主要学习目标如下:

- 掌握标准服务器控件的使用方法;
- 掌握运用 HTML 服务器控件交互信息;
- 通过服务器控件实现一些简单功能。

4.1 服务器控件概述

4.1.1 控件的内涵

一般情况下,控件是指在图形用户界面(Graphical User Interface,GUI)上的一种对象,用户可操作该对象来执行某一行为;是一种用户可与之交互完成特定功能(如输入或操作数据)的组件对象。从程序代码角度来讲,控件就是本身可完成一定功能、向外留有接口的、一段已封装的程序。控件通常出现在对话框中或工具栏上。

4.1.2 服务器控件

服务器控件是指在服务器上执行程序代码的组件。通常这些组件都会提供一定的用户界面,以便客户端用户执行操作,但在服务器端才能完成这些执行操作行为。服务器控件就像日常生活中人们所用的手机,有许多按钮(服务器控件),通过这些按钮可实现通信功能,但通信功能的实现则要通过手机的电子电路(服务器端)来实现。

ASP.NET 的服务器控件主要分为标准服务器控件、HTML 服务器控件、验证控件、导航控件、数据控件、用户控件等。本章重点讲解 HTML 服务器控件与标准服务器控件,其他控件将在以后章节中进行讲解。

- 标准服务器控件:位于 Visual Studio 2010 工具箱的标准选项卡,这些控件是 ASP.NET 服务器控件的主要组成部分,也是 ASP.NET 程序开发最常用的服务器控件。
- HTML 服务器控件:这类控件包括了标准的 HTML 标签,使用 runat="server"声明。

- 验证控件：这类控件按照一个预先定义的标准来验证用户输入。例如验证是否为合法的 E-mail 地址或电话号码。
- 数据控件：用来封装并显示数据。
- 导航控件：用于显示站点地图(Site Map)，为用户提供站点导航等。
- 登录控件：内置对表单认证(Form Authentication)的支持，为网站提供一套齐全的、立即可使用的用户认证解决方案。
- Web 用户控件：这类控件是用户为了个性化开发 ASP.NET 应用程序，自行开发创建的用户控件。

4.2　标准服务器控件

标准服务器控件是 ASP.NET 最常用的服务器控件，位于 System.Web.UI.WebControl 命名空间中，可以在工具箱的"标准"中找到这些控件。它主要包括文本类型控件、按钮类型控件、选择类型控件、图形显示类型控件、容器控件、上传控件和登录控件等。只要掌握好这些控件的属性、方法和事件的使用，就可开发出功能强大的网络应用程序。

4.2.1　Label 控件

Label 控件又称标签控件，主要用于在页面中显示只读的静态文本或数据绑定的文本。

1. Label 控件的属性、方法和事件

Label 控件的常用属性、方法和事件及描述如表 4-1～表 4-3 所示。

表 4-1　Label 控件常用属性及描述

属　　性	描　　述
ID	获取或设置分配给服务器控件的编程标识符
Text	设置或返回控件显示的文本
Width	控件的宽度
Visible	控件是否可见
CssClass	应用于该控件的 CSS 类所呈现的样式
BackColor	控件的背景颜色
Enabled	控件是否可用

表 4-2　Label 控件常用方法及描述

方　　法	描　　述
ApplyStyle	将指定样式应用于控件，改写控件现有的样式元素
ApplyStyleSheetSkin	将页样式表中所定义的样式属性引用到控件
CopyBaseAttributes	将 Style 对象未封装的属性从指定的 Web 服务器控件复制到调用此方法的 Web 服务器控件
DataBind	将数据源绑定到被调用的服务器控件及其所有子控件
Focus	为控件设置输入焦点

续表

方　法	描　述
Dispose	使服务器控件在从内存中释放之前执行最后的清理操作
Equals	确定两个 Object 实例是否相等
FindControl	在当前的命名容器中搜索指定 ID 的控件
GetHashCode	用作特定类型的哈希函数
GetType	获取当前实例的 Type
HasControls	确定服务器控件是否包含任何子控件
MergeStyle	将指定样式的所有非空白元素复制到 Web 控件,但不写该控件现有的任何样式元素
ReferenceEquals	确定指定的 Object 实例是否是相同的实例
RenderBeginTag	将控件的 HTML 开始标记呈现到指定的编写器中
RenderControl	输出服务器控件的内容,并存储此控件的有关跟踪信息
RenderEndTag	将控件的 HTML 结束标记呈现到指定的编写器中
ResolveClientUrl	获取浏览器可以使用的 URL
ResolveUrl	将 URL 转换为在请求客户端可用的 URL
SetRenderMothodDelegate	分配事件处理程序委托,将服务器控件呈现到父控件中
ToString	返回表示当前对象类型的完全限定名

表 4-3　Label 控件常用事件及描述

事　件	描　述
DataBinding	当服务器控件绑定到数据源时引发该事件
Disposed	当从内存释放服务器控件时发生,这是请求 ASP.NET 页时服务器控件生存期的最后阶段
Init	当服务器控件初始化时发生,初始化是控件生存期的第一步
Load	当服务器控件加载到 Page 对象时引发的事件
PreRender	在加载 Control 对象之后、呈现之前发生
Unload	当服务器控件从内存中卸载时发生

在使用 Label 控件时,一般常用其属性,方法与事件用得较少。常用属性在 Visual Studio 2010 的属性窗口中如图 4-1 所示。

在 ASP.NET 编程中经常使用 ID 和 Text 属性。

(1) ID 属性。控件的 ID 属性用于唯一标识 Label 控件,用户在开发过程中可以通过 Label 控件 ID 属性值来访问该控件的属性、方法及事件。用户可在"设计"视图中选中 Label 控件,在属性贞对 Label 控件的 ID 属性进行设置。

用户也可在"源"视图中使用 HTML 标记设置 Label 控件的 ID 属性,代码如下:

```
< asp:Label ID = "label1" runat = "server" Text = "ccx">
</asp:Label >
```

注意:Label 1 是 Visual Studio 自动设置的第一个 Label 控件 ID,第二个 ID 为 Label 2,后续为 Label 3、

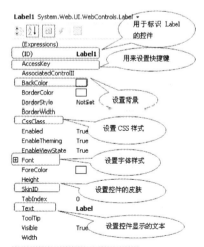

图 4-1　Label 控件的常用属性

Label 4、…。

（2）Text 属性。Text 属性用来设置 Label 控件所显示的文本内容。语法格式：

```
object.Text = [string]
```

object：对象表达式，即 Label 控件的 ID。

string：用来指定 Label 控件显示文本内容的字符串。

如在某页面的 C♯代码中设置 ID 为 Label 2 的 Text 属性为"新设置的文本"：

```
Label2.Text = "新设置的文本";
```

2．Label 控件实例

例 4-1　新建一个网站，命名为 Ch4-1，默认主页为 Default．aspx。在 Default．aspx 的设计视图中，从工具箱的标准面板中拖曳一个 Label 控件（或者双击 Label），如图 4-2 所示。

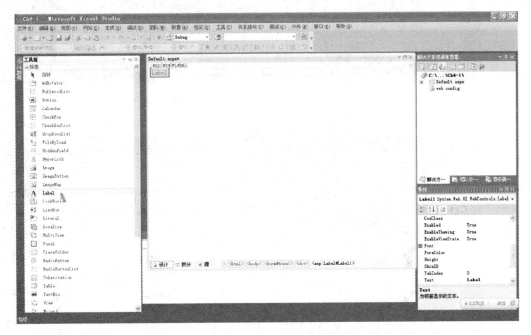

图 4-2　从工具箱标准控件中拖曳一个 Label 控件

右击 Label 控件可设置其属性，如图 4-3 所示。

可将 ID 设置为"labMyLabel"，Text 属性设置为"我的第一个 Label 控件 Text 属性"。其设计视图如图 4-4 所示，源代码视图如图 4-5 所示。

在源代码视图中可看到如下代码。

1）＜head＞…＜/head＞

```
< head runat = "server">
    <title>Label 控件示例</title>
</head>
```

＜head＞…＜/head＞：是 HTML 的头说明；

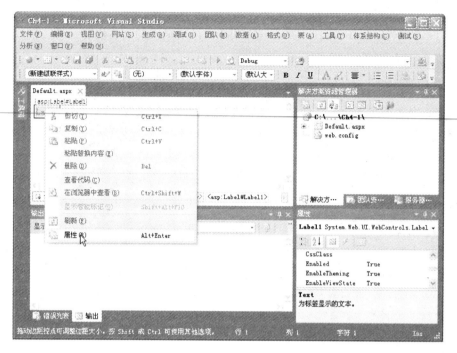

图 4-3　右击 Label 控件以设置其属性

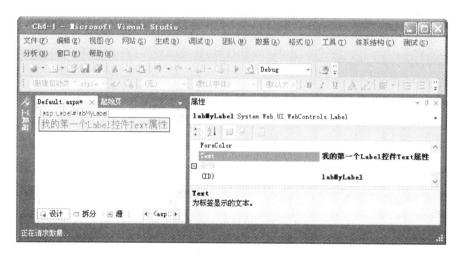

图 4-4　设置 ID 与 Text 属性的设计视图

runat="server"：表示此控件在服务器端执行；

<title>Label 控件示例</title>：表示用浏览器浏览此 Web 网页时标题栏文字为"Label 控件示例"。

2) <body>…</body>

<body>…</body>：表示 HTML 语法体；

<form id="form1" runat="server">：表示 Web 窗体的 id(身份标识)为 form1；运行在服务器端；

图4 5　设置 ID 与 Text 属性的源代码视图

… ：表示 Web 窗体中的层。

3）<asp：Label>…</asp：Label>

<asp:Label ID = "labMyLabel" runat = "server" Text = "我的第一个 Label 控件 Text 属性"></asp:
Label >

> 设置的 ID 属性　　　表示运行在服务器端　　　设置的 Text 属性

<asp：Label>…</asp：Label>：表示在 ASP．NET 体系结构中执行的是 Label
控件。

4）运行结果

按 Ctrl＋F5 键，运行结果如图 4-6 所示。

图 4-6　Label 控件运行结果

　　若有多个 Label 控件，想让其具有统一的样式（如背景色、字体、字号等），挨个属性设置
就太麻烦了，下面利用"样式表"来统一设置外观。

　　在 Default.aspx 设计视图中再拖曳两个标签控件，设置其 ID 分别为"labCssClass"和
"labNoCss"，设置"labMyLabel"与"labCssClass"的"CssClass"属性为"stylecs"，如图 4-7
所示。

图 4-7　设置前两个 Label 的 CssClass 属性为"stylecs"

右击解决方案资源管理器中的项目,选择"添加新项"选项,弹出"添加新项"对话框。在该对话框中选择"样式表",名称默认,如图 4-8 所示。

图 4-8　新建样式表 StyleSheet. css

输入并保存代码:

```
body
{
}
.stylecs
```

```
{
font - style: italic;
font - size: 150 % ;
}
```

注意：".stylecs"在样式表中的"."代表是样式表中的类。

在 Default.aspx 的源代码视图中，在＜head＞＜/head＞中添加如下代码，如图 4-9 所示。

```
< link href = "StyleSheet.css" rel = "Stylesheet" type = "text/css" />
```

引用的样式表文件名　　该文件与 HTML 文档的关系

图 4-9　在 HTML＜head＞段添加代码

运行结果如图 4-10 所示。因为第三个 Label 控件没有使用"StyleSheet.css"样式，所以它的字体等样式未变。

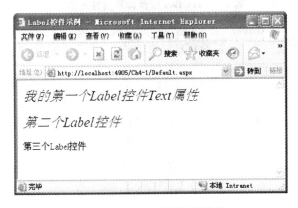

图 4-10　Label 示例运行结果

若想要动态改变 Label 的 Text 属性，可在 Default.aspx.cs 文件中修改 Page_Load 函数。双击 Default.aspx.cs 文件，添加如下代码：

```
protected void Page_Load(object sender, EventArgs e)
{
    Label2.Text = "Label 控件的 Text 属性从'第三个 Label 控件'变成新设置的文本";
}
```

若再次按 Ctrl＋F5 键运行，结果如图 4-11 所示。

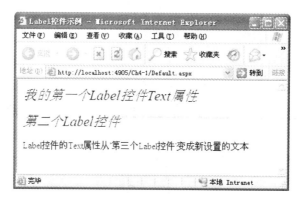

图 4-11　用 C♯代码修改第三个 Label 控件 Text 属性的运行结果

4.2.2　TextBox 控件

TextBox 控件又称文本框控件,是交互性文本输入或显示文本的重要控件。一般可将 TextBox 控件用于编辑文本,但也可通过设置其属性值,使其成为只读控件。

1. TextBox 控件的属性、方法与事件

TextBox 控件的属性、方法和事件与 Label 控件相似。

TextBox 的属性除了包含表 4-1 中 Label 控件的属性外,其他常用属性如表 4-4 所示。

表 4-4　TextBox 控件常用属性及描述

属　　性	描　　述
AutoPostBack	获取或设置一个值,该值指示无论何时用户在 TextBox 控件中按 Enter 或 Tab 键时,是否自动回发到服务器操作
CausesValidation	获取或设置一个值,该值指示当 TextBox 控件设置为在回传发生时是否进行验证
TextMode	获取或设置 TextBox 控件的行为模式(单行、多行或密码)
ReadOnly	用于指示能否更改 TextBox 控件的内容
Rows	获取或设置多行文本框中显示的行数
Columns	获取或设置多行文本框中显示的列数

TextBox 控件的常用方法与 Label 控件完全相同,如表 4-2 所示。

TextBox 控件的常用事件除了包含表 4-3 中 Label 控件的属性外,还有一个常用事件是 TextChanged,当用户更改 TextBox 的文本内容时引发该事件。

图 4-12 展示了 Visual Studio 2010 中 TextBox 的行为属性。

下面重点看一下 TextMode 和 ReadOnly 属性。

1) TextMode 属性

设置 TextBox 控件的行为模式语法格式:

object.TextMode = [enum]

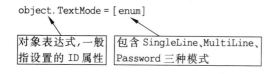

对象表达式,一般指设置的 ID 属性　包含 SingleLine、MultiLine、Password 三种模式

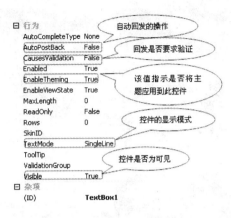

图 4-12　TextBox 的行为属性

- SingleLine（单行）模式：将 TextBox 控件显示为单行。如果用户输入的文本超过了 TextBox 控件的物理大小，则文本将沿水平方向滚动。
- MultiLine（多行）模式：基于 Rows 属性显示 TextBox 的高度，并且允许数据项位于多行上。如果 Wrap 属性设置为 True，则文本将自动换行。如果用户输入的文本超过了 TextBox 的物理大小，则文本将相应地沿垂直方向滚动，并且将出现滚动条。
- Password(密码)模式：将用户输入的字符用黑色圆点屏蔽，以隐藏这些信息。

2）ReadOnly 属性

在程序开发过程中，经常需要将文本框呈现只读状态，这时可以使用 ReadOnly 属性来指定能否更改 TextBox 控件的内容，将该属性设置为 True，将禁止用户输入值或更改现有值。语法如下：

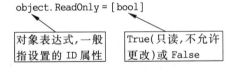

Web 窗体的源代码视图中代码如下：

```
< asp:TextBox ID = "TextBox1" runat = "server" ReadOnly = "true"></asp:TextBox>
```

2. TextBox 控件实例

本示例将演示 TextBox 控件将 TextMode 属性分别设置为 SingleLine、MultiLine、Password 时的不同效果。

例 4-2　新建一个网站，命名为 Ch4-2，默认主页为 Default. aspx。在 Default. aspx 的设计视图中，从工具箱的标准控件中拖曳 5 个 TextBox 控件，属性设置如图 4-13 所示。

在 Default. aspx 的源代码视图中代码如下：

```
< form id = "form1" runat = "server">
< div >
我的 TextBox 控件 SingleLineMode 并且最多能输入 15 个字符: < asp:TextBox ID = "TextBox1" runat =
```

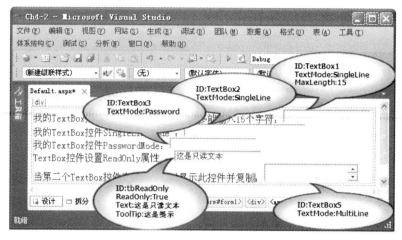

图 4-13　Default.aspx 设计视图

```
"server" MaxLength = "15" Height = "22px"></asp:TextBox > < br />
我的 TextBox 控件 SingleLineMode : < asp:TextBox ID = "TextBox2" runat = "server"
        Height = "22px" ontextchanged = "TextBox2_TextChanged"
        Width = "207px" AutoPostBack = "True" Wrap = "False"></asp:TextBox>< br />
我的 TextBox 控件 PasswordMode: < asp:TextBox ID = "TextBox3" runat = "server"
        TextMode = "Password"></asp:TextBox >< br />
TextBox 控件设置 ReadOnly 属性 : < asp:TextBox ID = "tbReadOnly" runat = "server"
        ReadOnly = "True" ToolTip = "这是提示">这是只读文本</asp:TextBox>< br />
当第二个 TextBox 控件有数据输入时显示此控件并复制: < asp:TextBox ID = "TextBox5" runat =
"server" Visible = "False" TextMode = "MultiLine"></asp:TextBox>
</div >
</form >
```

第一个 TextBox 控件的 MaxLength 设为 15,即当用户在客户端输入超过 15 个字符时,抛弃后续字符串,不再显示。

第二个 TextBox2 的 AutoPostBack 属性设置为 True。

第四个 TextBox 控件的 ID 更改为 tbReadOnly(这是匈牙利表示法,一般情况下,前面的字符代表类型,如 tb 代表 TextBox 控件);Text 属性设为"这是只读文本"即当客户端显示时,在文本框出现的文字;ToolTip 代表程序运行时,当鼠标悬停在此 TextBox 控件时提供给用户的提示。

第五个 TextBox 控件的 Visible 设置为 False,表示其在程序运行时不可见。

若想要使 TextBox5 控件在某个事件触发时显现出来,可为 TextBox2 控件的 TextChanged 事件做委托处理函数。先在设计视图中选中 TextBox2 控件,在"属性"窗口单击"闪电"图标,切换到"事件"选项卡,然后双击 TextChanged(或在设计视图中双击 TextBox2 控件)以映射委托处理函数,如图 4-14 所示。

然后,Visual Studio 2010 自动切换到 Default.aspx.cs 视图,添加代码如下:

```
protected void TextBox2_TextChanged(object sender, EventArgs e)
{
    TextBox5.Visible = true;
    TextBox5.Text = TextBox2.Text;              //复制 TextBox2 的文本到 TextBox5
}
```

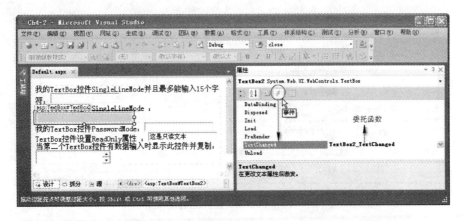

图 4-14　为 TextBox2 设置 TextChanged 事件映射委托处理函数

为了让 TextBox 控件在程序运行时自动获得焦点(即光标在 TextBox2 控件中闪烁),在 Default. aspx. cs 的 Page_Load 函数输入代码如下:

```
protected void Page_Load(object sender, EventArgs e)
{
    TextBox2.Focus();              //让 TextBox2 控件获得焦点
}
```

运行结果如图 4-15 所示。

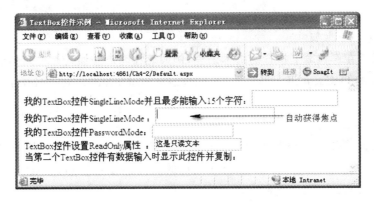

图 4-15　TextBox 控件运行结果 1

第一个 TextBox 控件能输入单行文本,但由于 MaxLength 限制最多能输入 15 个字符,当在第二个 Text 控件输入文本并按回车键后,第五个 TextBox 显示并且与第二个 TextBox 控件的内容相同,当把鼠标放在第四个控件时,有 txbReadOnly 控件的 ToolTip 提示,如图 4-16 所示。

注意:在第二个 TextBox 控件文本输入完毕后,需要输入回车后才能使第五个 TextBox 控件显现并复制第二个 TextBox 的文本,是因为在 ASP.NET 中 TextChanged 事件不能像 Button 的 Click 事件一样单击即可触发 AutoPostBack,需要回车后才触发 AutoPostBack。

图 4-16　TextBox 控件运行结果 2

请读者实验一下将 TextBox2 的 TextMode 属性设置为 MultiLine 或将 TextBox2 的 AutoPostBack 属性设置为 False,能否得出正确结果。

4.2.3　Button 控件

Button 控件又称标准按钮控件,用来单击生成事件并提交到服务器。

1. Button 控件的属性、方法和事件

Button 控件的常规属性、方法和事件可参照 Label 控件和 TextBox 控件。本节重点介绍 Button 控件常用的几个特性。

1) OnClientClick 属性

该属性设置在客户端上执行的脚本语言,例如要在客户端加入某个网站到收藏夹,可设置 Button 控件的 OnClientClick 属性为“window. external. addFavorite ('http://www. g. cn', '谷歌')”。

2) PostBackUrl 属性

该属性设置单击 Button 控件时要回传的网页的 URL(统一资源定位器)。

ASP.NET 中实现了 IButtonControl 接口的控件都有一个 PostBackUrl 属性,可以采用 POST 方法进行跨页面提交数据。

3) AccessKey 属性

该属性能设置 Button 控件的快捷键。

4) Click 事件

Button 控件最常用的事件,在单击 Button 控件时引发。

2. Button 控件实例

例 4-3　打开 Visual Studio 2010,新建一个网站,名称为 Ch4-3,默认主页为 Default. aspx,在 Default. aspx 设计视图中添加四个 Button 按钮、一个 Label 控件和一个 TextBox 控件,如图 4-17 所示。

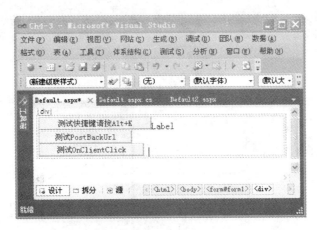

图 4-17　Button 控件实例 Default.aspx 设计视图

为了能触发 PostBackUrl,再新添加 Web 窗体名称为 Default2.aspx,在其页面上写上文本"这是 Default2.aspx",如图 4-18 所示。

图 4-18　Default2.aspx 的设计视图

Default.aspx 各控件的属性设置如表 4-5 所示。

表 4-5　Default.aspx 各控件的属性设置

控件名称	属　性	值
Button1	ID	btnAccessKey
	AccessKey	K
	Text	测试快捷键请按 Alt＋K
Label	ID	labViewAccessButton
	Text	Label
Button2	ID	btnPostBackUrl
	PostBackUrl	～/Default2.aspx
	Text	测试 PostBackUrl
Button3	ID	btnClientClick
	OnClientClick	window.external.addFavorite('http：//www.g.cn','谷歌')
	Text	测试 OnClientClick

（设置的方法如图4-19、图4-20所示）

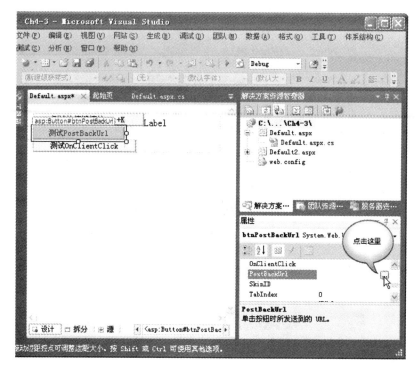

图 4-19　设置 PostBackUrl 步骤 1

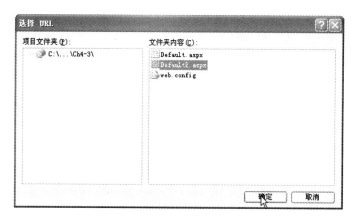

图 4-20　设置 PostBackUrl 步骤 2

双击 ID 为 btnAccessKey 的 Button 控件,在 Default.aspx.cs 中添加如下代码:

```
protected void btnAccessKey_Click(object sender, EventArgs e)
{
    labViewAccessButton.Text = "快捷按钮让信息显示在 Label 控件上";
}
```

双击 ID 为 btnAccessKey 的 Button 控件,在 Default.aspx.cs 中添加如下代码:

```
protected void Page_Load(object sender, EventArgs e)
{
```

```
Response.Write(Request.Form["btnPostBackUrl"]);
//可采用以下注释的两种方法进行替换.
//Response.Write(Request["btnPostBackUrl"]);
//Response.Write(Request.Params["btnPostBackUrl"]);
}
```

运行结果如图 4-21～图 4-23 所示。

图 4-21　单击第一个 Button 按钮或按 Alt＋K 键的运行结果

图 4-22　单击第二个 Button 按钮的运行结果

图 4-23　单击第三个 Button 按钮的运行结果

4.2.4　LinkButton 控件

LinkButton 控件又称超级链接按钮控件,该控件在功能上与 Button 相似,但在呈现样式上不同,它是以超链接形式显示的。

1. LinkButton 控件的属性、方法与事件

该控件常用的属性为 PostBackUrl,常用的方法基本与 TextBox 控件相同,事件与 Button 控件一致,一般情况下,主要应用 PostBackUrl 与 Click 事件来完成相应功能。

2. LinkButton 控件实例

例 4-4 新建一个网站,命名为 Ch4-4,默认主页为 Default. aspx。再新建一个 Web 窗体,名称为 HyperLink. aspx,在其页面写上文本"LinkButton 的超链接页"。在 Default. aspx 的设计视图中拖曳一个 LinkButton 控件,按照例 4-3 的方法将其 PostBackUrl 属性设置为 HyperLink. aspx,Text 属性设置为"LinkButton 超链接",ID 默认为"LinkButton1", 并分别设置背景色为♯669999、边框颜色为♯CC00FF、风格 Dotted、宽度 6px、字体华文琥珀、X-Large、前景色♯FF3300、高度 36 磅,具体如图 4-24 所示。

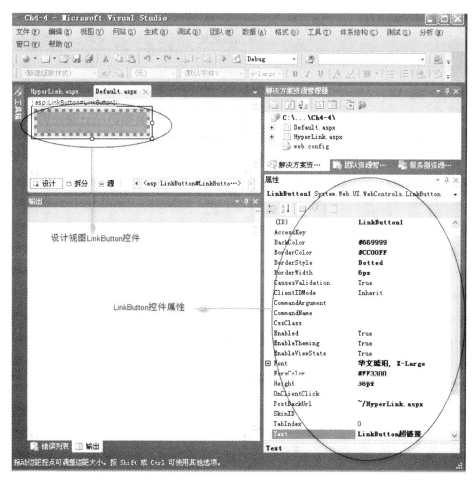

图 4-24　LinkButton 控件的属性设置

运行结果如图 4-25 和图 4-26 所示。

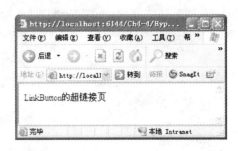

图 4-25 运行结果 1　　　图 4-26 单击"LinkButton 超链接"按钮后的运行结果 2

提示：可设定 IE 浏览器的主页为谷歌网站。此时将 LinkButton 控件的 OnClientClick 属性设置为 this. style. behavior＝'url(♯default♯homepage)'；this. sethomepage('www. g. cn')即可。

4.2.5 ImageButton 控件

ImageButton 控件又称图像按钮控件，是一种用于显示图像的按钮。功能上和 Button 控件相同。

1. ImageButton 控件的属性、方法与事件

该控件常用的属性为 PostBackUrl，方法与 TextBox 控件相同，事件与 Button 控件一致，一般情况下，主要应用 PostBackUrl 与 ImageUrl 和 AlternateText 来完成相应功能。

ImageUrl 属性：该属性是获取或设置在 ImageButton 控件中的显示图像的位置（URL）。在设置 ImageUrl 属性值既可使用绝对 URL，也可使用项目文件夹的相对 URL。使用相对 URL 时，当整个站点移动到服务器上的其他目录时，不需要修改 ImageUrl 属性值；而绝对 URL 使图像的位置与服务器上的完整路径相关联，当修改站点路径时，需要修改 ImageUrl 属性值。笔者建议：在设置 ImageButton 控件的 ImageUrl 属性值时，使用相对 URL。

AlternateText 属性：该属性指定在 ImageUrl 属性中指定的图像不可用时显示的文本。

2. ImageButton 控件实例

例 4-5　新建一个网站，名称为 Ch4-5，默认主页为 Default. aspx。新建一个 Web 窗体，名称为 ImageButtonLink. aspx。在 Default. aspx 页面中添加一个 ImageButton 控件。将 Sunset. jpg（或其他图片）复制到该网站的文件下，然后将该 ImageButton 的 ImageUrl 属性设置为"～/Sunset. jpg"，将 AlternateText 属性设置为"暂时无图片"，PostBackUrl 属性设置为"～/ImageButtonLink. aspx"，具体属性设置如图 4-27 所示。

运行结果如图 4-28 所示。若将解决方案中的 Sunset. jpg 文件删除或将 ImageUrl 属性更改为"～/Sun. jpg"，则运行结果如图 4-29 所示。

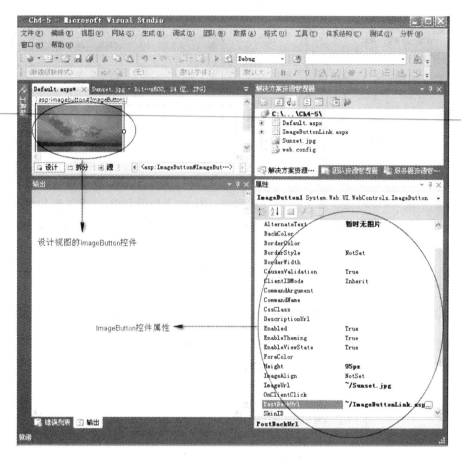

图 4-27   ImageButton 控件的属性设置

图 4-28   运行结果 1

图 4-29   无图片时的运行结果 2

4.2.6   HyperLink 控件

HyperLink 控件又称超级链接控件,主要是将一些文本显示为超链接模式,等同于 ＜a href＝""＞功能。HyperLink 与其他 Web 服务控件最大区别在于当用户单击 HyperLink 控件时并不会在服务器代码中引发事件,该控件只实现导航功能。

1. HyperLink 控件的属性

HyperLink 控件具有以下 3 个重要属性。

（1）NavigateUrl：该属性用来设置单击 HyperLink 控件时要链接到的网页地址。

（2）Target：该属性表示下一个框架或窗口显示样式，Target 属性值一般以下划线开始。其常用成员及说明如下。

- _blank：在没有框架的新窗口中显示链接页。
- _self：在具有焦点的框架中显示链接页。
- _top：在没有框架的全部窗口中显示链接页。
- _parent：在直接框架集父级窗口或页面中显示链接页。

（3）ImageUrl：同 ImageButton。

2. HyperLink 控件实例

例 4-6 新建一个网站，名称为 Ch4-6，默认主页为 Default.aspx。在 Default.aspx 的设计视图中拖曳一个 HyperLink 控件。新建一个 Web 窗体，名称为 HyperLink.aspx，在 HyperLink.aspx 页面输入"这是 HyperLink 页面"文字。

从 Internet 网络下载 Icon 文件，复制".ICO"文件到解决方案资源管理器的项目文件中。此文件用来设置 ImageUrl 属性。本例 ImageUrl 设置为"～/2.ICO"。

提示：若按 ImageButton 方法复制 Sunset.jpg 文件，尝试图像大小可以像 ImageButton 控件实例一样可调整。

NavigateUrl 属性设置为"～/HyperLink.aspx"。Target 属性设置为"_blank"。

具体设置过程如图 4-30 所示，运行结果如图 4-31 所示。当单击 HyperLink 图标时，在一个新窗口中展现超级链接窗口。

4.2.7 ListBox 控件

ListBox 控件又称列表框控件，用于显示一组列表项，用户可以从中选择一项或多项。若列表项的总数超出可以显示的项数，则 ListBox 控件会自动添加滚动条。

1. ListBox 控件的属性与事件

（1）ListBox 控件常用属性如下。

- Items：获取列表项的集合。
- SelectedIndex：获取或设置列表控件中选定项最低序号的索引。
- SelectedItem：获取列表控件中选定项的 Text 属性。
- SelectedValue：获取列表控件中选定项的 Value 属性。
- DataSource：获取或设置对象，数据绑定控件从该对象中检索其数据项列表。
- Rows：获取或设置 ListBox 控件中显示的行数。
- SelectionMode：获取或设置 ListBox 控件的模式（单选 Single 或多选 Multiple）。

（2）ListBox 控件常用事件如下。

- SelectedIndexChanged：当选择的序号发生改变时触发的事件。

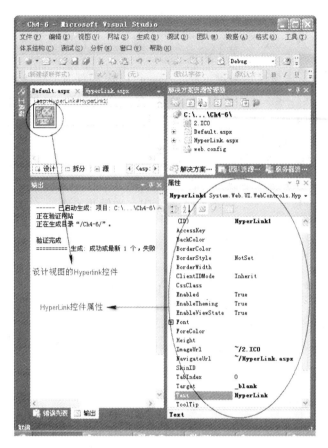

图 4-30　HyperLink 控件的属性设置

图 4-31　HyperLink 控件的运行结果

- TextChanged：选择的文本发生改变时触发的事件。

2. ListBox 列表项的添加方法

所有的列表控件(ListBox、DropDownList、RadioButtonList、CheckBoxList 等)其列表项添加的方式都是相同的。

列表项有两个主要的属性,分别为 Text 和 Value。其中 Text 属性是列表项要显示的内容;而 Value 属性是用户不可见的,它用于唯一地标识一个列表项。比如将学生姓名赋值给 Text 属性(可重名),而将学生学号赋值给 Value 属性(不可重复)。另外添加列表项时还会为每个列表项自动添加一个索引值,从 0 开始,类似数组的下标。

列表类控件列表项的添加方法分为静态添加和动态添加。

1) 静态添加

静态添加是将<asp:ListItem> </asp:ListItem>标签作为列表控件的子集输入该页。在标签中设置每个列表项的 Text 属性和 Value 属性。或者设置一个或多个项的 Selected 属性(Selected 为 True 表示该表项默认被选中)。

(1) 在 *.aspx 的源视图中添加

```
<asp:ListBox ID = "ListBox1" runat = "server">
    <asp:ListItem Text = "Red" Value = "#FF0000" Selected = "True" />
    <asp:ListItem Text = "Green" Value = "#008000" />
    <asp:ListItem Text = "Blue" Value = "#0000FF" />
</asp:ListBox>
```

(2) 在 *.aspx 的设计视图中添加

单击 ListBox 控件中的按钮 ▷ 选择"编辑项",如图 4-32 所示。出现 ListItem 集合编辑器,如图 4-33 所示。单击"添加"按钮,在对话框右侧输入 Text 文本和 Value,本例 Text 和 Value 均设置为"xyz"。

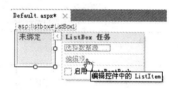

图 4-32　ListBox 编辑项图

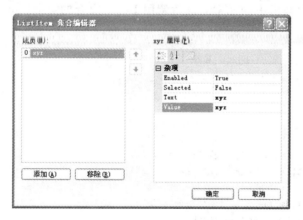

图 4-33　通过 ListBox 的 ListItem 编辑器添加文本

(3) 在属性窗口中添加

选中 ListBox 控件,在属性窗口中单击 Items 属性右边的 ⋯ 按钮,同样可打开图 4-33 所示的 ListItem 集合编辑器进行添加。

2) 动态添加

动态添加,即以编程方式添加。

(1) Items.Add 方法添加

添加过程是首先创建 ListItem 类型的对象,两个参数分别为 Text 属性和 Value 属性。

然后调用控件的 Items 集合的 Add 方法,并将新对象传递给它。

```
protected void Page_Load(object sender, EventArgs e)
{
    if (!IsPostBack)
    {
        ListBox1.Items.Add(new ListItem("Carbon", "C"));
        ListBox1.Items.Add(new ListItem("Hydrogen", "H"));
        ListBox1.Items.Add(new ListItem("Oxygen", "O"));
    }
}
```

Items. Add 还可以采用如下更简易的方法,此时 Text 属性等于 Value 属性。

```
protected void Page_Load(object sender, EventArgs e)
{
    if (!IsPostBack)
    {
        ListBox2.Items.Add("apple");
        ListBox2.Items.Add("orange");
        ListBox2.Items.Add("strawberry");
    }
}
```

(2) Items. AddRange 方法添加

添加过程是首先创建一个 ListItem 类型的对象数组。然后创建若干个 ListItem 类型的对象并分别赋值给数组中的元素。最后调用 Items 集合的 AddRange 方法,并将数组名传递给它。

```
protected void Page_Load(object sender, EventArgs e)
{
    if (!IsPostBack)
    {
        ListItem[] myList = new ListItem[5];
        myList[0] = new ListItem("one", "1");
        myList[1] = new ListItem("two", "2");
        myList[2] = new ListItem("three", "3");
        myList[3] = new ListItem("Four", "4");
        myList[4] = new ListItem("Five", "5");
        ListBox3.Items.AddRange(myList);
    }
}
```

(3) 采用数据绑定技术添加

添加过程是首先定义一维数组或集合作为数据源,然后将该数组或集合绑定到 ListBox 控件。

```
protected void Page_Load(object sender, EventArgs e)
{
    if (!IsPostBack)
    {
```

```
        //采用绑定一维数组的方式为 ListBox 添加列表项
        string[] myArr = new string[3];
        myArr[0] = "Large";
        myArr[1] = "Medium";
        myArr[2] = "Small";
        ListBox4.DataSource = myArr;
        ListBox4.DataBind();
    }
}
protected void Page_Load(object sender, EventArgs e)
{
    if (!IsPostBack)
    {
        //采用绑定集合的方式为 ListBox 添加列表项
        //需引用命名空间: using System.Collections
        ArrayList arrList = new ArrayList();
        arrList.Add("North");
        arrList.Add("East");
        arrList.Add("West");
        arrList.Add("South");
        ListBox5.DataSource = arrList;
        ListBox5.DataBind();
    }
}
```

在同一个页面中添加 5 个 ListBox 控件,将上述 5 种动态添加方式的代码写在该页面的同一个 Page_Load 事件当中,运行结果如图 4-34 所示,其中的 ListBox3 表项超过了 4 项,所以自动添加了垂直滚动条。

图 4-34　ListBox 控件动态添加列表项的 5 种方式

3. ListBox 列表项的删除方法

以图 4-34 中的 ListBox3 为例:

(1) ListBox3.Items.RemoveAt(2); //删除索引号为 2 的列表项,即"three"

(2) ListBox3.Items.Remove(ListBox3.Items[2]); //删除索引号为 2 的列表项的另一种方法

(3) ListBox3.Items.Remove("three"); //删除"three"

(4) ListBox3. Items. Remove(ListBox3. SelectedItem);//删除选中项

(5) ListBox3. Items. Clear();//清除所有列表项

4. ListBox 控件其他常用操作

(1) ListItem li＝ ListBox3. SelectedItem//获取所选项

(2) int Index— ListBox3. SelectedIndex//获取所选项的索引号

(3) string text＝ListBox3. SelectedItem. Text//获取所选项的 Text 属性

(4) string text＝ListBox3. SelectedValue//获取选项的 Value 属性

　　//等价于 string text＝ListBox3. SelectedItem. Value

(5) int count＝ ListBox3. Items. Count;//获取列表控件包含的表项数

5. ListBox 控件实例

此例运用 Button 按钮将集合项目在两个 ListBox 控件中互相转移,还可在单个 ListBox 控件中上下移动。

例 4-7　新建一个网站,名称为 Ch4-7,默认主页为 Default. aspx。在该主页的设计视图上添加一个 1 行 3 列的表格,在中间的单元格添加一个 7 行 5 列的表格(两次插入表格的作用是能把控件放在页面的中间)。利用表格的合并操作布置按钮与 ListBox 控件,如图 4-35 所示。

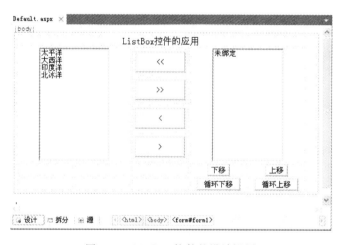

图 4-35　ListBox 控件的设计视图

具体控件属性设置如表 4-6 所示。

表 4-6　Default. aspx 控件的属性设置

控 件 名 称	属　　性	值
ListBox11	ID	lbxDest
	SelectionMode	Multiple
	Items	按照静态添加数据项的方法添加"太平洋"等
Button1	ID	Button1
	Text	<<

控 件 名 称	属　　性	值
Button2	ID	Button2
	Text	>>
Button3	ID	Button3
	Text	<
Button4	ID	Button4
	Text	>
ListBox12	ID	lbxSource
	SelectionMode	Multiple
	Items	空
Button5	ID	Button5
	Text	下移
Button6	ID	Button6
	Text	上移
Button7	ID	Button7
	Text	循环上移
Button8	ID	Button8
	Text	循环下移

当单击<<按钮时,右边的 lbxSource 的 ListBox 控件的数据项全部移到左边的 lbxDest 的 ListBox 控件中;>>按钮反之。

当单击<按钮时,右边的 lbxSource 的 ListBox 控件的选中的内容移到左边的 lbxDest 的 ListBox 控件中;>反之。

当单击"上移",右边的 lbxSource 的 ListBox 所选中的内容向上移动,当移动到最上时,不再继续移动;"下移"反之。

"循环上移"及"循环下移"与"上移"及"下移"相同,只不过当循环上(下)移时,当移动到最上(下)时再移动到最下(上)。

因为右边的 ID 为 lbxSource 的 ListBox 控件无内容,在网页加载时(即在 Page_Load 函数内)向其添加内容,具体代码如下:

```
protected void Page_Load(object sender, EventArgs e)
{
    if (!IsPostBack)                      //代表第一次加载时
    {
        lbxSource.Items.Add("星期日");
        lbxSource.Items.Add("星期一");
        lbxSource.Items.Add("星期二");
        lbxSource.Items.Add("星期三");
        lbxSource.Items.Add("星期四");
        lbxSource.Items.Add("星期五");
        lbxSource.Items.Add("星期六");
    }
}
```

双击"＜＜"按钮,映射 Button1_Click 事件委托函数,具体代码如下:

```
protected void Button1_Click(object sender, EventArgs e)
{
    int count = lbxSource.Items.Count;          //取得 ListBox 的 Item 数目
    int index = 0;
    for (int i = 0; i < count; i++)
    {
        ListItem item = lbxSource.Items[index];
        lbxSource.Items.Remove(item);           //将源 ListBox 的 item 删除
        lbxDest.Items.Add(item);                //向目标 ListBox 添加 item
    }
    index++;
}
```

双击"＞＞"按钮,映射 Button2_Click 事件委托函数,具体代码同上,只不过 ListBox 控件的 ID(lbxSource 与 lbxDest)需互换一下。

双击"＞"按钮,映射 Button4_Click 事件委托函数,具体代码如下:

```
protected void Button4_Click(object sender, EventArgs e)
{
    //获取列表框的选项数
    int count = lbxDest.Items.Count;
    int index = 0;
    //循环判断各个项的选中状态
    for (int i = 0; i < count; i++)
    {
        ListItem Item = lbxDest.Items[index];
        //如果选项为选中状态从目的列表框中删除并添加到源列表框中
        if (lbxDest.Items[index].Selected == true)
        {
            lbxDest.Items.Remove(Item);
            lbxSource.Items.Add(Item);
            //将当前选项索引值减 1
            index--;
        }
        //获取下一个选项的索引值
        index++;
    }
}
```

双击"＜"按钮,映射 Button3_Click 事件委托函数,代码如下:

```
protected void Button3_Click(object sender, EventArgs e)
{
    int count = lbxSource.Items.Count;
    int index = 0;
    for (int i = 0; i < count; i++)
    {
        ListItem Item = lbxSource.Items[index];
        if (lbxSource.Items[index].Selected == true)
        {
            lbxSource.Items.Remove(Item);
```

```
            lbxDest.Items.Add(Item);
            index--;
        }
        index++;
    }
}
```

双击"下移"按钮,映射 Button5_Click 事件委托函数,具体代码如下:

```
protected void Button5_Click(object sender, EventArgs e)
{
    int count = lbxSource.Items.Count;
    if (lbxSource.SelectedIndex >= 0 && lbxSource.SelectedIndex < count - 1)
    {
        string name = lbxSource.SelectedItem.Text;
        string value = lbxSource.SelectedItem.Value;
        int index = lbxSource.SelectedIndex;
        lbxSource.SelectedItem.Text = lbxSource.Items[index + 1].Text;
        lbxSource.SelectedItem.Value = lbxSource.Items[index + 1].Value;
        lbxSource.Items[index + 1].Text = name;
        lbxSource.Items[index + 1].Value = value;
        lbxSource.SelectedIndex++;
    }
}
```

双击"上移"按钮,映射 Button6_Click 事件委托处理函数,代码如下:

```
protected void Button6_Click(object sender, EventArgs e)
{
    int count = lbxSource.Items.Count;
    if (lbxSource.SelectedIndex > 0 && lbxSource.SelectedIndex <= Count 1)
    {
        string name = lbxSource.SelectedItem.Text;
        string value = lbxSource.SelectedItem.Value;
        int index = lbxSource.SelectedIndex;
        lbxSource.SelectedItem.Text = lbxSource.Items[index - 1].Text;
        lbxSource.SelectedItem.Value = lbxSource.Items[index - 1].Value;
        lbxSource.Items[index - 1].Text = name;
        lbxSource.Items[index - 1].Value = value;
        lbxSource.SelectedIndex--;
    }
}
```

双击"循环下移"按钮,映射 Button8_Click 事件委托处理函数,具体代码如下:

```
protected void Button8_Click(object sender, EventArgs e)
{
if (lbxSource.SelectedIndex >= 0 && lbxSource.SelectedIndex < lbxSource.Items.Count - 1)
    {
        string name = lbxSource.SelectedItem.Text;
        string value = lbxSource.SelectedItem.Value;
        int index = lbxSource.SelectedIndex;
        lbxSource.SelectedItem.Text = lbxSource.Items[index + 1].Text;
        lbxSource.SelectedItem.Value = lbxSource.Items[index + 1].Value;
        lbxSource.Items[index + 1].Text = name;
```

```
        lbxSource.Items[index + 1].Value = value;
        lbxSource.SelectedIndex++;
    }
    else
    {
        ListItem item = lbxSource.Items[lbxSource.Items.Count - 1];
        lbxSource.Items.Remove(item);
        lbxSource.Items.Insert(0, item);
    }
}
```

双击"循环上移"按钮，映射 Button7_Click 事件委托处理函数，具体代码如下：

```
protected void Button7_Click(object sender, EventArgs e)
{
    if (lbxSource.SelectedIndex > 0 && lbxSource.SelectedIndex <= lbxSource.Items.Count - 1)
    {
        string name = lbxSource.SelectedItem.Text;
        string value = lbxSource.SelectedItem.Value;
        int index = lbxSource.SelectedIndex;
        lbxSource.SelectedItem.Text = lbxSource.Items[index - 1].Text;
        lbxSource.SelectedItem.Value = lbxSource.Items[index - 1].Value;
        lbxSource.Items[index - 1].Text = name;
        lbxSource.Items[index - 1].Value = value;
        lbxSource.SelectedIndex--;
    }
    else
    {
        ListItem item = lbxSource.Items[0];
        lbxSource.Items.Remove(item);
        lbxSource.Items.Add(item);
    }
}
```

运行结果如图 4-36 所示。

图 4-36   ListBox 控件运行结果

4.2.8 RadioButton 控件和 RadioButtonList 控件

RadioButton 控件又称单选按钮控件。用户可在页面中添加一组 RadioButton，通过为所有的 RadioButton 分配相同的 GroupName（组名）属性，来强制让用户从给出的所有项中仅选择一项。但这样处理编程较麻烦，实际中往往使用更方便的 RadioButtonList 控件。

RadioButtonList 控件又称单选按钮列表控件，用于创建一组 RadioButton，用户只能选择其中一项。

1. RadioButtonList 控件的常用属性

1）RepeatLayout 属性

RepeatLayout 属性控制单选按钮组的布局方式，有以下 4 种方式：

Table：按表格方式布局。

Flow：无特殊布局元素，换行时用
。

UnorderedList：按无序列表方式布局。

OrderedList：按有序列表方式布局。

2）RepeatDirection 属性。

RepeatDirection 属性规定单选按钮组在页面上布局的方向，有如下两种方向。

Vertical：按垂直方向布局（默认值）。

Horizontal：按水平方向布局。

3）RepeatColumns 属性

RepeatColumns 属性控制单选按钮组在页面上布局项的列数。

4）TextAlign 属性

可通过 Text 属性指定要在控件中显示的文本。当 RadioButtonList 控件 TextAlign 属性值为 Left 时，文本显示在单选按钮的左侧；同理，当为 Right 时，文本显示在单选按钮的右侧。

2. RadioButtonList 控件实例

此例利用 RadioButtonList 控件模拟考试系统的单选题。

例 4-8 新建一个网站，名称为 Ch4-8，默认主页为 Default. aspx，拖曳一个 RadioButtonList 控件，再添加一个 Button 用于提交答案，一个 Label（ID：lblAnswer）用于显示所选择的答案。

打开 RadioButtonList 的集合编辑器，依次添加各选项的信息。其中 4 个选项的 Value 属性分别设置为 ABCD。A 选项的 Selected 属性设置为 True，表示默认情况下 A 选项为选中状态。勾选启用 AutoPostBack，如图 4-37 所示。

之后可到源视图中查看 RadioButtonList 标签中的代码如下所示：

```
< asp:RadioButtonList ID = "RadioButtonList1" runat = "server" AutoPostBack = "True">
    < asp:ListItem Value = "A" Selected = "True"> A. Response </asp:ListItem>
```

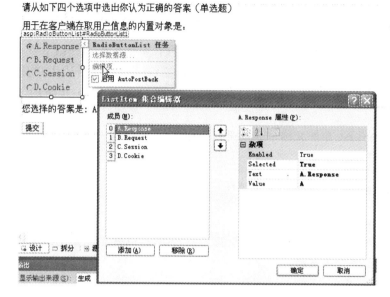

图 4-37　Default.aspx 的设计视图

```
<asp:ListItem Value = "B">B. Request</asp:ListItem>
<asp:ListItem Value = "C">C. Session</asp:ListItem>
<asp:ListItem Value = "D">D. Cookie</asp:ListItem>
</asp:RadioButtonList>
```

双击 RadioButtonList,在 SelectedIndexChanged 事件函数中编写如下代码:

```
protected void RadioButtonList1_SelectedIndexChanged(object sender, EventArgs e)
{
    lblAnswer.Text = RadioButtonList1.SelectedValue;
}
```

双击提交 Button 按钮,映射 Click 事件函数,代码如下:

```
protected void Button1_Click(object sender, EventArgs e)
{
    if ( null == RadioButtonList1.SelectedItem)
    {
        Response.Write("<script>alert('请先选择答案再提交!')</script>");
    }
    else
        if (RadioButtonList1.SelectedValue == "D")
        Response.Write("<script>alert('正确答案为D,恭喜您,答对了.')</script>");
        else
        Response.Write("<script>alert('正确答案为D,对不起,答错了.')</script>");
}
```

运行结果如图 4-38 和图 4-39 所示。

图 4-38　RadioButton 控件运行结果　　　　　图 4-39　RadioButton 控件运行结果

4.2.9　CheckBox 控件和 CheckBoxList 控件

CheckBox 控件是用来显示允许用户设置 True 或 False 条件的复选框。用户可以从一组 CheckBox 控件中选择一项或多项。

CheckBox 控件的常用属性及事件如下。

1. Checked 属性

如果 CheckBox 控件被选中,则 Checked 属性值为 True,否则为 False。

2. CheckedChanged 事件

当 CheckBox 控件的选中状态发生改变时引发该事件。

例 4-9　本例题模仿网站登录时采用 CheckBox 勾选来进行的下次自动登录功能。新建一个网站,名称为 Ch4-9,默认主页为 Default. aspx,拖曳两个 TextBox 分别用于输入用户名和密码,拖曳一个 CheckBox 控件,将 Text 属性设置为"下次自动登录",将 ToolTip 属性设置为"为了确保您的信息安全,请不要在网吧或公共机房勾选此项"。再拖曳一个 Button 控件,Text 属性设置为"登录"。假设用户名为"admin",密码为"1234"。

双击"登录"按钮,编写其 Click 事件代码如下:

```
protected void Button1_Click(object sender, EventArgs e)
{
    string strID = TextBox1.Text;
    string strPWD = TextBox2.Text;
    if (strID == "admin" && strPWD == "1234")
    {
        if (CheckBox1.Checked)                      //如果 CheckBox 被选中
        {
            //设置 Cookies7 天后过期,即 7 天内可自动登录
            Response.Cookies["ID"].Expires = DateTime.Now.AddDays(7);
            Response.Cookies["PWD"].Expires = DateTime.Now.AddDays(7);
            //或这样设置到 2014 年 12 月 31 日前都可自动登录
```

```
        //Response.Cookies["ID"].Expires = new DateTime(2014, 12, 31);
        //Response.Cookies["PWD"].Expires = new DateTime(2014, 12, 31);
        Response.Cookies["ID"].Value = strID;     //写入 Cookie
        Response.Cookies["PWD"].Value = strPWD;
    }
    Response.Redirect("New.aspx?ID = " + strID); //登录成功,跳转到新页面
}
else
    Response.Write("用户名或密码错误");
}
```

同时在 Page_Load 中编写代码如下:

```
protected void Page_Load(object sender, EventArgs e)
{
    if (Request.Cookies["ID"] != null && Request.Cookies["PWD"] != null)
    {                                          //若不为空,则取出 Cooike 里的值
        string id = Request.Cookies["ID"].Value.ToString();
        string pwd = Request.Cookies["PWD"].Value.ToString();
        if (id == "admin" && pwd == "1234")         //将取出的值进行验证
        {
            Response.Redirect("New.aspx?ID = " + id);  //登录成功
        }
    }
}
```

再添加一个 Web 窗体 New.aspx,在 Page_Load 中编写代码如下:

```
protected void Page_Load(object sender, EventArgs e)
{
    if (Request.QueryString["ID"] != null)
    {
        Response.Write(Request.QueryString["ID"] + "欢迎光临本站点");
    }
}
```

运行,输入正确的用户名和密码,勾选"下次自动登录",出现 ToolTip 属性设置的提示信息,如图 4-40 所示。单击"登录",会将"admin"和"1234"存入 Cookie 中,并且跳转到 New.aspx 提示登录成功,如图 4-41 所示。关闭页面后,重新运行,会看到页面直接跳转到 New.aspx,出现与图 4-41 同样的显示结果。

图 4-40　登录时勾选"下次自动登录"

图 4-41　登录成功

　　自动登录后若想退出，退出时需要清除 Cookie 中保存的用户名和密码信息，并且返回到默认主页 Default. aspx。

　　在 New. aspx 中添加一个 Button 控件，双击该 Button，编写代码如下。

```
protected void Button1_Click(object sender, EventArgs e)
{
    Response.Cookies["ID"].Value = null;           //清除 Cookie
    Response.Cookies["PWD"].Value = null;
    //或以下这种方法,将 Cookie 的过期时间设为当前时间减一天
    //Response.Cookies["ID"].Expires = DateTime.Now.AddDays(-1);
    //Response.Cookies["PWD"].Expires = DateTime.Now.AddDays(-1);
    Response.Redirect("Default.aspx");
}
```

　　再次运行，自动登录后，结果如图 4-42 所示，此时单击"退出"按钮，返回到 Default. aspx。如图 4-43 所示。

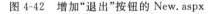

图 4-42　增加"退出"按钮的 New. aspx

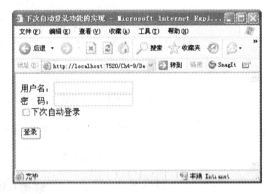

图 4-43　自动登录后退出的结果

　　以上例题演示的是单个 CheckBox 控件的使用。若用到一组 CheckBox，采用添加多个 CheckBox 的方式就太麻烦了，此时需要使用 CheckBoxList 控件。

　　CheckBoxList 控件又称复选框列表控件，用于创建一组 CheckBox。该控件的常用属性、方法与事件同 RadioButtonList 控件。两者的区别是 RadioButtonList 只能单选，而 CheckBoxList 可以多选。

　　下面一个实例模拟网站注册时的兴趣爱好选择。

　　例 4-10　新建一个网站，名称为 Ch4-10。默认主页为 Default. aspx，在该主页的设计视图中添加如图 4-44 所示的文本及控件。将 CheckBoxList 的 RepeatDirection 属性设置为 Horizontal，AutoPostBack 设为 True。

　　双击 CheckBoxList，编写 SelectedIndexChanged 事件代码如下：

```
protected void CheckBoxList1_SelectedIndexChanged(object sender, EventArgs e)
{
    Label1.Text = "";
    foreach (ListItem li in CheckBoxList1.Items)   //循环每个表项
    {
        if(li.Selected)                            //如果该表项被选中
```

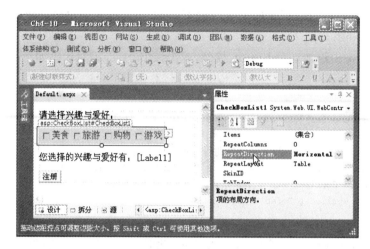

图 4-44　Default.aspx 页面的设计视图添加文本及控件

```
        {
            Label1.Text += li.Text;              //选中项的 Text 属性赋值给 Label 控件的 Text
        }
    }
}
```

双击"注册"按钮,编写 Button1_Click 的代码如下:

```
protected void Button1_Click(object sender, EventArgs e)
{
    if (CheckBoxList1.SelectedValue == "")
    {
        Response.Write("< script > alert('请至少选择一项')</script >");
    }
    else
    {
        Response.Write("< script > alert('您选择的兴趣与爱好有" + Label1.Text + "')</
script >");
    }
}
```

若不选择任何一项单击"注册",会出现提示,如图 4-45 和图 4-46 所示。

图 4-45　CheckBoxList 实例运行结果

图 4-46　不选择就注册的运行结果

选中某项时,Label 控件中会实时显示所选内容。注册后,再提示一次所选内容,如图 4-47 和图 4-48 所示。

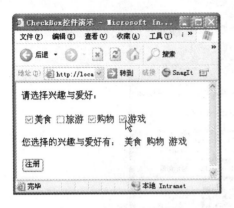

图 4-47　实时显示选择项

图 4-48　正确注册的运行结果

4.2.10　DropDownList 控件

DropDownList 控件又称下拉列表控件,允许用户从下拉列表中选择一个表项。

DropDownList 控件的属性、方法、事件以及列表项的添加与删除方法基本与 ListBox 控件相同。但与 ListBox 控件相比,DropDownList 控件只允许用户每次从列表中选择一项。而且只显示框中的选定项。

DropDownList 控件实例参见 4.2.11 节例 4-11 与 Image 结合显示图片,以及 6.2.3 节例 6-8 与数据库绑定用于网站注册时省市的联动选择。

4.2.11　Image 控件

Image 控件是一个在页面显示图片的控件。该控件的 ImageUrl 属性可设置图片的路径,路径可以是服务器上的目录或其他网站的目录。Image 控件还可绑定数据库中保存图片路径的字段,因此通常在 DataList、Repeater 等控件中使用模板,然后使用 Image 控件绑定数据。

1. Image 控件的属性、方法及事件

Image 控件的属性、方法及事件与 4.2.5 节讲述的 ImageButton 控件极为相似,也具有 AlternateText、ImageAlign、ImageUrl、Enabled 等属性,如图 4-49 所示。

2. Image 控件实例

本例利用 DropDownList 控件与 Image 控件结合动态显示图像。

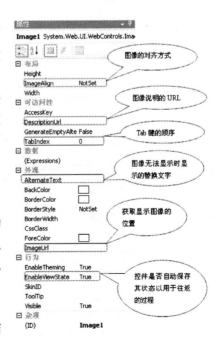

图 4-49　Default.aspx 的设计视图

例 4-11   新建一个网站,名称为 Ch4-11,默认主页为 Default.aspx,在其设计视图中拖曳 DropDownList 控件与 Image 控件,属性设置如图 4-50 所示。

图 4-50   Image 控件的属性设置

在解决方案资源管理器中右击项目名称,新建文件夹 images,从网络上下载一些 *.ico 文件,复制到 images 文件夹下,如图 4-51 所示。

按照 4.2.7 节的方法为 DropDownList 静态添加“一”至“八”表项。

双击 DropDownList,映射 SelectedIndexChanged 事件,具体代码如下:

```
protected void DropDownList1_SelectedIndexChanged(object sender, EventArgs e)
{
    Image1.ImageUrl = "~/images/" + DropDownList1.SelectedIndex.ToString() + ".ico";
}
protected void Page_Load(object sender, EventArgs e)
{
    if (!IsPostBack)
    {
        DropDownList1.Items.Insert(0, "请选择项目");
    }
}
```

按 Ctrl+F5 键运行该程序,结果如图 4-52 所示。

图 4-51   向新建立好的 images 文件夹
下复制的 *.ico 文件

图 4-52   当 DropDownList 选择“二”时
的 Image 控件的显示结果

4.2.12　ImageMap 控件

ImageMap 控件是一个带导航功能的 Image 控件。该控件继承于 Image 控件,增加了导航功能。ImageMap 控件允许在图片中定义一些热点(HotSpot)区域,当用户单击这些热点区域时,将会引发超链接或单击事件以实现导航功能。

1. ImageMap 控件的属性、方法及事件

ImageMap 控件常用属性、方法及事件如表 4-7 所示。

表 4-7　ImageMap 控件常用属性、方法及事件

成 员 名 称	类　　别	说　　明
AlternateText	属性	当属性无法显示时显示的文本
DescriptionUrl	属性	指定图像的说明信息
HotSpots	属性	指定 HotSpot 对象的集合
ImageAlign	属性	指定图像的对齐方式
ImageUrl	属性	指定图像的路径
HotSpotMode	属性	指定 HotSpot 对象的行为
Click	事件	单击控件时引发此事件

本节重点介绍一下属性 HotSpots 与 HotSpotMode。

1) HotSpots

HotSpots 是 HotSpot 对象的集合,HotSpot 类是一个抽象类,它包含 CircleHotSpot(圆形热区)、RectangleHotSpot(方形热区)和 PolygonHotSpot(多边形热区)三个子类,这些子类的实例称为 HotSpot 对象。

2) HotSpotMode

HotSpotMode,顾名思义为热点模式,对应枚举类型 System. Web. UI. WebControls. HotSpotMode。其选项及说明如下:

NotSet:未设置项。虽然名为未设置,但其实默认情况下会执行定向操作,定向到指定的 URL 位置。如果未指定 URL 位置,就默认将定向到 Web 应用程序根目录。

Navigate:定向操作项。定向到指定的 URL 位置。如果未指定 URL 位置,就默认将定向到 Web 应用程序根目录。

PostBack:回发操作项。单击热点区域后,将执行后部的 Click 事件。

Inactive:无任何操作,即此时形同一张没有热点区域的普通图片。

2. ImageMap 控件实例

本例用陕西省地图实现导航,单击陕西省地图中的西安市区域出现西安市行政区划地图。

例 4-12　新建一个网站,名称为 Ch4-12,默认主页为 Default. aspx,在该主页的设计视图中拖曳一个 ImageMap 控件。在网络上下载“陕西省行政区划地图”的图像文件(此例为“ShanXiProvince. jpg”)并将此文件复制到网站根目录下,此时右击 ImageMap 控件,选择属性,设置 ImageUrl 属性为“～/ShanXiProvince. jpg”,如图 4-53 所示。

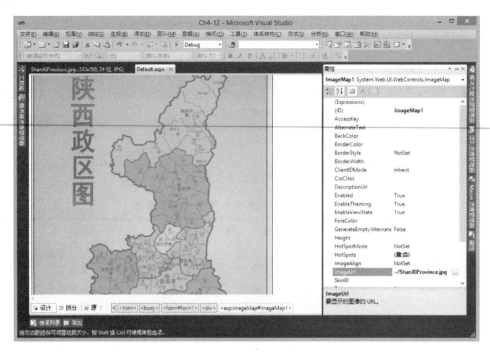

图 4-53　设置 ImageMap 的 ImageUrl 属性

在属性窗口中，单击 HotSpots 右边的 ⋯ 小按钮，如图 4-54 所示。出现"HotSpot 集合编辑器"窗口，单击该窗口中的"添加"下拉菜单，选择 PolygonHotSpot 选项，如图 4-55 所示。

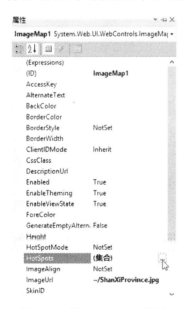

图 4-54　设置 HotSpots 属性

图 4-55　HotSpot 集合编辑器

右击解决方案中的项目文件夹，选择"添加新项"选项，新建一个 Web 窗体，命名为 Xian.aspx，并在此 Web 窗体添加 ImageMap 控件，下载西安市行政区划地图（本例为 "Xian.jpg"）拷贝到网站根目录中，设置 Xian.aspx 主页的 ImageUrl 为"Xian.jpg"。

当 HotSpotMode 属性值设置为 PostBack 时，则必须设置定义回传值的 PostBackValue 属性。

在图 4-55 中，Coordinates 是最为关键的，怎样才能知道在陕西省地图中某个地区的边界坐标呢？如本例中想知道西安市在陕西省地图（ShanXiProvince.jpg）中的坐标位置，这得需要利用 DreamWeaver 应用程序，其安装很简单，在这里暂不讨论。假设在计算机系统中已安装 DreamWeaver，启动 DreamWeaver，先新建一个基于 HTML 模板的基本页，单击"文件"菜单，选择"新建"选项，出现如图 4-56 所示的窗口，选择 HTML 选项，再单击"创建"按钮。

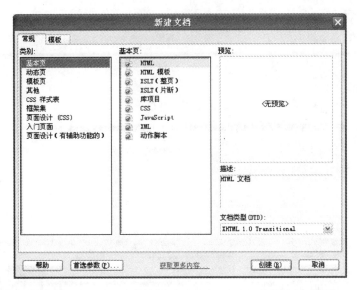

图 4-56　DreamWeaver 中新建基于 HTML 的 Web 页面

选择菜单"插入"→"图像"，操作如图 4-57 所示，出现如图 4-58 所示的"选择图像源文件"窗口。选择"ShanXiProvince.jpg"所在位置，单击"确定"按钮，出现如图 4-59 所示的窗口。在属性面板中单击"多边形"图标，形成西安市区域闭合曲线后，停止，结果如图 4-60 所示。

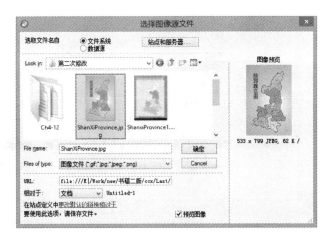

图 4-57　插入图像操作 1　　　　　　　　图 4-58　插入图像操作 2

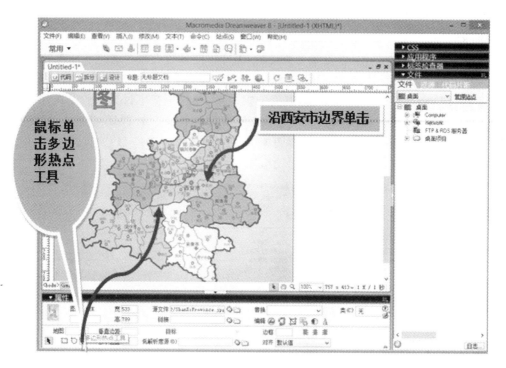

图 4-59　陕西省图片的属性设置

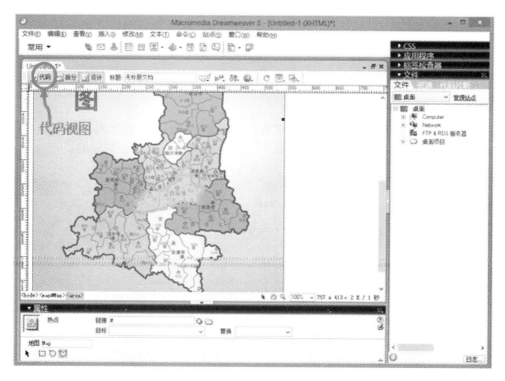

图 4-60　在 DreamWeaver 中设置西安市边界结果

在图 4-60 中,单击"代码"视图,复制"代码"视图中的 coords 后的代码,如图 4-61 所示。将此坐标复制到 Visual Studio 2010 的 HotSpot 编辑器的 Coordinates 中,再将该窗口的 NavigateUrl 属性设置为"～/Xian.aspx",如图 4-62 所示。

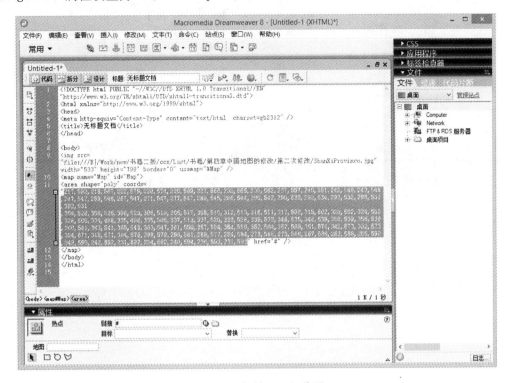

图 4-61 复制 coords 代码

图 4-62 设置 HotSpot 集合编辑器属性

单击"确定"按钮,按 Ctrl+F5 键运行该程序,结果如图 4-63 和图 4-64 所示。

图 4-63　ImageMap 运行结果 1

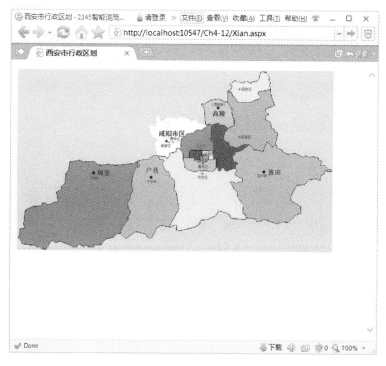

图 4-64　ImageMap 运行结果 2

4.2.13　Table 控件

Table 控件是一个在页面中显示表格的控件。该控件最终呈现在客户端的浏览器时与 HtmlTable 服务器控件相似,但两者在用法上存在比较大的差异,较为突出的差异是前者动态生成表格。Table 控件除本身已对象化之外,其包含的行和单元格也对象化了。每个 Table 对象可包含多个 TableRow 对象,同时 TableRow 对象又可包含多个 TableCell 对象。自动生成表格时,需要发回服务器端重新构造单元格,然后再向客户端输出结果。

1. Table 控件的属性、方法及事件

Table 控件的方法及事件没有特殊之处,这里略。Table 控件的常用属性如表 4-8 所示。

表 4-8　Table 控件的常用属性

成 员 名 称	说　　　明
BackImageUrl	指定控件的背景图片
CellPadding	指定单元格与边框间的距离,以像素为单位
CellSpacing	指定单元格与单元格之间的距离,以像素为单位
GridLines	指定表格中的网格线的显示方式(水平、垂直、水平垂直)
HorizontalAlign	指定水平的对齐方式
Rows	包含表格中行的集合

2. Table 控件实例

本例利用 Table 控件,通过用户输入表格的行与列动态生成。

例 4-13　新建一个网站,名称为 Ch4-13,默认主页为 Default.aspx,在该主页的设计视图中添加两个 TextBox 控件,用于接受用户输入要创建表格的行与列;一个 CheckBox 控件用于让用户选择是否允许有列边框风格;一个 Button 按钮控件,响应用户创建表格按钮;再向表格拖曳一个 Table 控件;如图 4-65 所示。

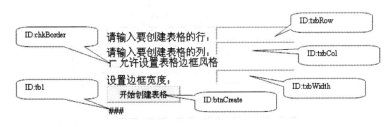

图 4-65　Default.aspx 的设计视图

双击 btnCreate 按钮,映射 Click 事件委托函数,添加代码如下:

```
protected void btnCreate_Click(object sender, EventArgs e)
```

```
{
    //先移除表格中的所有行与列
    tb1.Controls.Clear();
    int rows = Int32.Parse(txbRow.Text);
    int cols = Int32.Parse(txbCol.Text);
    int border = Int32.Parse(txbWidth.Text);
    for (int row = 0; row < rows; row++)
    {
        TableRow rowNew = new TableRow();
        tb1.Controls.Add(rowNew);
        for (int col = 0; col < cols; col++)
        {
            TableCell cellNew = new TableCell();
            cellNew.Text = "行" + row.ToString() + "列" + col.ToString();
            if (chkBorder.Checked)
            {
                cellNew.BorderStyle = BorderStyle.Dashed;
                cellNew.BorderWidth = Unit.Pixel(border);
            }
            rowNew.Controls.Add(cellNew);
        }
    }
}
```

运行结果如图 4-66 所示。

图 4-66　Table 控件的运行结果

4.2.14　FileUpload 控件

FileUpload 控件主要功能是上传文件到服务器。该控件提供一个文本框和一个"浏览"按钮,用户可在文本框中输入完整的文件路径,或者单击"浏览"按钮从客户端选择需要上传的文件,然后在服务器中调用 SaveAs 方法可以保存上传的文件,也可通过 FileContent 属性获取需要上传的 Stream 对象,通常把 Stream 对象保存到数据库。FileUpload 控件不会自动上传文件,必须设置相关的事件处理程序,并在程序中实现文件上传。

1. FileUpload 控件的属性、方法及事件

FileUpload 控件常用属性、方法及事件如表 4-9 所示。

表 4-9　FileUpload 控件常用属性、方法及事件

成 员 名 称	类别	说　　　明
FileBytes	属性	获取上传文件的字节数组
FileContent	属性	获取上传文件的文件流(Stream)对象
FileName	属性	获取上传文件在客户端的文件名称
HasFile	属性	确定是否有上传文件,表示 FileUpload 控件是否已包含一个文件
PostedFile	属性	获取一个与上传文件相关的 HttpPostedFile 对象,获取相关属性
SaveAs	方法	将上传的文件保存到指定的路径

提示：FileUpload 控件,一般要导入命名空间 System.IO,用于在服务器端操作文件目录。

2. FileUpload 控件实例

本例通过 FileUpload 控件上传图片文件,并将原文件的路径、文件大小和文件类型显示出来。

例 4-14　新建一个网站,名称为 Ch4-14,默认主页为 Default.aspx,在该主页的设计视图上拖曳一个 FileUpload 控件、一个 Button 控件和一个 Label 控件(用于显示上传文件的属性),再添加一个文件夹(名字为"img")用于存放上传的文件,如图 4-67 所示。

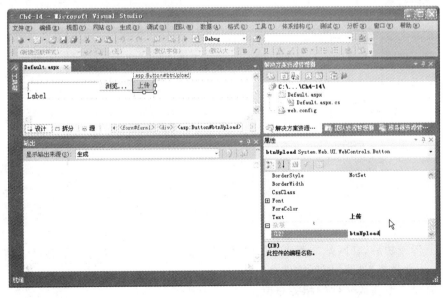

图 4-67　Default.aspx 页的设计视图

双击 Button 按钮,映射 Click 事件委托函数,添加如下代码:

```csharp
protected void btnUpload_Click(object sender, EventArgs e)
{
    if (this.FileUpload1.HasFile)
    {
        if (FileUpload1.FileName == "" || FileUpload1.FileName == null)
        {
            return;
        }
        string File_N = FileUpload1.FileName.ToString();        //获取上传文件的物理路径
        string[] File_Path = File_N.Split('\\');                //对路径进行分割
        File_N = File_Path[File_Path.Length - 1];               //获取上传文件名
        string webDir = Server.MapPath(".") + "\\img\\";
        if (!Directory.Exists(webDir))                          //检查目录是否存在
        {
            Directory.CreateDirectory(webDir);                 //不存在,则创建
        }
        FileUpload1.SaveAs(webDir + File_N);
        this.Label1.Text = "<li>" + "原文件路径: " + this.FileUpload1.PostedFile.FileName;
        this.Label1.Text += "<br>";
        this.Label1.Text += "<li>" + "文件大小: " + this.FileUpload1.PostedFile.ContentLength + "字节";
        this.Label1.Text += "<br>";
        this.Label1.Text += "<li>" + "文件类型: " + this.FileUpload1.PostedFile.ContentType;
        Response.Write("文件上传成功");
    }
}
```

运行结果如图 4-68 所示。

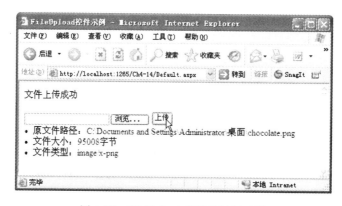

图 4-68 FileUpload 控件的运行结果

文件上传成功后,在网站的解决方案资源管理器可看到 img 文件夹下有已上传的文件(若没有 img 文件夹,选择"刷新文件夹"选项)。

下面简要介绍获取文件的相关知识。

(1) string filePath=FileUpload1.PostedFile.FileName;//获取要上传文件的路径

(2) string fileName=filePath.Substring(filePath.LastIndexOf("\\")+1);//获取文

件名称

（3）string fileSize＝Convert. ToString（FileUpload1. PostedFile. ContentLength）;//获取文件大小

（4）string fileExtend＝filePath. Substring（filePath. LastIndexOf（". "）＋1）;//获取文件扩展名

（5）string fileType＝FileUpload1. PostedFile. ContentType;//获取文件类型

（6）string serverPath＝Server. MapPath（"指定文件夹名称"）＋fileName;//保存到服务器的路径

（7）FileUpload1. PostedFile. SaveAs（serverPath）;//确定上传文件

4.2.15 Panel 控件

Panel 控件是一个容器控件。该控件作为页面上其他控件的容器,可以对其他控件进行分组,可将多个控件放入一个 Panel 控件中,作为一个单元进行控制。Panel 控件支持样式设置,可设置控件的背景色、前景色等。其 Direction 属性指定了在控件内的子控件的文本排列方向。其 DefaultButton 属性指定某一按钮,在 Panel 控件内的任意子控件中按 Enter 键时将引发此按钮的 Click 事件,此功能可方便用户在页面中录入信息。Panel 主要用于如下三个方面。

- 分组行为：将一组控件放入面板,然后操作该面板,可以将这组控件作为一个单元进行管理;
- 动态控件生成：Panel 控件为在运行时创建的控件提供一个方便的容器;
- 外观：Panel 控件支持 BackColor 和 BorderWidth 等外观属性,可设置这些属性为页面上的局部区域创建独特的外观。

1. Panel 控件的属性、方法及事件

Panel 控件的方法与事件无特殊之处,但具有不同于其他控件的属性,如表 4-10 所示。

表 4-10 Panel 控件的属性及其说明

成 员 名 称	说 明
BackImageUrl	指定背景的图像路径
DefaultButton	指定在控件中按 Enter 键时,触发的按钮
Direction	指定控件中的子控件的文字排列方式
GroupingText	指定控件的标题
HorizontalAlign	指定子控件的水平对齐方式
ScrollBars	指定控件的滚动条显示方式
Wrap	确定是否自动换行,默认为 true
Visible	获取或设置控件的可见性

> Justify：均匀展开, 左右边距对齐; Center:居中; Left:左; Right:右; NoSet

> 当行的长度超过面板的宽度时, 控件的项是继续还是在面板边缘处截断

2. Panel 控件实例

本例使用 Panel 控件显示或隐藏一组控件。当用户未登录时,将提示用户单击"登录"按钮登录网站,当用户登录后,将会隐藏提示信息,显示用户登录窗口。

例 4-15   新建一个网站,名称为 Ch4-15,默认主页为 Default. aspx,在该主页的设计视图中拖曳一个 Label 控件、两个 Panel 控件。在 Panel1 容器控件上拖曳一个 Label 控件和一个 LinkButton 控件,在 Panel2 容器控件上拖曳一个 TextBox 控件和一个 Button 控件。设置 Panel1 的 ForeColor 为"♯FF3300",Font 的 Italic 属性为 True,如图 4-69 所示。

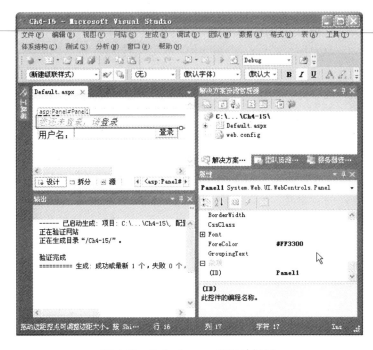

图 4-69   Default. aspx 的设计视图

双击 LinkButton1 控件,添加其 Click 事件委托函数,双击 Button1 控件,添加其 Click 事件委托函数,具体代码如下:

```
//设置登录状态,登录名
    bool loginStatus = false;
    string strLoginName = "";
    protected void Page_Load(object sender, EventArgs e)
    {
        if (loginStatus == false)              //未登录
        {
            this.Panel2.Visible = false;
            this.Panel1.Visible = true;
            this.Label1.Text = "当前的时间是: " + DateTime.Now.ToLongDateString();
        }
        else
        {
            this.Panel2.Visible = false;
            this.Panel1.Visible = false;
            this.Label1.Text += "; 欢迎您," + strLoginName;
        }

    }
```

```
protected void LinkButton1_Click(object sender, EventArgs e)
{
    this.Panel2.Visible = true;
    this.Panel1.Visible = false;
}
protected void Button1_Click(object sender, EventArgs e)
{
    loginStatus = true;
    this.Panel2.Visible = false;
    this.Panel1.Visible = false;
    strLoginName = this.TextBox1.Text;
    this.Label1.Text += "; 欢迎您," + strLoginName;
}
```

运行结果如图 4-70～图 4-72 所示。

图 4-70　Panel 控件运行结果 1

图 4-71　Panel 控件运行结果 2

图 4-72　Panel 控件运行结果 3

4.3　HTML 服务器控件

标准服务器控件像开发人员开发桌面应用程序所用到标准控件一样,而 HTML 服务器控件是应用于网络的基于 HTML 协议的元素的控件,它提供了对标准 HTML 元素类的封装,使开发人员可对其进行编程。

传统的 HTML 元素是不能被 ASP.NET 服务器端直接使用的,但是通过将这些 HTML 元素的功能进行服务器端的封装,开发人员就能很轻松地在服务器端使用这些 HTML 元素。

4.3.1　HTML 服务器控件简介

HTML 服务器控件位于 System. Web. UI. HtmlControls 命名空间中,在该命名空间中,包含大约二十多个 HTML 控件类,根据类型可分为 HTML 输入控件、HTML 容器控件。事实上页面上的任何元素都可以通过添加属性 runat＝"server"来转换为 HTML 服务器控件,如果这些 HTML 元素没有相应的服务器端的类,ASP.NET 将使用 HtmlGenericControl 类来表示 HTML 服务器控件。HTML 服务器控件的层次结构如图 4-73 所示。

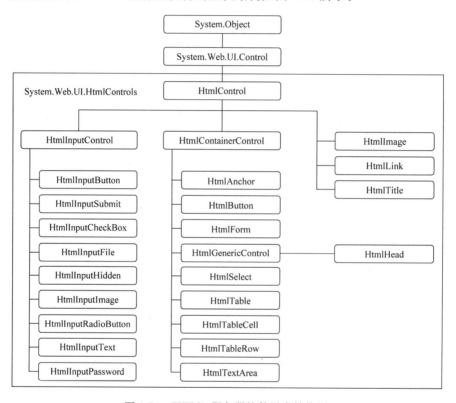

图 4-73　HTML 服务器控件层次结构图

从图 4-73 可以看到,所有的 HTML 服务器控件继承自 HtmlControl 基类,该类提供的所有 HTML 服务器控件都具有基本的方法和属性。HtmlControl 控件提供以下 4 个基本属性。

（1）Attributes：允许向 HTML 控件标签添加属性,例如可向一个文本框 TextBox 添加 OnFocus 属性和一些指定的代码,使之能够在获取焦点时执行一些客户端行为。

（2）Disable：获取和设置控件的启用或禁用状态。

（3）Style：返回应用到控件的样式的集合。

（4）TagName：返回控件的标签名,例如 HtmlImage 的 TagName 将返回 img 标签值。

HTML 服务器控件通常以属性的形式来匹配其 HTML 标记属性,例如 HtmlImage 类提供了 Align、Alt、Border、Src、Height 等属性以匹配其相应的 HTML 标签的 img 的属性。因此,熟练掌握 HTML 控件,只需要熟悉其相应的 HTML 元素属性即可。

4.3.2 HTML 服务器控件实例

HTML 服务器控件是由 HTML 元素封装转变而来的。在服务器端,该控件能够利用 ASP.NET 访问其相关数据及属性,但无法执行程序代码,其编程代码需要在客户端,所以说 HTML 服务器控件还不算是真正的服务器控件。另外,几乎所有 HTML 服务器控件的功能都可通过标准服务器控件来实现,故下面只简单举一例子。

注意:HTML 控件主要的程序是在 JavaScript 中实现的。

例 4-16 新建一个网站,命名为 Ch4-16,默认主页为 Default.aspx。

(1) 在 Default.aspx 的设计视图设计表格。

(2) 从图 4-74 所示的"工具箱"面板的 HTML 标签下拖曳一系列 HTML 控件,包括 Input(Text)控件、Input(Password)控件、Input(Radio)控件、Input(Checkbox)控件、Select 控件、Input(Submit)控件、Input(Reset)控件、Textarea 控件等。其具体排列设置如图 4-75 所示。

图 4-74 HTML 控件工具箱

图 4-75 HTML 示例的 Default.aspx 的设计视图

（3）双击 Input/Submit1 控件，映射 onclick 事件的 JavaScript 代码如下：

```
function Submit1_onclick()
{
    var xm = document.getElementById("Text1");
    var sex = document.getElementById("Radio1");
    var str = "欢迎您";
    if(true == sex.checked)
    {
        str += xm.value + "先生,";
    }
    else
    {
        str += xm.value + "女士,";
    }
    alert(str);
}
```

（4）其 Default.aspx 整体源代码如下：

```
<%@ Page Language = "C#" AutoEventWireup = "true" CodeFile = "Default.aspx.cs" Inherits =
"_Default" %>
<!DOCTYPE html PUBLIC " - //W3C//DTD XHTML 1.0 Transitional//EN" "http://www.w3.org/TR/
xhtml1/DTD/xhtml1 - transitional.dtd">
<html xmlns = "http://www.w3.org/1999/xhtml">
<head runat = "server">
    <title>HTML 控件示例</title>
    <style type = "text/css">
        .style1
        {
            width: 212px;
        }
        .style2
        {
            width: 652px;
        }
        #Select1
        {
            width: 139px;
        }
        .style3
        {
            width: 233px;
        }
    </style>
<script language = "javascript" type = "text/javascript">
//<![CDATA[

function Submit1_onclick() {
    var xm = document.getElementById("Text1");
    var sex = document.getElementById("Radio1");
    var str = "欢迎您";
    if(true == sex.checked)
    {
```

```
            str += xm.value + "先生,";
        }
        else
        {
            str += xm.value + "女士,";
        }
        alert(str);
    }
    function Submit2_onclick() {
        Hidden1.value = TextArea1.value;
        p1.innerHTML = "Hidden value = " + Hidden1.value;
    }
    //]]>
    </script>
    </head>
    <body>
        <form id = "form1" runat = "server">
        <div>
            <table style = "width:100 % ;">
                <tr>
                    <td class = "style1">用户名: </td>
                    <td class = "style2" colspan = "4">
                        <input id = "Text1" type = "text" /></td>
                </tr>
                <tr>
                    <td class = "style1">密码: </td>
                    <td class = "style2" colspan = "4">
                        <input id = "Password1" type = "password" /></td>
                </tr>
                <tr>
                    <td class = "style1">性别: </td>
                    <td class = "style2" colspan = "4">
                        <input id = "Radio1" name = "Sex" type = "radio" />男   
                        <input id = "Radio2" checked = "checked" name = "Sex" type = "radio" />女
                        </td>
                </tr>
                <tr>
                    <td class = "style1">兴趣爱好: </td>
                    <td class = "style2" colspan = "4">
                        <input id = "Checkbox1" type = "checkbox" />电影
                        <input id = "Checkbox2" type = "checkbox" />看书
                        <input id = "Checkbox3" type = "checkbox" />旅游
                        <input id = "Checkbox4" type = "checkbox" />美食
                        <input id = "Checkbox5" type = "checkbox" />运动
                        <input id = "Checkbox6" type = "checkbox" />音乐</td>
                </tr>
                <tr>
                    <td class = "style1">
                        熟悉的语言</td>
                    <td class = "style2" colspan = "4">
                        <select id = "Select1" multiple = "multiple" name = "D1" title = "语言">
                            <option selected>Visual C++</option>
                            <option>Java</option>
                            <option>Delphi</option>
```

```
                    < option > SmallTalk </option >
                    < option > Visual Basic </option >
              </select ></td >
        </tr >
        <tr >
              < td class = "style1">  </td >
              < td class = "style3">
                    < input id = "Submit1" type = "submit" value = "提交" onclick = " Submit1_
onclick()" /></td >
              < td class = "style2">
                    < input id = "Reset1" type = "reset" value = "重置" /></td >
              < td class = "style2">  </td >
        </tr >
    </table >
  </div >
  </form >
< hr style = "line – height: 0px" />
< p >
    请留言: < textarea id = "TextArea1" cols = "20" name = "S1" rows = "2"></textarea >  </
p >
< p id = "p1" runat = "server">
    < input id = "Hidden1" type = "hidden" runat = "server"/>
</p >
< p >
< input id = "Submit2" type = "submit" value = "submit" onclick = "return Submit2_onclick()" />
  </p >
</body >
</html >
```

（5）程序运行时，输入"abc"用户名及随意密码，单击"提交"按钮，运行结果如图 4-76
所示。

图 4-76   HTML 控件运行结果

4.4 小结

本章讲解了 ASP.NET 的服务器控件,包括标准服务器控件和 HTML 服务器控件。重点介绍了标准服务器控件,并针对每一个控件做了一个实例。在每一个实例中作者集成了许多种方法进行操作与讲解,请读者按照实例代码练习并细心思考,相信一定会有许多收获。

4.5 课后习题

4.5.1 作业题

1. 请编程遍历页面上所有 TextBox 控件并给它赋值为 string.Empty,如图 4-77 和图 4-78 所示。

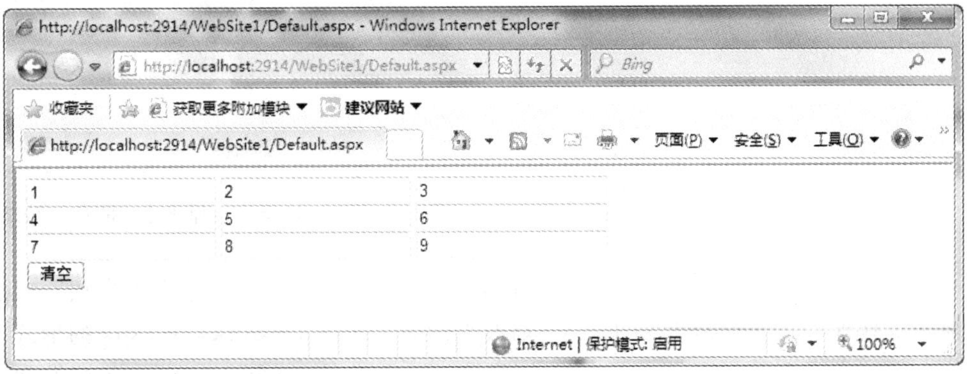

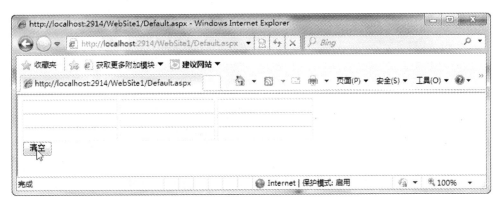

图 4-77 在 TextBox 中输入信息

图 4-78 一键清空所有 TextBox

2. 在第 3 章的作业题 2 中,我们采用 GET 请求实现了页面间跳转,请修改此作业题,要求页面传值采用 POST 请求。

3. 在主页上添加一个 RadioButtonList,添加"少林派"、"丐帮"、"古墓派"三个列表项。

添加一个 CheckBox,控制 RadioButtonList 的表项横排或竖排显示。添加一个 ListBox,当选择"少林派"时,添加列表项"达摩"、"扫地僧"、"方世玉"。当选择"丐帮"时,添加列表项"洪七公"、"黄蓉"、"乔峰"。当选择古墓派时,添加列表项"林朝英"、"小龙女"、"杨过"。再添加两个 CheckBox,分别控制 ListBox 控件中的内容加粗或倾斜显示。添加一个 Label 控件,当选中 ListBox 中的某个表项时,自动在 Label 中显示:"您将要拜入某某帮谁谁门下",如图 4-79 和图 4-80 所示。

图 4-79　运行结果　　　　　　　图 4-80　选择了某师傅之后的运行结果

4. 新建一个网站,在解决方案资源管理器中,右击项目名称选择"添加现有项",然后将本章前 3 个作业题的页面全部添加进来,修改页面名称为 homework4_1.aspx 的形式。再添加一个默认主页 Default.aspx,添加一个 HyperLink 控件、一个 LinkButton 控件和一个 HTML＜a＞＜/a＞元素,分别链接到 homework4_1.aspx、homework4_2.aspx、homework4_3.aspx。

如图 4-81 和图 4-82 所示。

图 4-81　解决方案资源管理器　　　　　　图 4-82　运行结果

4.5.2　思考题

1. 在 ASP.NET 中重定向到其他网页有哪些方法?

2. 在 ASP.NET 的页面之间传递数据有哪几种方式?并说出它们的优缺点。

4.6 上机实践题

4-1 使用文本框控件、按钮控件,单击按钮时实验结果如图 4-83,要求对车次信息正则表达式进行验证,使用独立的 JavaScript 文件,车次必须以 T,K,D,G,C,L,Z,A,Y 或者是数字 1~7 开头,后接 1~4 位的数字。

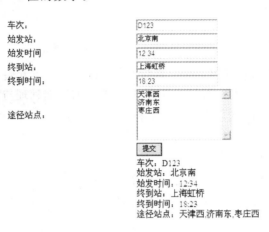

图 4-83 实验结果

4-2 使用 CheckBox 控件和 CheckBoxList 控件完成列车类型的选择,"全部"为 CheckBox 控件,剩下的列车类型为一个 CheckBoxList 控件,当单击图 4-84 中的"软卧"时,结果如图 4-84 所示,当单击图 4-85 中的任意列车类型,例如"软座",结果如图 4-86 所示。"全部"没有被选中时,单击"全部"则所有列车类型都被选中,反之取消所有列车类型的选中状态。

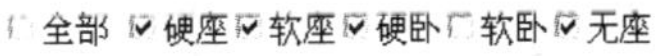

☐ 全部 ☑ 硬座 ☑ 软座 ☑ 硬卧 ☐ 软卧 ☑ 无座

图 4-84 取消选择"软卧"

☑ 全部 ☑ 硬座 ☑ 软座 ☑ 硬卧 ☑ 软卧 ☑ 无座

图 4-85 全部选择

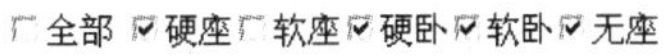

☐ 全部 ☑ 硬座 ☐ 软座 ☑ 硬卧 ☑ 软卧 ☑ 无座

图 4-86 运行结果

4-3 使用 RadioButtonList 控件模拟购票过程,当单击图 4-87 的"购买"按钮,结果如图 4-88 所示。要求记录各列车类型的剩余车票,对必要的数据要进行验证。

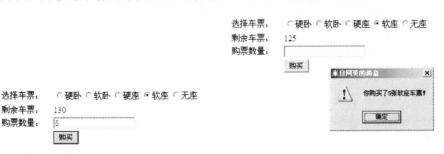

图 4-87 单击"购买"按钮   图 4-88 运行结果

第5章

数据库操作技术

现今大多数 Web 应用程序都是基于数据库操作的。从本章开始,将介绍与数据库相结合的 ASP.NET 应用程序开发。数据库具有强大、灵活的后端管理与存储数据的能力,所以在系统中一个数据库操作的好坏直接决定了整个系统的性能。本章介绍的有关数据库操作的内容,是本书的重点也是难点。

本章主要学习目标如下:

- 掌握 SQL Server 2008 数据库管理系统的基本操作;
- 了解数据库框架,尤其是 ADO.NET 框架;
- 掌握数据库连接的方法;
- 熟练掌握数据库交互操作技术;
- 了解数据集(表)的原理及运行机理等相关概念;
- 掌握数据集(表)的使用。

5.1 SQL Server 2008 简介

本节主要介绍如何安装数据库、数据库的创建及对数据库的操作。

5.1.1 安装 SQL Server 2008

下面介绍安装 SQL Server 2008 的主要步骤。

(1) 如果是在 Windows 7 操作系统下,应以 Administrator 账号进行安装和运行 SQL Server 2008。否则可能会产生很多问题,比如无法成功附加数据库等。

启用 Administrator 账号的步骤如下:"开始"→右击"计算机"→"管理"→"本地用户和组"→"用户"→Administrator→右键选"属性"→"账户已禁用"前的对号去掉即可。之后注销当前账号,以 Administrator 账号登录并进行安装。

(2) 在 Windows 7 操作系统下启动 Microsoft SQL Server 2008 安装程序后,将提示软件存在兼容性问题,在安装完成之后必须安装 SP1 补丁才能运行,此时选择"运行程序"即可(之后出现的兼容性提示都作此选择)。

(3) 进入 SQL Server 安装中心后跳过"计划"内容,直接选择界面左侧列表中的"安装",如图 5-1 所示。

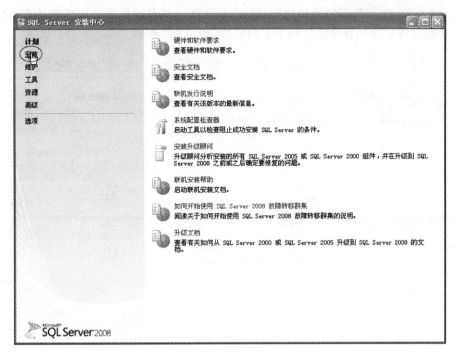

图 5-1　SQL Server 安装中心

（4）此时，选择第一个安装选项"全新 SQL Server 独立安装或向现有安装添加功能"，如图 5-2 所示。

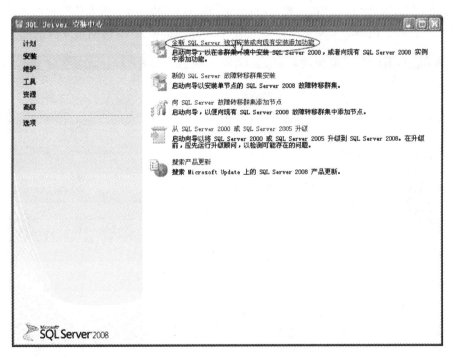

图 5-2　全新 SQL Server 独立安装

（5）之后进入"安装程序支持规则"界面,安装程序将自动检测安装环境基本支持情况,需要保证通过所有条件后才能进行下面的安装,如图5-3所示。

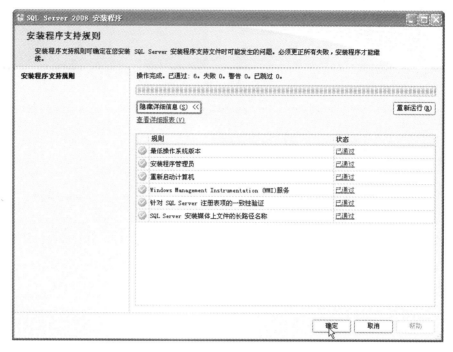

图 5-3   检测安装程序支持规则

（6）在"安装类型"窗口中,选择"执行 SQL Server 2008 的全新安装",如图 5-4 所示(注意图中已安装的实例 SQLEXPRESS 是安装 Visual Studio 2010 时附带安装的)。

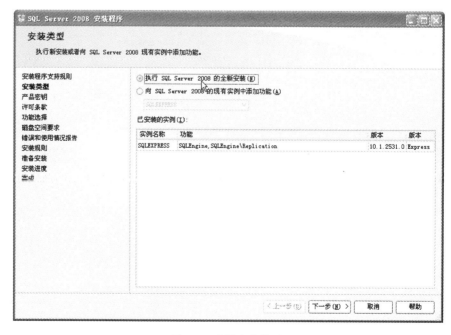

图 5-4   选择安装类型

（7）SQL Server 2008 版本选择和密钥填写中输入产品密钥，若无密钥可以安装一个 180 天到期的企业试用版（Enterprise Evaluation），如图 5-5 所示。

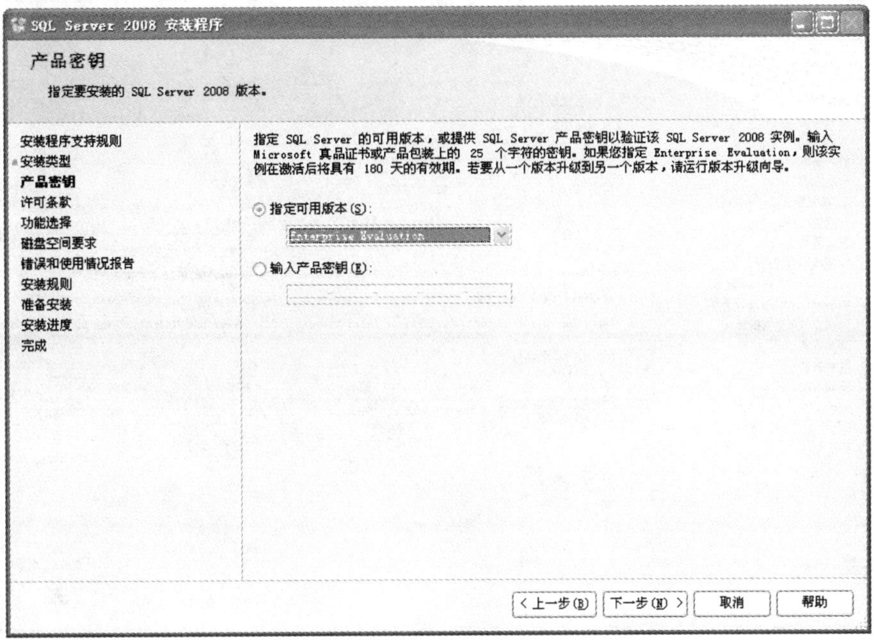

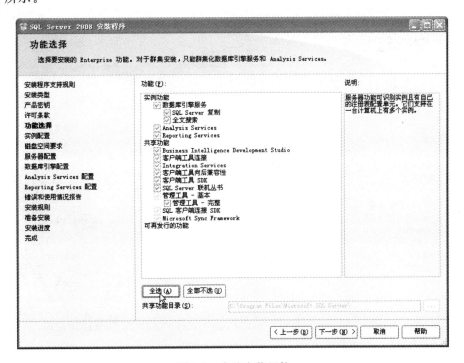

图 5-5　输入产品密钥

（8）单击"下一步"按钮，进入"功能选择"界面，选择要安装的组件，这里选择"全选"，如图 5-6 所示。

图 5-6　全选安装组件

（9）在"实例配置"中，选择"默认实例"，其他不变，如图 5-7 所示。

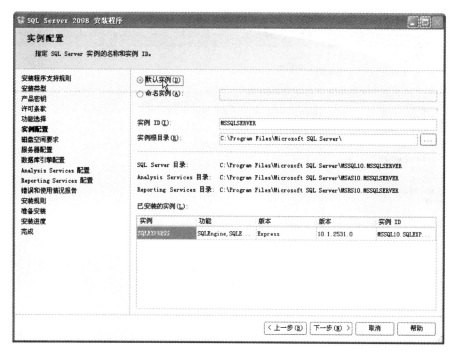

图 5-7　指定实例名称与 ID

（10）在"服务器配置"界面，选择服务的账户名。所有账户名一律选"NT AUTHORITY\ SYSTEM"，如图 5-8 所示。

图 5-8　为服务指定账户名

（11）在"数据库引擎配置"界面，选择身份验证的模式。

- "Windows 身份验证"为"信任连接"，连接 SQL Server 时不需要输入账号和密码，仅适合本地用户访问，无法远程连接。
- "SQL Server 身份验证"为"非信任连接"，连接 SQL Server 时需要输入账号和密码，可以远程连接。

这里我们选择"混合模式"，此时需要为 SQL Server 2008 的内置系统管理员账户"sa"设置密码。

在"指定 SQL Server 管理员"下面单击"添加当前用户"按钮，即指定 Windows 的系统管理员为 SQL Server 的系统管理员，如图 5-9 所示。

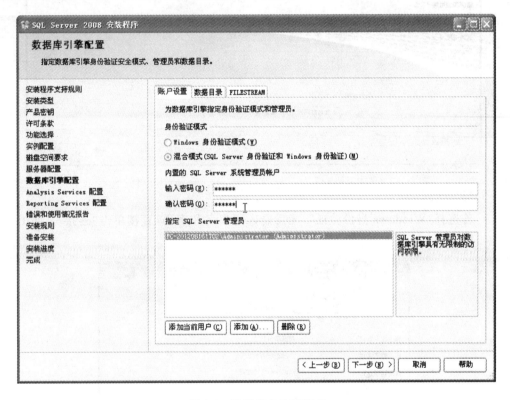

图 5-9　选择身份验证模式

（12）单击"下一步"按钮，为"Analysis Services 配置"指定管理员，单击"添加当前用户"按钮（若在服务器上安装 SQL Server 时，安全起见建议为此建立独立的账户进行管理），如图 5-10 所示。

（13）之后的安装步骤一律按默认设置进行，无需更改，直至安装完成。

5.1.2　启动 SQL Server 2008 服务管理器

选择"开始"→"程序"→Microsoft SQL Server 2008→SQL Server Management Studio，打开 SQL Server 服务器管理。

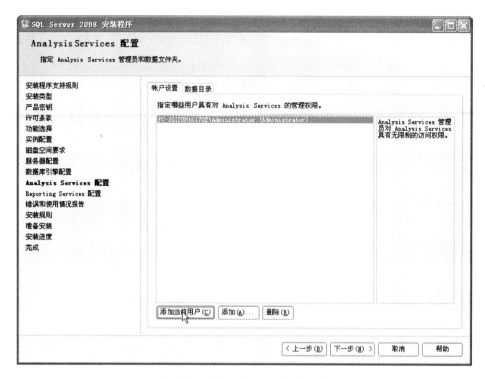

图 5-10　Analysis Services 配置

- 若选择"Windows 身份验证",无需输入用户名和密码,直接单击"连接",如图 5-11 所示。

图 5-11　Windows 身份验证

- 若选择"SQL Server 身份验证",输入登录名"sa",密码输入图 5-9 设定的密码,如 图 5-12 所示。

当连接成功时,出现如图 5-13 所示的界面。

图 5-12 SQL Server 身份验证

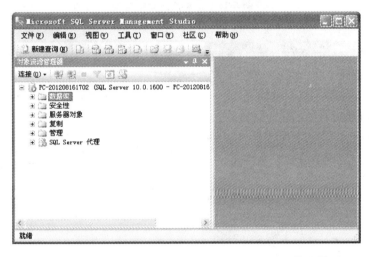

图 5-13 Microsoft SQL Server Management Studio 管理界面

5.1.3 创建 SQL 数据库

可用 SQL 语言创建数据库,也可使用 SQL Server Management Studio 图形化创建数据库。下面介绍后者,因其简单易学,应用比较广泛。

下面以建立一个简单的 Sample 数据库为例,介绍在数据库中如何建立数据库。

(1) 在 Management Studio 中,选择要在其中创建数据库的 SQL Server 服务器,展开目录,选择"数据库"选项,单击鼠标右键弹出快捷菜单,如图 5-14 所示。

(2) 选择"新建数据库"选项,出现如图 5-15 所示的界面,左上角有三个选项卡:"常规"、"选项"和"文件组"。

- "常规"选项卡主要用来设置数据库的名称和数据库文件的属性设置。在"数据库文件"下显示了数据库文件属性的默认设置。
- "选项"选项卡主要用来设置数据库的游标、恢复模式、杂项和状态。
- "文件组"选项卡主要用来管理文件组。

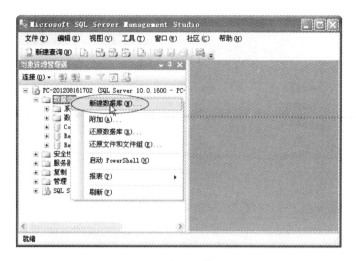

图 5-14　新建数据库的操作

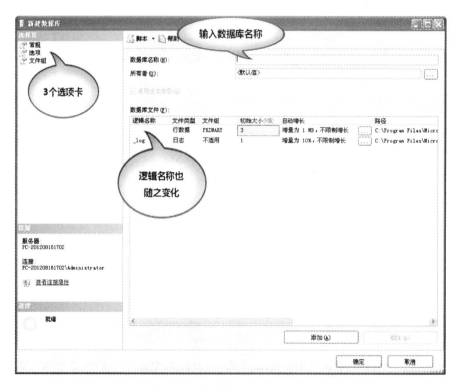

图 5-15　新建数据库设置界面

（3）设置数据库属性完成后，单击"确定"按钮，创建了一个名为"Sample"的数据库。

注意：创建数据库时，SQL Server 2008 以"文件"形式在系统中存储。这个"文件"一般包含两个文件：一个是 * . mdf 文件（数据库的主文件）；另一个是 * _log. ldf 文件（数据库的日志文件）。

5.1.4 创建 SQL 数据表

在新建数据表之前,首先了解一下表中字段的数据类型,如表 5-1 所示。

表 5-1 数据表字段的数据类型

数据类型	说 明
bigint	bigint 型数据的存储大小为 8 个字节,共 64 位,有符号位
int	int 型数据的存储大小为 4 个字节,共 32 位,有符号位
smallint	smallint 型数据的存储大小为 2 个字节,共 16 位,有符号位
tinyint	tinyint 型数据的存储大小为 1 个字节,共 8 位,无符号位
real	real 型的数据存储大小为 4 个字节,可以精确到小数点后面 7 位数字
float	float 型的数据存储大小为 8 字节,可以精确到小数点后面 8 为数字
decimal	decimal 数据类型和 numeric 数据类型的功能完全一样,可以提供小数所需要的实际空间,但也有一定的限制,用户可以用 2～17 个字节来存储数据
binary	binary 型是固定长度的二进制数据类型,其形式为 binary(2)
nchar	nchar 型的数据采用 Unicode 字符,由于 Unicode 标准规定在存储时每个字符和符号占用 2 个字节的存储空间,因此 nchar 型的数据比 char 型数据多占用 1 倍的存储空间
varchar	varchar 是可变长度的非 Unicode 字符数据类型,其形式为 varchar[(n)],与 char 型类似,n 的取范围为 1～8000
nvarchar	nvarchar 型是可变长度的 Unicode 字符数据类型,其定义形式为 nvarchar[(n)]
text	text 型是用于存放大量非 Unicode 文本数据的可变长度数据类型
ntext	ntext 型是用于存放大量 Unicode 文本数据的可变长度数据类型
image	image 型是用于存放大量二进制数据的可变长度数据类型。通常用来存储图像等 OLE 对象,在输入数据时与输入二进制数据一样,必须在数据前加上起始符号"0x"作为二进制标识
datetime	datetime 型是用于存储日期和时间的结合体的数据类型
smalldatetime	smalldatetime 型与 datetime 相似,但其存储的日期范围较小
money	money 型是一个 4 位小数的 decimal 值
smallmoney	smallmoney 型货币数据介于 −214 748.3648～ ＋214 748.3648
timestamp	timestamp 数据类型是提供数据库范围的唯一值
uniqueidentifier	uniqueidentifier 数据类型用于存储一个 16 位的二进制数据,此数据称为全局唯一标识符
sql_variant	sql_variant 型是一种存储 SQL Server 支持的各种数据类型和值的数据类型
table	table 型用于存储表或视图处理后的结果集

在 Management Studio 中,创建 SQL Server 数据表的步骤如下。

(1) 在 Management Studio 的树状目录中,选择要创建数据表的数据库,右击该数据库下边的"表",在快捷菜单中执行"新建表"命令,如图 5-16 所示。

(2) 执行"新建表"命令后,将显示表结构的设计器,设计一个含有字段"StuId"、"StuName"、"StuAge"、"StuAddress"的表,如图 5-17 所示。

(3) 输入完所有的字段后,关闭设计器,弹出是否保存信息的提示对话框,如图 5-18 所示。

图 5-16　新建数据表

图 5-17　设计数据表的结构

图 5-18　保存表提示对话框

（4）单击"是"按钮，弹出如图 5-19 所示的对话框，输入数据表的名称"StuInfo"，单击"确定"按钮。

注意：有不少初学者喜欢将表名设为 user，这样运行会提示：'user' 附近有语法错误。因为 user 属于关键字，不能直接用作数据库表名或字段名。用关键字作数据库表名、字段名时，需要用［］括起来，比如［user］。或者换成别的名字，比如 users。而 user 直接用作数据库名是可以的。

（5）右击 StuInfo 表名，选择"编辑前 200 行"，为表添加 7 条记录，如图 5-20 所示。

图 5-19　"选择名称"对话框

StuID	StuName	StuAge	StuAddress
1001	张三	22	北京市
1002	李四	23	天津市
1003	王五	22	上海市
1004	赵六	23	北京市
1005	小李	24	天津市
1006	小张	25	广州市
1007	小孙	19	威海市

图 5-20　编辑前 200 行

（6）再在 Sample 数据库中新建一个名为“Student”的表，列名分别为“ID”和“StuID”，其中“ID”是自增字段，在“ID”列属性中的标识规范下选择“标识”为“是”，增量为“1”，如图 5-21 所示。

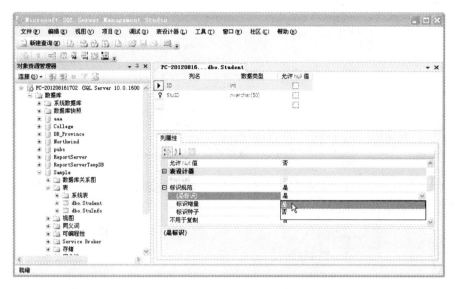

图 5-21　设定 ID 字段为自增字段

（7）表 Student 的记录如图 5-22 所示。

ID	StuID
1	1001
2	1002
3	1003
4	1004
5	1005
6	1006
7	1007

图 5-22　Student 表的记录

5.1.5　数据库的备份和恢复

备份数据库是指对数据库或事务日志进行复制，当系统、磁盘或文件损坏时，可使用备份文件进行恢复，防止数据丢失。

还原数据库是指使用数据库备份文件对数据库进行还原操作。由于病毒的破坏、磁盘损坏或操作员操作失误等原因导致数据的丢失、不完整或数据错误，此时，需要对数据进行还原，将数据还原到某一天，其前提是在当天必须进行数据备份。

1. 数据备份

（1）打开 SQL Server 2008，展开“数据库”节点，选择要备份的数据库，单击鼠标右键，弹出一个快捷菜单，在快捷菜单中选择“任务”→“备份”，如图 5-23 所示。

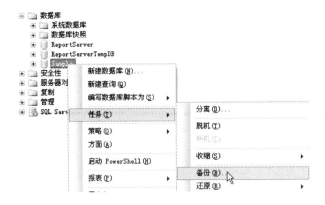

图 5-23　数据备份的操作

（2）此时会打开"备份数据库"窗口，按图 5-24 所示设置完备份数据库的属性后，单击"确定"按钮，开始备份数据库。

图 5-24　"备份数据库"窗口

2．数据库还原

（1）打开 SQL Server 2008 的 Management Studio，展开"数据库"节点，右击要还原的数据库，在快捷菜单中选择"任务"→"还原"→"数据库"，如图 5-25 所示。

图 5-25 数据库还原的操作

（2）在还原数据库时，此处有"数据库"和"文件和文件组"两个选项，具体选择要以当初备份时的"备份组件"的类型而定。

（3）打开"还原数据库"对话框，在表中选择已备份的数据，单击"确定"按钮开始还原数据库。

5.1.6　附加和分离数据库

本节主要介绍如何附加和分离数据库。通过本节的学习，读者可以掌握附加和分离数据库的基本操作。

1. 附加数据库

通过附加方式可以向服务器中添加数据库，前提是需要有数据库文件和数据库日志文件（以添加 NorthWind 数据库为例）。

（1）右击"数据库"，在快捷菜单中执行"附加"命令，如图 5-26 所示。

图 5-26 附加数据库的操作

（2）在随之出现的"附加数据库"窗口中单击"添加"按钮，如图 5-27 所示。

（3）将出现"定位数据库文件"窗口，如图 5-28 所示。找到需要附加的数据库，单击"确定"按钮，完成数据库的附加，如图 5-29 所示。

图 5-27 "附加数据库"窗口

图 5-28 "定位数据库文件"窗口

图 5-29 完成数据库的附加

注意：若"SQL Server 身份验证"登录附加失败，请用"Windows 身份验证"登录进行附加。

2. 分离数据库

分离数据库是将数据库从 SQL Server 的服务器中分离出去，但并没有删除数据库，数据库依然存在，当需要使用数据库时，可通过附加的方式将数据库附加到服务器中。

（1）在 SQL Server 2008 中，展开"数据库"节点，右击要分离的数据库，在快捷菜单中选择"任务"→"分离"，如图 5-30 所示。

图 5-30 分离数据库的操作

（2）打开"分离数据库"窗口，如图 5-31 所示。在列表中，选中要分离的数据库，单击"确定"按钮，即可分离数据库。

图 5-31 "分离数据库"窗口

提示：有时复制或移动一个项目时，经常出现程序正在使用的情况，此时，应将该项目的数据库进行"分离"后再复制或移动。

5.2 通过 ADO.NET 操作数据库

如前所述，由于数据库具有强大、灵活的后端管理与存储数据的能力，现今大多数应用程序都是基于数据库的。如果采用编程直接操作数据库，一方面由于数据库本身操作的复杂性使得对于数据的处理变得异常复杂，不利于开发者掌握，另一方面也不能很好地满足当前对于系统分层设计模式。基于此，微软公司设计了一个中间的数据访问层 ADO.NET，ASP.NET 通过 ADO.NET 来操作数据库。ADO.NET 本身也基于多层架构设计，除了能应用于普通的应用程序外，在分布式系统开发方面，同样具有强大的功能。

5.2.1 ADO.NET 架构

ADO.NET 从总体上来讲分为两大类型。

（1）连接类型：提供连接到数据库、操作数据库数据的功能。

（2）断开类型：提供离线编辑与处理数据，在处理完成后交由连接类型进行数据的更新。

ADO.NET 架构如图 5-32 所示。

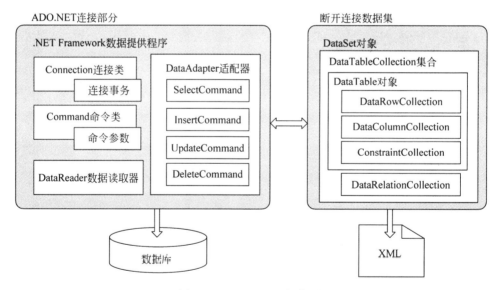

图 5-32　ADO.NET 架构图

5.2.2 ADO.NET 数据提供者

图 5-28 中左侧的连接类型又称为 ADO.NET 数据提供者，数据提供者提供了用于访问特定数据库、执行 SQL 语句并且接收数据库数据的命令，数据提供者在数据库和 ASP.NET 应用程序之间提供了一座桥梁。ASP.NET 中的数据提供者由如下的类对象组成。

- Connection 对象：数据库连接对象,建立与物理数据库的连接。
- Transaction 对象：数据库事务对象,与事务处理相关的类。
- DataAdapter 对象：一个中间对象,一方面从数据库中获取数据并填充到 DataSet 对象中,另一方面用来将 DataSet 中的更改数据更新到数据库中,该对象介于连接对象与非连接对象之间,因此可以看作一个适配器对象。
- Command 对象：数据命令对象,ADO.NET 中使用这个对象向数据库发送查询、更新、删除、修改、添加等操作的 SQL 语句。
- Parameter 对象：参数对象,为 Command 对象中的 SQL 语句提供参数。
- DataReader 对象：数据读取器对象,提供读取下一条记录的数据的游标,用于快速读取数据。

ADO.NET 中的大多数类位于 System.Data 命名空间及其子命名空间中。System.Data 命名空间包括 ADO.NET 提供各种数据访问和处理的类。特定的数据提供程序则位于 System.Data 命名空间的各个子命名空间中。例如,用于访问 SQL Server 的类位于 System.Data.SqlClient 中,访问 Access 的类位于 System.Data.OleDb 命名空间中。

另外,ADO.NET 为不同的数据源提供了不同的数据提供者,每个特定的数据提供者都有特定的 Connection、Command、DataReader 和 DataAdapter 类,这些特定的类为其相应的数据库进行了优化操作。例如,为了与 SQL Server 数据库建立连接,可以考虑使用 SqlConnection 对象。

ADO.NET 提供者模型是一个可扩展的模型,开发人员可以创建特定数据源的自定义提供者。图 5-33 是 ADO.NET 提供者模型示意图。

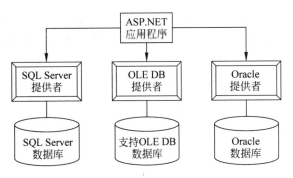

图 5-33　ADO.NET 提供者模型示意图

.NET Framework 内部捆绑了如下 4 个数据提供者。

- SQL Server 提供者：为 SQL Server 提供了优化访问的类。
- OLE DB 提供者：提供对有 OLE DB 驱动程序的任何数据源的访问。
- Oracle 提供者：为 Oracle 提供了优化访问的类。
- ODBC 提供者：提供对具有 ODBC 驱动的任何数据源的访问。

注意：ADO.NET 并没有提供通用的数据访问类,因此,当切换到不同的数据库时,必须要更换数据提供者。开发人员可以使用面向对象的编程方法来解决这个问题。

5.3　连接数据库

本节将讨论如何使用 SqlConnection 连接类来连接数据库。实例将以 SQL Server 数据库提供程序为例进行讨论。

5.3.1　使用 SqlConnection 对象连接数据库

1. SqlConnection 对象的功能及说明

SqlConnection 对象提供了连接到数据源的能力,为了构建一个到数据库的连接,需要为 SqlConnection 对象提供一个到指定数据源的连接字符串。SqlConnection 对象需由 ADO.NET 提供的 SqlConnection 类来创建。

SqlConnection 类的语法定义如下:

```
public sealed calss SqlConnection:DbConnection,ICloneable
```

SqlConnection 的构造方法如下:

```
SqlConnection con = new SqlConnection(strConnection);
                              //给定包含连接字符串的字符串构造一个实例
SqlConnection con = new SqlConnection();
con.ConnectionString = strConnection;
```

微软公司开发的 Access 以及 SQL Server,甲骨文公司开发的 Oracle 均是目前使用最频繁的数据库管理系统。利用 SqlConnection 对象来连接这三个数据库管理系统的方法如下。

1) 连接 Access 数据库

```
Provider = Microsoft.Jet.OLEDB.4.0;Data Source = dataPath;
```

例如,在 ASP.NET 中,连接一个有密码的 Access 数据库"NorthWind.mdb"的连接字符串如下:

```
string ConStr = "Provider = Microsoft.Jet.OLEDB.4.0; Jet OLEDB:DataBase Password = " + TxtPwd.
Text";User id = admin;Data Source = " + Server.MapPath("NorthWind.mdb")"";
```

在以上连接字符串中,Provider 属性指定使用的数据库引擎。DataSource 属性指定数据库文件位于计算机中的物理位置,这里应用 Server 对象的 MapPath 方法将虚拟路径转换为物理路径。另外,使用 C♯ 开发 Windows 桌面应用程序,也可以同样使用该方法连接 Access 数据。在应用 OLE DB 数据提供程序连接数据库时,需要引用 using System.Data. OleDb 命名空间。

2) 连接 SQL Server 数据库

例如,通过信任模式与本地 SQL Server 数据库连接,连接字符串如下:

```
Provider = SQLOLEDB;Data Source = mysqlServer;Integrated Security = SSPI;
```

例如,连接带密码的 SQL Server 数据库,连接字符串如下:

```
Server = (Local); pwd = password; uid = user id; database = mydatabase;
```

Local 代表 SQL Server 在本地的计算机,如果要连接远程计算机,将它换成远程计算机的 IP 地址或计算机名称即可,如 Server=192.168.1.2。

3) 连接 Oracle 9i 数据库

```
Provider = MSDAORA; DataSource = ORACLE9i; User ID = Oracle; Password = Oracle;
```

例如,连接 Oracle 10i 数据库,连接字符串如下:

```
string OrlCon = "DataSource = Oracle9i; Integrated Security = yes";
```

2. SqlConnection 对象实例

例 5-1 新建一个网站,名称为 Ch5-1,将网页 Default. aspx 重命名为 SQLConnectionDemo. aspx,并在该网页设计视图中添加一个 Label 控件(ID 为 labInfo)和一个 Button 控件(ID 为 Button1)。

(1) 从 Internet 下载 NORTHWND. MDF 文件和 NORTHWND. LDF 文件,按照 5.1.6 节的方法在 Microsoft SQL Server Management Studio 中附加数据库(若附加的数据库名不是 Northwind 或带路径,更改名称为"Northwind")。

(2) 需要在 SQLConnectionDemo. aspx. cs 下添加如下的命名空间:

```
using System. Data;
using System. Data. SqlClient;
```

(3) 双击 Button 控件,在映射的 onclick 事件处理器中添加如下代码:

```
protected void Button1_Click(object sender, EventArgs e)
{
    //ConnectionString 变量定义了连接字符串
    string ConnectionString = " Integrated Security = True; Data Source = .; Initial Catalog =
Northwind;";
    //使用连接字符串构造一个 SqlConnection 实例
    SqlConnection conn = new SqlConnection(ConnectionString);
    conn. Open();          //打开连接
    //如果当前连接状态打开,在控制台窗口显示输出
    if (conn. State == ConnectionState. Open)
    {
        labInfo. Text = "当前数据库已经连接!< br/>";
        labInfo. Text += "连接字符串为: " + conn. ConnectionString;
    }
}
```

运行结果如图 5-34 和图 5-35 所示。

在例 5-1 的连接字符串中:

- "Data Source=.;"等价于"Data Source=localhost;"或"Data Source=127.0.0.1;"表示连接的数据库位于本地机;

图 5-34   SqlConnection 运行结果

图 5-35   SqlConnection 运行后单击 Button 控件的运行结果

- "Integrated Security=True;"表示连接数据库的身份验证方式为"Windows 身份验证";
- "Initial Catalog=Northwind;"表示连接的数据库的名称。

若用 SQL Server 身份验证,登录名为"sa",密码为"sa9999",则连接字符串应改为:

```
string ConnectionString = " Integrated Security = false; Data Source = .; Initial Catalog =
Northwind; User ID = sa; Pwd = sa9999";
```

或

```
string ConnectionString = "Data Source = .; Initial Catalog = Northwind; User ID = sa; Password =
sa9999";
//这里 Pwd = Password; Integrated Security 默认为 false,可以不写
```

若不连接 SQL Server 2008 而是连接 Visual Studio 2010 系统内集成的 SQL Server Express 时,应做如下处理:

第 1 步,打开 Visual Studio 2010 的"服务器资源管理器",右击"数据连接",在快捷菜单中执行"添加连接"命令,如图 5-36 所示。出现如图 5-37 所示的"添加连接"对话框。单击"更改"按钮,选择"Microsoft SQL Server 数据库文件"。

第 2 步,单击图 5-37 中的"浏览"按钮。找到 Northwind 数据库文件,测试连接状态,如图 5-38 所示。

第 3 步,单击"确定"按钮。

图 5-36   在 Visual Studio 2010 的服务器资源管理器中添加连接

图 5-37　"添加连接"对话框

图 5-38　找到 Northwind 数据库后测试连接

此时将例 5-1 的连接字符串代码更改为：

```
string ConnectionString = " Data Source = .\\SQLEXPRESS; AttachDbFilename = D:\\NORTHWND.MDF;
Integrated Security = True;User Instance = True";
```

提示：将同一目录下的 Northwind.mdf 文件切换连接到 SQL Server 2008 和 SQL Server Express 时，应先分离再附加。

5.3.2　使用 SqlConnectionStringBuilder 对象连接字符串

1. SqlConnectionStringBuilder 对象概述

连接字符串的构建对于初学者来说有些令人烦恼，就算是很有经验的开发人员，也会对构建各种各样的连接字符串感到头疼。ADO.NET 提供了 SqlConnectionStringBuilder 对象，使用该对象可以用属性的方式构建连接字符串，这不仅增加了使用连接字符串的安全性，而且让构建连接字符串更加方便。

SqlConnectionStringBuilder 对象常用的属性如下。

- DataSource：获取和设置连接到 SQL Server 的计算机名称或 IP 地址。
- InitialCatalog：获取或设置与该连接关联的数据库的名称。
- IntegratedSecurity：获取或设置一个布尔值，该值指示是否在连接中指定用户 ID 和密码（值为 false 时），或者是否使用当前的 Windows 账户凭据进行身份验证（值为 true 时）。
- UserID 和 Password：用于指定连接数据库的用户名和密码。

程序员只要修改 SqlConnectionStringBuilder 对象的上述属性即可创建连接字符串，并且通过该对象创建的连接字符串创建连接时，安全性较高。

2. SqlConnectionStringBuilder 对象实例

例 5-2　新建一个网站，名称为 Ch5-2，默认网页为 Default.aspx，在该网页上添加一个 Label 控件（ID 为 labInfo）和一个 Button 控件（ID 为 Button1）。双击 Button 控件，映射

Click 事件委托函数。具体代码如下：

```
protected void Button1_Click(object sender, EventArgs e)
    {
        SqlConnectionStringBuilder connBuilder = new SqlConnectionStringBuilder();
        //DataSource 表示数据源位置,可以是 IP 地址,也可以指定一个 DNS 名称
        connBuilder.DataSource = ".";
        //InitialCataLog 指定需要连接的数据库的名称
        connBuilder.InitialCatalog = "Northwind";
        //IntegratedSecurity 表示是否使用集成身份验证进行登录数据库
        connBuilder.IntegratedSecurity = true;
        //connBuilder.IntegratedSecurity = false;
        //不使用集成 Windows 身份验证时,指定用户 ID 和密码
        //connBuilder.UserID = "sa";
        //connBuilder.Password = "sa123456";
        //使用 SqlConnectionStringBuilder.ToString()方法将会输出连接字符串
        using (SqlConnection conn = new SqlConnection(connBuilder.ToString()))
        {
            try
            {
                conn.Open();
                if (conn.State == ConnectionState.Open)
                {
                    labInfo.Text = "连接已经打开< br/>";
                    labInfo.Text += "当前连接字符串为: " + conn.ConnectionString;
                }
            }
            catch (SqlException ex)
            {
                if (conn.State != ConnectionState.Open)
                {
                    labInfo.Text = "连接失败< br/>";
                    labInfo.Text += string.Format("错误的信息是: {0}", ex.Message);
                }
            }
        }
    }
```

运行该程序,连接成功的效果和例 5-1 相同。

5.3.3　关闭和释放连接

连接在使用完毕后应该尽早地被释放。SqlConnection 提供了 Close 方法,用于关闭一个连接。除此之外,SqlConnection 的基类实现了 IDispose 接口的 Dispose 方法,这个方法不仅关闭一个连接,而且还清理连接所占用的资源(即 Dispose 包含了 Close)。这两者的区别是：当用 Close 方法关闭一个连接时,可通过 Open 方法重新打开；而用 Dispose 方法关闭并释放连接时,不可再次直接用 Open 方法打开,必须重新初始化连接才能打开。

在例 5-2 代码中将创建连接对象的语句放到了 using 语句块里,当连接对象超出 using 语句块的范围时,将会自动调用 Dispose 方法关闭并释放连接。因此在 using 语句块里无需

再手动调用 Close 或 Dispose 方法。

5.3.4 使用 web.config 保存连接字符串并连接数据库

1．概述

在＜configuration＞中的＜connectionStrings＞节点用于保存连接数据库所用的字符串。一般格式如下（以 Northwind 数据库为例）：

```
< connectionStrings >
    < add name = "NorthwindConnectionString"
        connectionString = " Integrated Security = True; Data Source = .; Initial Catalog =
Northwind;"
        providerName = "System.Data.SqlClient"/>
</connectionStrings >
```

其中，
- name：用于保存连接字符串的名字。
- connectionString：连接数据库的字符串。
- providerName：数据库提供者。

＜connectionStrings＞节点在 web.config 中的添加位置如图 5-39 所示。

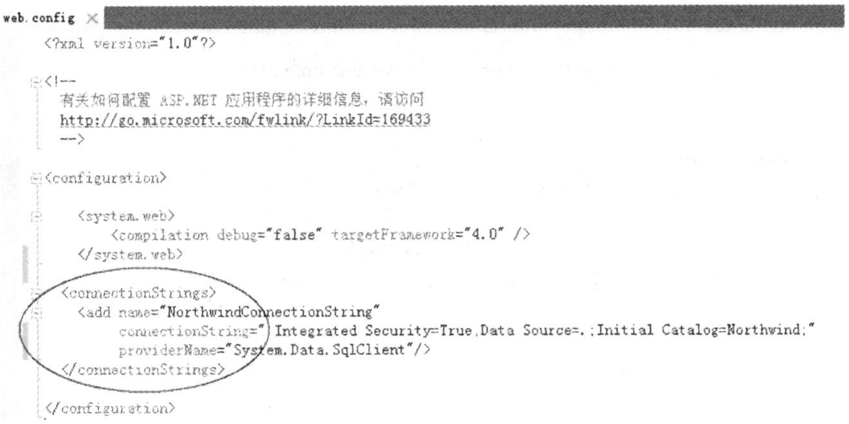

图 5-39 使用 web.config 保存连接字符串

编程时，编写如下代码：

```
string ConnectionString = WebConfigurationManager.ConnectionStrings["NorthwindConnectionString"].
ConnectionString;
SqlConnection conn = new SqlConnection(ConnectionString);
```

请读者自行将例 5-1 按这种方法改写一下。

2．利用 web.config 文件来保存连接数据库的字符串实例

例 5-3 新建一个网站，名称为 Ch5-3，默认主页为 Default.aspx，在 Default.aspx 中添加两个 Label 控件（ID 分别为 labInfo 和 label1）和两个 Button 控件（ID 分别为 Button1 和

Button2),两个 Button 控件的 Text 属性分别设置为"连接到 aaa 数据库"和"连接到 Northwind 数据库"。

(1) 数据库准备。在 Microsoft SQL Server Management Studio 中创建数据库 aaa,并附加 Northwind 数据库。

(2) 在 Visual Studio 2010 中打开 web. config 文件,添加<connectionStrings>节点如下所示:

```
< connectionStrings >
    < add name = "SampleConnectionString"
        connectionString = "Data Source = . ; Initial Catalog = Sample; Persist Security Info =
True; User ID = sa; Pwd = sa9999;"
        providerName = "System. Data. SqlClient"/>
    < add name = "NorthwindConnectionString"
        connectionString = "Data Source = . ; Initial Catalog = Northwind; Persist Security Info
= False; User ID = sa; Pwd = sa9999;"
        providerName = "System. Data. SqlClient"/>
</connectionStrings >
```

注意:"Persist Security Info=True";表示连接后在连接字符串中保存密码。默认为 False,表示连接后在连接字符串中不保存密码。

(3) 添加一个 ConnectionDatabase 函数,代码如下:

```
private void ConnectionDatabase(Label oo, string ConnectionString)
{
    SqlConnection conn = new SqlConnection(ConnectionString);
    try
    {
        conn. Open();
        if (conn. State == ConnectionState. Open)
        {
            oo. Text = "当前数据库已经连接!< br/>";
            oo. Text += "连接字符串为: " + conn. ConnectionString;
        }
    }
    catch (SqlException ex)
    {
        oo. Text = "当前数据库连接失败!< br/>";
        oo. Text += "失败的原因是: " + ex. Message;
    }
    finally
    {
        //调用 Close 方法即时地关闭连接
        if (conn. State == ConnectionState. Open)
            conn. Close();
    }
}
```

(4) 双击 Button1 与 Button2 控件,映射 Click 事件委托函数,代码如下:

```
protected void Button1_Click(object sender, EventArgs e)
{
```

```
        string  ConnectionString  =  WebConfigurationManager. ConnectionStrings [ "
SampleConnectionString"].ConnectionString;
    ConnectionDatabase(labInfo,ConnectionString);
}
protected void Button2_Click(object sender, EventArgs e)
{
        string  ConnectionString  =  WebConfigurationManager. ConnectionStrings [ "
NorthwindConnectionString"].ConnectionString;
    ConnectionDatabase(Label1, ConnectionString);
}
```

运行结果如图 5-40 所示。

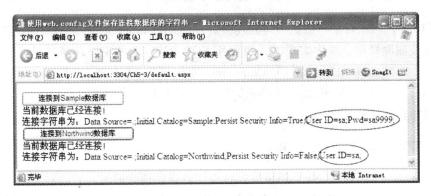

图 5-40　使用 web.config 文件保存连接数据库字符串的运行结果

使用 web.config 文件保存连接数据库的字符串，提高了代码的利用率，降低了代码的耦合度，便于程序修改。它将广泛应用于以后的程序设计中。

3. 技巧

web.config 中的＜connectionStrings＞内容添加较为烦琐，不易记。下面应用一个较简单的方法。

按第 6 章例 6-9 的步骤，为 SqlDataSource 控件配置数据源，到第(5)步，连接字符串会自动保存在 web.config 文件中，如图 6-24 所示。

5.3.5　连接池技术

Web 应用程序有时需要保持并处理成千上万的连接，每一个连接的发起与关闭均需要一定的资源来处理，为了避免重新发起一次连接过程，ADO.NET 使用连接池技术。连接池的功能是保留一定数量的连接，当用户使用相同的连接字符串再次连接服务器时，ADO.NET 将使用连接池中的连接而避免了重新发起一次连接过程。当调用 Close 方法关闭连接时，连接将会返回到连接池中，下次再调用 Open 方法时，将从连接池中取出一个连接使用。使用连接池中的连接来连接数据库，避免了服务器端多次分配资源进行连接的过程，提高了应用程序的伸缩性和可扩展性。默认情况下，ADO.NET 中启用连接池。当禁用连接池时需使用"pooling＝false"。禁用连接池的连接字符串示例如下：

```
string connectionString = "Data Source = .;Initial Catalog = Northwind;Persist Security Info =
True;User ID = sa;Password = 888888;pooling = false";
```

5.4 操作数据库

在建立与数据库的连接后,就可以查询、添加、更改、删除数据库的内容。ADO.NET 提供了 SqlCommand 对象,通过运行 SQL 指令对数据库进行增、删、查、改等操作。

5.4.1 使用 Command 对象操作数据库

使用 Connection 对象与数据源建立连接后,可使用 Command 对象对数据源执行查询、添加、修改及删除操作。操作实现方式可使用 SQL 语句,也可使用存储过程。根据 .NET Framework 数据提供程序的不同,Command 对象可分成 4 种,分别是 SqlCommand、OleDBCommand、OdbcCommand 和 OracleCommand 对象。本书主要介绍 SqlCommand 对象,其他对象操作与其相似。

1. SqlCommand 的功能及定义

SqlCommand 是 ADO.NET 提供的执行操作数据库指令的类。它能对 SQL Server 数据库执行一个 Transact SQL 语句或存储过程。SqlCommand 先通过构造函数来创建 SqlCommand 对象,再由创建的 SqlCommand 对象执行 SQL 命令或存储过程返回执行的结果。SqlCommand 对象是由 SqlCommand 类创建的。

1) SqlCommand 类的语法定义

```
public sealed class SqlCommand: DbCommand,ICloneable
```

2) SqlCommand 对象的构造方法

(1) 初始化 SqlCommand 类的新实例。

```
SqlCommand command = new SqlCommand();    //无参数
```

(2) 用查询文本初始化 SqlCommand 类的新实例。

```
public SqlCommand(String cmdText)
```

例如:

```
SqlCommand command = new SqlCommand("select * from User");
```

(3) 指定要执行的指令和 SqlConnection 对象构造一个 SqlCommand 实例。

```
SqlCommand(String, SqlConnection)           //String 是要执行的指令,SqlConncetion 是连接对象
```

例如:

```
SqlConnection con = new SqlConnection();   //先构造 SqlConnection 对象
SqlCommand command = new SqlCommand("select * from User",con);
```

（4）使用查询文本、一个 SqlConnection 以及 SqlTransaction 来初始化 SqlCommand 类的新实例。

```
SqlCommand(String, SqlConnection, SqlTransaction)        //SqlTransaction 事件处理对象
```

例如：

```
SqlConnection con = new SqlConnection();                 //连接对象
SqlTransaction transaction = connection.BeginTransaction("SampleTransaction");
//事务处理对象
SqlCommand command = new SqlCommand("select * from User",con,transaction);
```

提示：SqlTransaction 对象是方便对 SQL 不熟悉的程序员开发数据库应用程序的。用来开始、回滚、提交、终止一个 SQL Server 的事务，也就是方便的事务管理。

2．使用 SqlCommand 对象属性操作数据库

Command 对象的常用属性如表 5-2 所示。

表 5-2　Command 对象的常用属性

属　　　性	说　　　明
CommandText	获取或设置要对数据源执行的 Transact-SQL 语句或存储过程
CommandTimeout	获取或设置在终止执行命令的尝试并发生错误之前的等待时间
CommandType	获取或设置一个值，该值指示如何解释 CommandText 属性
Connection	获取或设置 SqlCommand 类的此实例使用的 SqlConnection 对象
DesignTimeVisible	获取或设置一个值，该值指示命令对象是否在 Windows 窗体设计器空间中可见
Notification	获取或设置一个指定与此命令绑定的 SqlNotificationRequest 对象的值
NotificationAutoEnlist	获取或设置一个值，该值指示应用程序是否自动接收来自公共 SqlDependency 对象的查询通知
Parameters	获取 SqlParameterCollection 对象
Transaction	获取或设置将在其中执行 SqlCommand 类的 SqlTransaction 对象
UpdatedRowSource	获取或设置在使用 DbDataAdapter 的"Update"方法时，如何应用 DataRow 来更新数据源

我们经常使用 Connection、CommandText、Parameters、CommandType 和 Transaction 等属性。CommandType 属性有三个枚举值。

- Text：默认值，表示 SQL 文本命令。
- StoredProcedure：表示存储过程。
- TableDirect：表示一个表的名称。

1）通过 CommandType.Text 设置执行 SQL 语句

例 5-4　新建一个网站，命名为 Ch5-4，默认主页为 Default.aspx。在 Default.aspx 设计视图上拖曳一个 ListBox 控件与一个 Button 控件，ID 为系统默认，分别为 ListBox1 与 Button1。

（1）新建一个名称为"aaa"的数据库，并建立一些表，如图 5-41 所示。

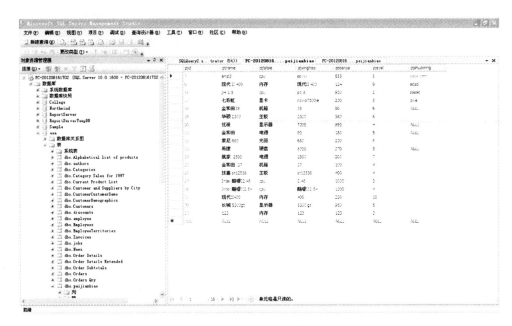

图 5-41   新建"aaa"数据库与其下的一些表

(2) 按照 5.3.4 节的方法在网站的 web.config 添加如下连接数据库字符串。

```
< connectionStrings >
    < add name = "aaaConnectionString"
        connectionString = " Integrated Security = True; Data Source = .; Initial Catalog
= aaa;"
        providerName = "System.Data.SqlClient"/>
</connectionStrings >
```

(3) 利用 SqlCommand 命令建立一个函数,代码如下:

```
private void CreateCommand(string queryString, string connectionString)
{
    using (SqlConnection connection = new SqlConnection(connectionString))
    {
        SqlCommand command = new SqlCommand();   //用参数的 SqlCommand 构造函数
        command.Connection = connection;
        command.CommandTimeout = 15;             //单位为秒
        command.CommandType = CommandType.Text;
        command.CommandText = queryString;
        connection.Open();
        SqlDataReader reader = command.ExecuteReader();
        string str2 = "";
        while (reader.Read())
        {
            str2 = string.Format("{0}{1:C2}", reader[2], reader[4]);
            this.ListBox1.Items.Add(str2);
        }
    }
}
```

（4）双击 Button 按钮，映射委托函数。代码如下：

```
protected void Button1_Click(object sender, EventArgs e)
{
    string queryString = "select * from peijianbiao";
    string connectionString = WebConfigurationManager.ConnectionStrings["aaaConnectionString"].
ConnectionString;
    CreateCommand(queryString,connectionString);        //调用刚才建立的函数
}
```

（5）运行程序，当单击 Button 控件时，结果如图 5-42
所示。

提示：不要忘记在 Default.aspx.cs 中添加名字空间。

```
using System.Web.Configuration;
using System.Data.SqlClient;
```

2）通过 CommandType.StoredProcedure 执行存储过程

存储过程（Stored Procedure）是一组为了完成特定功能
的 T_SQL 语句集合，经编译后存储在 SQL Server 服务器
端数据库中。它分为系统存储过程（一般以 sp_为前缀名）
和用户定义存储过程。

图 5-42　利用 SqlCommand 程序
运行结果

对于大中型的应用程序来讲，使用存储过程能带来很多的好处。首先是对存储过程预
编译，具有较好的执行效率，此外也具有较强的安全性，还可提高应用程序的通用性和可移
植性。在 SqlCommand 中执行存储过程与执行 SQL 语句一样简单。

（1）创建存储过程命令

```
CREATE PROC[EDURE] procedure_name [;number]
[{(@parameter data_type}
[VARYING][ = default][OUTPUT]
][,….n]
[WITH
{RECOMPILE|ENCRYTION|RECOMPILE,ENCRYPTION}]
[FOR REPLICATION]
AS sql_statement[…n]
```

其中，

procedure_name：要创建的存储过程的名字。

@parameter：存储过程的参数。

Data_type：参数的数据类型。

VARYING：指定由 OUTPUT 参数支持的结果集，应用于游标型。

Default：参数的默认值。

OUTPUT：表明该参数是一个返回参数。

RECOMPILE：指明 SQL Server 并不保存该存储过程的执行计划，该存储过程每执行
一次都又要重新编译。

ENCYPTION：加密存储过程，而无法查看。

FOR REPLICATION：仅当数据复制时存储过程才被执行。

AS：指明该存储过程将要执行的动作。

Sql_statement：任何数量和类型的包含在存储过程中的 SQL 语句。

（2）执行存储过程

```
EXECUTE procedure_name
GO
```

例 5-5　在 SQL Server Management Studio 中向数据库 aaa 导入数据或添加数据表。所添加数据如源代码中 aaa 数据库中的表。右击 aaa 数据库存储过程，如图 5-43 所示。

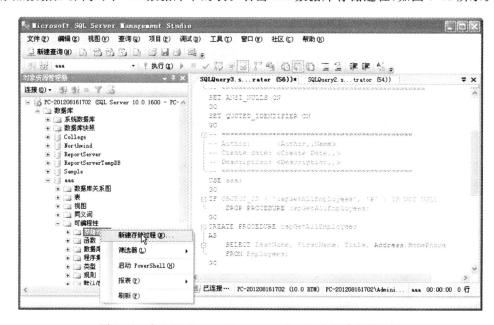

图 5-43　在 SQL Server Mangement Studio 中新建存储过程

在"新建存储过程"右侧窗口中添加如下代码：

```
USE aaa;
GO
IF OBJECT_ID ( 'uspGetAllEmployees', 'P' ) IS NOT NULL
DROP PROCEDURE uspGetAllEmployees;
GO
CREATE PROCEDURE uspGetAllEmployees
AS
SELECT LastName, FirstName, Title, Address,HomePhone
FROM Employees;
GO
```

上述代码即在数据库 aaa 中建立了一个名为 uspGetAllEmployees 的存储过程。

要在"SQL Server Management Studio"执行此存储过程有两种方法：

一是右击 dbo.uspGetAllEmployees 选择"执行存储过程"，如图 5-44 所示。

图 5-44　执行存储过程

二是在新建查询窗口中输入如下代码：

```
Use aaa
go
exec uspGetAllEmployees
go
```

单击"执行"按钮，结果如图 5-45 所示。

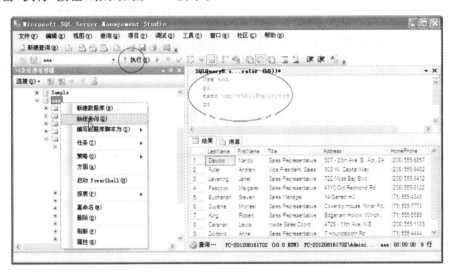

图 5-45　在 Management Studio 中通过查询窗口执行存储过程

　　若要在 ASP．NET 的 C♯ 代码中执行存储过程，只需将 CommandType 赋值为 StoredProcedure 即可。

　　例 5-6　C♯代码中执行存储过程。

　　（1）在 SQL Server Management Studio 中新建存储过程。代码如下：

```
use aaa
IF OBJECT_ID ( 'pub_info2', 'P' ) IS NOT NULL
    DROP PROCEDURE pub_info2;
go
create proc pub_info2 @pubname varchar(40) = 'Algodata Infosystems'
```

```
as
select au_lname,au_fname,pub_name
from authors a inner join titleauthor ta on a.au_id = ta.au_id
    join titles t on ta.title_id = t.title_id
    join publishers p on t.pub_id = p.pub_id
where @pubname = p.pub_name
go
```

（2）在 Visual Stuio 2010 中新建一个网站，命名为 Ch5-6，默认主页为 Default. aspx，在设计视图中拖曳一个 GridView 控件（ID：GridView1）和一个 Button（ID：Button1）控件。

（3）按例 5-4 的方法，在 web. config 中保存 aaa 数据库的连接字符串。并在 Default. aspx. cs 文件中引入名字空间"using System. Data. SqlClient;"和"using System. Web. Configuration;"。

（4）编写读取 web. config 中的连接字符串的私有函数，代码如下：

```
private string getConnectionString()
{
    return WebConfigurationManager.ConnectionStrings["aaaConnectionString"].ConnectionString;
}//需要引用名字空间 using System.Web.Configuration;
```

（5）下面再新建一个私有函数，通过 C♯代码来调用刚创建的存储过程 pub_info2：

```
private void GridView_Bind()
{
    using (SqlConnection connection = new SqlConnection(getConnectionString()))
    {
        connection.Open();
        SqlCommand command = new SqlCommand("pub_info2",connection);
        command.CommandType = CommandType.StoredProcedure;
        //command.Parameters.AddWithValue("@pubname", "New Moon Books");
        SqlDataReader sdr = command.ExecuteReader(CommandBehavior.CloseConnection);
        this.GridView1.DataSource = sdr;
        GridView1.DataBind();
        connection.Dispose();
    }
}
```

（6）双击 Button 按钮，映射 Click 事件委托函数，代码如下：

```
protected void Button1_Click(object sender, EventArgs e)
{
    GridView_Bind();
}
```

运行结果如图 5-46 所示。

至此，我们已掌握了如何通过 T_SQL 语言在 SQL Server Management Studio 中创建存储过程，再用 C♯语言调用。那么可否直接在 C♯中创建存储过程呢？答案是肯定的。

SQL Server 2008 完全支持.NET 通用语言运行时（CLR）。所以，可以使用.NET 平台提供的语言，如 C♯、VB.NET 来创建 SQL Server 的存储过程、函数和触发器。

图 5-46　调用存储过程 pub_info2 运行结果

例 5-7　用 C♯ 创建存储过程。

（1）配置数据库委托环境。

SQL Server 的 CLR 集成特性默认是不启用的，所以采用 C♯ 语言创建存储过程之前，必须要手动启用，方法如下：

首先，在 SQL Server Management Studio 中新建一个查询（参照图 5-45），输入如下代码并执行：

```
exec sp configure 'clr enabled',1; ——启用CLR
```

提示：该语句用来执行系统存储过程 sp_configure，sp_configure 用于显示或更改当前服务器的全局配置设置。为其提供了两个参数"clr enabled"和"1"，表示启用 CLR 集成。若停用 CLR 集成，第 2 个参数要变为"0"（sp_configure）。

下面的消息框会提示：配置选项'clr enabled' 已从 0 更改为 1。请运行 RECONFIGURE 语句进行安装。

然后再输入如下代码并执行：`reconfigure with override; ——让新配置生效`

提示：该语句表示让新的配置立即生效，而无需重启 SQL Server。

消息框会提示：命令已成功完成。

（2）在 Visual Studio 2010 的"文件"菜单中选择"新建项目"。此时，会打开"新建项目"窗口。在窗口左侧"已安装的模板"中单击"数据库"左侧的"＋"号，单击 SQL Server。在中间选择"Visual C♯ SQL CLR 数据库项目"，设置名称为 Ch5-7，如图 5-47 所示。

（3）单击"确定"按钮，出现如图 5-48 所示的窗口，单击"添加新引用"按钮。

（4）单击"添加新引用"按钮，出现如图 5-49 所示的窗口。在"服务器名"文本框中输入"."，数据库名选择"aaa"，单击"测试连接"按钮，看是否连接成功。

（5）新建数据库引用成功后，单击"确定"按钮，会出现询问是否启用 SQL/CLR 调试，单击"是"按钮。然后提示 SQL/CLR 调试会导致托管线程停止，依然单击"是"。

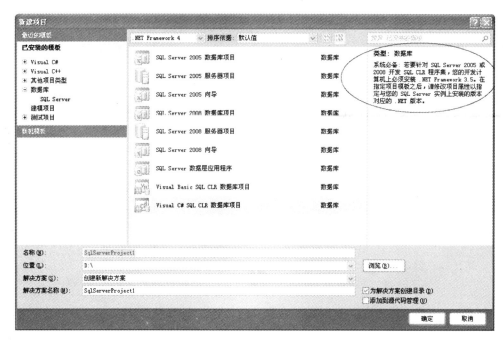

图 5-47　新建 Visual C# SQL CLR 数据库项目

图 5-48　添加数据库引用窗口

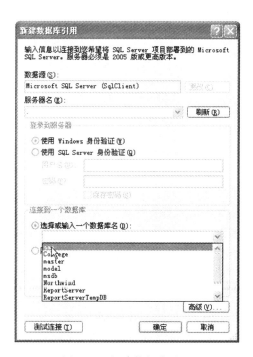

图 5-49　新建数据库引用

（6）右击解决方案中 Ch5-7 项目,选择"添加"菜单下的"存储过程",如图 5-50 所示。

出现"添加新项"对话框,在该对话框中单击"存储过程"选项,使用默认的文件名 StoredProcedure1.cs,如图 5-51 所示。

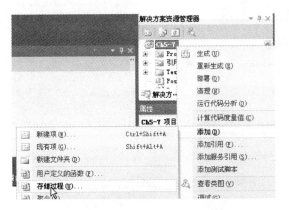

图 5-50 选择"添加"存储过程

图 5-51 设置存储过程的名称

（7）编辑 StoredProcedure1.cs 文件如下：

```
using System.Data.SqlClient;
using Microsoft.SqlServer.Server;
public partial class StoredProcedures
{
    [Microsoft.SqlServer.Server.SqlProcedure]
    public static void StoredProcedure1(string customerString, string orderDateString)
    {
        //在此处放置代码
        string selectString = "";
        string whereString = "";
        selectString += "SELECT dbo.Orders.OrderID,dbo.Customers.ContactName,dbo.Orders.OrderDate,";
        selectString += "dbo.Customers.Region,dbo.Customers.PostalCode,dbo.Customers.
```

```
Country ";
        selectString += " FROM dbo.Customers INNER JOIN ";
        selectString += "dbo.Orders ON dbo.Customers.CustomerID = dbo.Orders.CustomerID";
        if (customerString != null && orderDateString != null & orderDateString.Trim() != "")
        {
            whereString = "dbo.Customers.ContactName LIKE ' % " + customerString.Trim() +
" % ' " + " AND ";
            whereString += "dbo.Orders.OrderDate >= ' " + orderDateString + " '";
        }
        if (whereString != "")
        {
            whereString = " WHERE " + whereString;
        }
        if (selectString != "")
        {
            selectString = selectString + whereString;
        }
//连接字符串"context connection = true"表示"上下文连接",即采用图 5-49 中的配置来连接数据库
using (SqlConnection conn = new SqlConnection("context connection = true"))
        {
            conn.Open();
            SqlCommand cmm = new SqlCommand();
            cmm.Connection = conn;
            cmm.CommandText = selectString;
            SqlDataReader sdr = cmm.ExecuteReader();
            //通过连接的管道将 SqlDataReader 读取的数据发送到客户端
            SqlContext.Pipe.Send(sdr);
        }
    }
};
```

（8）右击解决方案中的 Ch5-7 项目名称，选择"部署"菜单项，如图 5-52 所示。

图 5-52　Ch5-7 项目右键选项

注意：若提示部署失败，根据图 5-47 右上角的提示，需要将应用程序的目标框架改为
".NET Framewwork 3.5"。

步骤如下：右击解决方案中的 Ch5-7 项目，选择"属性"菜单项（见图 5-52 最下方）。随
后出现如图 5-53 所示的窗口，在"目标框架"下拉列表中选择".NET Framewwork 3.5"。

图 5-53 更改目标框架

之后，重新部署，提示部署成功。

（9）此时到 SQL Server 2008 Management Studio 中的 aaa 数据库的存储过程中可看到
StoredProcedure1 存储过程（注意这种方式创建的存储过程图标上有个"小锁"），如图 5-54
所示。

在此期间若出现兼容级别错误，可新建查询，输入如下代码解决：

```
sp_dbcmptlevel aaa,90
GO
```

或者选中目标数据库，右键→"属性"→"选项"→兼容级别中选择一个较高的。

（10）下面要新建一个网站，该网站主要功能是测试刚刚创建的存储过程
StoredProcedure1，网站命名为 Web（在 Ch5-7 目录下创建），默认主页为 Default.aspx，在其
设计视图上拖曳两个 TextBox 控件（ID：ContactName 与 OrderDate）、一个 Button 控件
（ID：Button1）和一个 GridView 控件（ID：GridView1），如图 5-55 所示。

图 5-54 采用 C# 代码在 SQL Server
中生成的存储过程

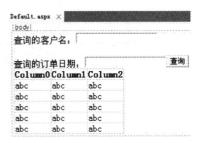

图 5-55 例 5-7 页面布局

(11) 按例 5-6 第(3)和第(4)步的方法,在 web.config 中保存连接字符串。并编写私有函数 getConnectionString 读取该字符串。

(12) 双击 Button 控件,映射 Click 委托函数,添加代码如下:

```
protected void Button1_Click(object sender, EventArgs e)
{
    using (SqlConnection conn = new SqlConnection(getConnectionString()))
    {
        conn.Open();
        SqlDataAdapter sqdap = new SqlDataAdapter();
        SqlCommand cmm = new SqlCommand();
        cmm.Connection = conn;
        cmm.CommandType = CommandType.StoredProcedure;
        cmm.CommandText = "StoredProcedure1";
        cmm.Parameters.Add("customerString", SqlDbType.NVarChar);
        cmm.Parameters.Add("orderDateString", SqlDbType.NVarChar);
        cmm.Parameters["customerString"].Value = ContactName.Text;
        cmm.Parameters["orderDateString"].Value = OrderDate.Text;
        sqdap.SelectCommand = cmm;
        DataTable dt = new DataTable();
        sqdap.Fill(dt);
        GridView1.DataSource = dt;
        GridView1.DataBind();
    }
}
```

(13) 在"查询的客户名"中输入"arl","查询的订单日期"中输入"1998-1-1"(意为查询客户名含有 arl 在 1998 年 1 月 1 日后的订单),运行结果如图 5-56 所示。

图 5-56　存储过程运行结果

3）为 SqlCommand 对象传递参数

使用 SqlCommand 类来执行 Transact SQL 语句或存储过程时，有时需要用参数传值或作为返回值。从例 5-7 代码中可以看到 SqlCommand 通过 Parameters 属性传递参数，其实还有一个 SqlParameter 类，它专门为 SqlCommand 传递参数。

下面共有三种方式来为 SqlCommand 对象传递参数。

（1）使用 SqlParameter 对象传递参数

SqlParameter 类用来作为 SqlCommand 类的参数，通过指定参数的 ParameterName 属性可以设置参数的名称，在使用 SqlParameter 对象之前不需设置此属性。DbType 属性可以指定参数的类型。SqlParameter 对象还可以作为存储过程的参数返回结果。

其构造方法如下：

```
SqlParameter parameter = new SqlParameter("@Name","DbType","Value");
```

此构造函数使用了三个参数：“@Name”代表参数的名称；“DbType”代表参数的类型；“Value”代表参数长度。具体使用方法如下：

① 新建一个 SqlParameter 对象：

```
SqlParameter parameter = new SqlParameter();
```

② 设置 SqlParameter 的 Name 属性：

```
paramter.ParameterName = "@某值";                    //数据库字段名
```

③ 设置 SqlParameter 的输入或输出属性：

```
parameter.Direction = ParameterDirection.Input;      //输出为 Output
```

④ 设置 SqlParameter 的值属性：

```
Parameter.Value = "某值";
```

⑤ 向 SqlCommand 传递参数：

```
cmd.Parameter.Add(parameter);
```

（2）直接使用 Parameters 的重载 Add 方法添加参数

```
cmd.Parameters.Add("@OrderID",SqlDbType.Int).Value = OrderID;  //假定 int 型
```

（3）使用 SqlCommand 的 Parameters 属性的 AddWithValue 方法传递参数

```
cmd.Parameters.AddWithValue("SupplierID",SupplierID);
```

大部分示例已在例 5-6、例 5-7 中做过示范，这里就不举例了。

3．使用 SqlCommand 对象的方法操作数据库

SqlCommand 对象的常用方法如表 5-3 所示。

表 5-3　SqlCommand 对象的常用方法

方　　法	说　　明
BeginExecuteNonQuer	启动此 SqlCommand 对象描述的 Transact-SQL 语句或存储过程的异步执行
BeginExecuteReader	启动此 SqlCommand 对象描述的 Transact-SQL 语句或存储过程的异步执行,并从服务器中检索一个或多个结果
BeginExecuteXmlReader	启动此 SqlCommand 对象描述的 Transact-SQL 语句或存储过程的异步执行,并将结果作为 XmlReader 对象返回
Cancel	尝试取消 SqlCommand 对象的执行
Clone	创建作为当前实例副本的新 SqlCommand 对象
CreataParameter	创建 SqlCommand 对象的新实例
Dispose	释放由 Command 类占用的资源
EndExecuteNonQuery	完成 Transact-SQL 语句的异步执行
EndExecuteReader	完成 Transact-SQL 语句的异步执行,返回请求的 SqlDataAdapter 对象
EndExecuteXmlReader	完成 Transact-SQL 语句的异步执行,将请求的数据以 XML 形式返回
ExecuteNonQuery	对连接执行 Transact-SQL 语句并返回受影响的行数
ExecuteReader	将 CommandText 对发送到 Connection 类并生成一个 SqlDataReader 对象
ExecuteScalar	执行查询,并返回查询所返回的结果集中第一行的第一列。忽略其他列或行
ExecuteXmlReader	将 CommandText 对象发送到 Connection 类并生成一个 XmlReader 对象
Prepare	在 SQL Server 的实例上创建命令的一个准备副本
ResetCommandTimeout	将 CommandTimeout 属性重置为默认值

一般常用 ExecuteNonQuery、ExecuteScalar 和 ExecuteReader 三个方法。

1) ExecuteNonQuery 方法

ExecuteNonQuery 用来执行目录操作(例如查询数据库的结构或创建诸如表等的数据库对象),或通过执行 UPDATE、INSERT 或 DELETE 语句,在不使用 DataSet 的情况下更改数据库中的数据。

虽然 ExecuteNonQuery 不返回任何行,但映射到参数的任何输出参数或返回值都会用数据进行填充。

对于 INSERT、UPDATE 和 DELETE 语句,返回值为该命令所影响的行数。如果正在执行插入或更新操作的表上存在触发器,则返回值包括受插入或更新操作影响的行数以及受一个或多个触发器影响的行数。对于所有其他类型的语句,返回值为-1。如果发生回滚,返回值也为 -1。

2) ExecuteScalar 方法

执行查询并返回查询所返回的结果集中的第一行的第一列。使用 ExecuteScalar 方法从数据库中检索单个值(例如一个聚合值)。

3) ExecuteReader 方法

执行返回数据集的 Select 语句。其执行方法有以下两个。

- ExecuteReader():针对 Connection 执行 CommandText,并返回 DbDataReader。
- ExecuteReader(CommandBehavior behavior):针对 Connection 执行 CommandText,并使用 CommandBehavior 值之一返回 DbDataReader。

下面这个实例演示如何利用 SqlCommand 类来实现数据库内容的添加、修改与删除。

该实例有两个 DropDownList 控件：一个用来让用户选择操作类型（添加、修改或删除）；一个用来显示数据库要修改与删除的记录号。实例中还有数据绑定到 GridView 与 DropDownList 的方法。

例 5-8 新建一个网站，命名为 Ch5-8，默认主页为 Default.aspx。

（1）数据库准备。按照 5.1.7 节的方法创建或导入数据库"aaa"中的表 tb_GoodsInfo。该表结构如图 5-57 所示。

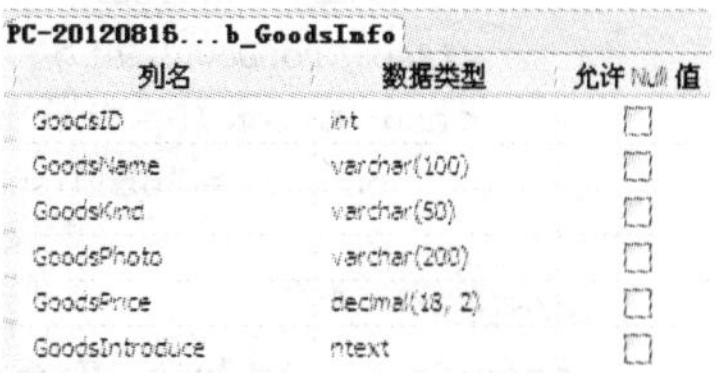

（2）按例 5-6 第（3）和第（4）步的方法，在 web.config 中保存连接字符串。并编写私有函数 getConnectionString 读取该字符串。

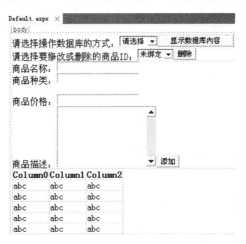

图 5-57 表 tb_GoodsInfo 的结构

（3）在 Default.aspx 的设计视图中拖曳一系列控件。

① 先拖曳一个 DropDownList 控件（ID：DropDownList1）与一个 Button 控件（ID：btnDisplay）。DropDownList 控件用于显示操作数据库的方式；Button 控件用于显示或刷新数据库内容。并按照 4.2.8 节介绍的方法为 DropDownList 静态添加选项（"请选择"、INSERT、UPDATE、DELETE）。

② 拖曳一个 Panel 控件（ID：panelUpdateDelete），并在其上拖曳一个 DropDownList 控件（ID：DropDownList2）与一个 Button 控件（ID：btnDelete）。DropDownList 控件用于显示要修改或删除记录的 ID。

③ 拖曳一个 Panel 控件（ID：panelInsert），在其上拖曳一系列 TextBox 控件，用于显示要修改的记录内容。

④ 拖曳一个 Panel 控件（ID：panelGrid），在其上拖曳一个 GridView 控件（ID：GridView1）。各种控件的排列如图 5-58 所示。

图 5-58 Default.aspx 的设计视图

（4）Default.aspx 的源代码如下：

```
< body >
    < form id = "form1" runat = "server">
    < div >
```

```
            请选择操作数据库的方式: < asp:DropDownList ID = "DropDownList1" runat = "server"
                AutoPostBack = "True" onselectedindexchanged = "DropDownList1_SelectedIndexChanged">
                < asp:ListItem >请选择</asp:ListItem >
                < asp:ListItem > INSERT </asp:ListItem >
                < asp:ListItem > UPDATE </asp:ListItem >
                < asp:ListItem > DELETE </asp:ListItem >
            </asp:DropDownList >
            < asp:Button ID = "btnDisplay" runat = "server" Text = "显示数据库内容"
                onclick = "btnDisplay_Click" />

    </div >
    < asp:Panel ID = "panelUpdateDelete" runat = "server">
            请选择要修改或删除的商品 ID: < asp:DropDownList ID = "DropDownList2" runat = "server"
                AutoPostBack = "True" onselectedindexchanged = "DropDownList2_SelectedIndexChanged">
            </asp:DropDownList >
            < asp:Button ID = "btnDelete" runat = "server" onclick = "btnDelete_Click" Text = "删
除" />
    </asp:Panel >
    < asp:Panel ID = "panelInsert" runat = "server">
            商品名称: < asp:TextBox ID = "txbName" runat = "server">></asp:TextBox >
            < br />
            商品种类: < asp:TextBox ID = "txbKind" runat = "server"></asp:TextBox >
            < br />
            < br />
            商品价格: < asp:TextBox ID = "txbPrice" runat = "server"></asp:TextBox >
            < br />
            商品描述: < asp:TextBox ID = "txbDescribe" runat = "server"
    Height = "108px" TextMode = "MultiLine" Width = "179px"></asp:TextBox >
            < asp:Button ID = "btnInsert" runat = "server" onclick = "btnInsert_Click"
                    Text = "添加" />
    </asp:Panel >
    < asp:Panel ID = "panelGridView" runat = "server">
            < asp:GridView ID = "GridView1" runat = "server">
            </asp:GridView >
    </asp:Panel >
    </form >
</body >
```

（5）双击 ID 为 DropDownList1 的控件，映射选择操作数据库方式的 SelectedIndexChanged 函数。代码如下：

```
protected void DropDownList1_SelectedIndexChanged(object sender, EventArgs e)
{
    switch (DropDownList1.SelectedIndex)
    {
        case 1:
            panelInsert.Visible = true;
            panelUpdateDelete.Visible = false;
            panelGridView.Visible = false;
            btnInsert.Text = "添加";
//btnInsert 按钮既可作 INSERT 操作的"添加"也可作 UPDATE 操作的"修改"
```

```
                break;
            case 2:
                panelInsert.Visible = false;
                panelUpdateDelete.Visible = true;
                panelGridView.Visible = false;
                btnInsert.Text = "修改";
                break;
            case 3:
                panelInsert.Visible = false;
                panelUpdateDelete.Visible = true;
                panelGridView.Visible = false;
                btnDelete.Visible = true;
                break;
            default:
                panelInsert.Visible = false;
                panelUpdateDelete.Visible = false;
                panelGridView.Visible = false;
                break;
        }
}
```

（6）编写函数 DropDownList 2_Bind，将 tb_GoodsInfo 表的 GoodsID 字段绑定到 DropDownList 2 控件，并在 Page_Load 函数中调用绑定函数。

```
private void DropDownList2_Bind()
{
    string connectionString = getConnectionString();
    string queryString = "SELECT * FROM tb_GoodsInfo ";
    using (SqlConnection connection = new SqlConnection(connectionString))
    {
        SqlCommand command = new SqlCommand();        //用参数的 SqlCommand 构造函数
        command.Connection = connection;
        command.CommandTimeout = 15;
        command.CommandType = CommandType.Text;
        command.CommandText = queryString;
        connection.Open();
        SqlDataAdapter sda = new SqlDataAdapter(queryString, connection);
        DataSet ds = new DataSet();
        sda.Fill(ds);
        DropDownList2.DataSource = ds.Tables[0].DefaultView;
        DropDownList2.DataTextField = "GoodsID";
        DropDownList2.DataValueField = "GoodsID";
        DropDownList2.DataBind();
    }
}
```

（7）编写执行 ExcuteNonQuery 的私有函数，代码如下：

```
private void ExecuteNonQueryCommand(string excuteString, string connectionString)
{
    using (SqlConnection connection = new SqlConnection(connectionString))
```

```
    {
        SqlCommand command = new SqlCommand(excuteString, connection);
        //用带两个参数的 SqlCommand 构造函数
        command.Connection.Open();
        command.ExecuteNonQuery();
    }
}
```

(8) 双击 btnDisplay 按钮,映射 btnDisplay_Click 函数。

```
protected void btnDisplay_Click(object sender, EventArgs e)
{
    panelGridView.Visible = true;
    string connectionString = getConnectionString();
    string queryString = "SELECT GoodsID,GoodsName as 名称,GoodsKind as 商品种类,GoodsPhoto
as 商品图像,GoodsPrice as 商品价格 FROM tb_GoodsInfo ORDER BY GoodsPrice ASC";
                                                            //DESC
    using (SqlConnection connection = new SqlConnection(connectionString))
    {
        SqlCommand command = new SqlCommand();              //用参数的 SqlCommand 构造函数
        command.Connection = connection;
        command.CommandTimeout = 15;
        command.CommandType = CommandType.Text;
        command.CommandText = queryString;
        connection.Open();
        SqlDataReader reader = command.ExecuteReader();

        GridView1.DataSource = reader;
        GridView1.DataBind();
    }
}
```

(9) 双击 btnInsert 按钮,映射添加或修改函数。

```
protected void btnInsert_Click(object sender, EventArgs e)
{
    if ("添加" == btnInsert.Text)
    {
        string excuteString = " INSERT INTO tb_GoodsInfo (GoodsName,GoodsKind,GoodsPhoto,
GoodsPrice,GoodsIntroduce) VALUES('" + txbName.Text + "','" + txbKind.Text + "','" + "
myPhotoFilePath" + "','" + Decimal.Parse(txbPrice.Text) + "','" + txbDescribe.Text + "')";
        ExecuteNonQueryCommand(excuteString, getConnectionString());
        if ("刷新数据库" != btnDisplay.Text)
        {
            btnDisplay.Text = "刷新数据库";
        }
        DropDownList2_Bind();
        Response.Write("< script > alert('添加成功')</ script >");//提示添加成功
    }
    else
    {
```

```
        string excuteString = "UPDATE tb_GoodsInfo SET GoodsName = '" + this.txbName.Text + "',
GoodsKind = '" + this.txbKind.Text + "',GoodsPhoto = '" + "myPhotoPath" + "',GoodsPrice = '" +
Decimal.Parse(txbPrice.Text) + "', GoodsIntroduce = '" + txbDescribe.Text + "' WHERE GoodsID = '" +
this.DropDownList2.SelectedItem.ToString() + "'";

        ExecuteNonQueryCommand(excuteString, getConnectionString());
        if ("刷新数据库" != btnDisplay.Text)
        {
            btnDisplay.Text = "刷新数据库";
        }
        Response.Write("< script > alert('修改成功')</script >");     //提示修改成功
    }
}
```

（10）双击 DropDownList2 控件，映射其 SelectedIndexChanged 函数。

```
protected void DropDownList2_SelectedIndexChanged(object sender, EventArgs e)
{
        if (false == panelInsert.Visible)
        {
            panelInsert.Visible = true;
        }
        if (false == panelUpdateDelete.Visible)
        {
            panelUpdateDelete.Visible = true;
        }
        if (3 == DropDownList1.SelectedIndex&&true == panelUpdateDelete.Visible)
        {
            btnDelete.Visible = true;
        }
        if ("修改" == btnInsert.Text)
        {
            btnInsert.Text = "修改";
        }
        if (2 == DropDownList1.SelectedIndex && true == panelUpdateDelete.Visible)
        {
            panelInsert.Visible = true;
            string connectionString = getConnectionString();
            string goodsID = DropDownList2.SelectedItem.ToString();
            string queryString = "SELECT * FROM tb_GoodsInfo WHERE GoodsID = '" + goodsID + "'";
            using (SqlConnection connection = new SqlConnection(connectionString))
            {
                SqlCommand command = new SqlCommand();     //用参数的 SqlCommand 构造函数
                command.Connection = connection;
                command.CommandTimeout = 15;
                command.CommandType = CommandType.Text;
                command.CommandText = queryString;
                connection.Open();
                SqlDataReader reader = command.ExecuteReader();
                while (reader.Read())
                {
```

```
                    this.txbName.Text = reader.GetString(1);
                    this.txbKind.Text = reader.GetString(2);
                    this.txbPrice.Text = reader[4].ToString();
                        //价格 Decimal 型,不可用 GetString,只能用 reader 数组下标取得
                    this.txbDescribe.Text = reader.GetString(5);
                }
            }
        }
        else if(3 == DropDownList1.SelectedIndex)
        {
            panelInsert.Visible = false;
        }
    }
```

(11) 双击 btnDelete 函数,映射 Click 事件委托函数。

```
protected void btnDelete_Click(object sender, EventArgs e)
{

    if (false == panelUpdateDelete.Visible)
    {
        panelUpdateDelete.Visible = true;
    }
    string goodsID = DropDownList2.SelectedItem.ToString();
    string excuteString = "DELETE FROM tb_GoodsInfo WHERE GoodsID = '" + goodsID + "'";
    ExecuteNonQueryCommand(excuteString, getConnectionString());
    DropDownList2_Bind();

}
```

(12) 运行结果。

① 选择 INSERT 操作方式下的运行结果,如图 5-59 所示。

图 5-59 "商品修改"界面

② 选择 UPDATE 操作方式,并选择修改商品 ID 为 31 的运行结果如图 5-60 所示。

图 5-60　"商品添加"界面

③ 选择 DELETE 操作方式,删除 ID 为 41 的商品,并刷新数据库的运行结果如图 5-61 所示。

图 5-61　删除商品编号为 41 的商品并刷新数据库的运行结果

5.4.2　使用 SqlTransaction 事务处理

1. 事务及事务的含义

事务是指在网络中用户对服务器数据进行读取、修改、删除等一系列操作。在网络应用程序中,由于可能出现多个用户同时执行读取、修改、删除数据等操作,这时经常会出现数据并发性错误,新增某一数据,就需要更新相应的数据表,但由于断电或网络错误,导致出现部分数据无法正常更新,这样有可能导致数据库无法关联数据的一致性,最终使应用程序崩溃。

事务处理就是为了保持网络事务操作的一致性和完整性而进行的一系列特别处理。网络中的事务处理步骤包括事务处理开始(Begin Transaction)、错误时事务回滚(Rollback)、提交事务处理(Commit)。ADO.NET 的事务处理是由 Transaction 对象来实现的。SQL Server 数据库的事务处理是通过 SqlTransaction 对象来实现的,而 SqlTransaction 对象由 SqlTransaction 类创建。

2. SqlTransaction 类

SqlTransaction 类用于在 Microsoft SQL Server 中处理 Transact SQL 事务,通过在 SqlConnection 对象上调用 BeginTransaction 方法可以创建 SqlTransaction 对象,创建 SqlTransaction 对象后,可以执行一些对的 SQL 操作,然后调用 Commit 方法提交事务,如 遇到错误就调用 RollBack 方法回滚事务。这样就可以使对 SQL 操作要么全部提交,要么 回滚到原来的状态。

SqlTransaction 的构造函数如下:

```
SqlConnection con = new SqlConnection();
SqlTransaction trans = con.BeginTransaction();
```

Transaction 对象主要有两个方法:一个是 Commit,用于数据查询、更新操作执行成功 后,提交事务以真正完成数据的查询、更新操作;另一个是 Rollback,用于事务回滚,即数据 查询、更新操作失败时,则取消一切的数据查询、更新操作。ADO.NET 的事务处理主要是 通过 Command 对象来实现事务处理的。

3. SqlTransaction 实例

例 5-9　本实例演示如何向数据库中添加数据,出现异常回滚操作。

(1) 数据库准备。对本章的 aaa 数据库的 Region 表进行添加数据操作,Region 表结构 如图 5-62 所示。

图 5-62　Region 表结构

(2) 新建一个网站,命名为 Ch5-9,默认主页为 Default.aspx,在其设计视图拖曳两个 TextBox 控件(ID 分别是 txbRegionID 和 txbRegionDescribe)和一个 Button 控件(ID 为 Button1)。

(3) 按例 5-6 第(3)和第(4)步的方法,在 web.config 中保存 aaa 数据库的连接字符串。并编写私有函数 getConnectionString 读取 web.config 中的连接字符串。

(4) 双击 Button 控件,映射 Click 事件委托函数,代码如下:

```
protected void Button1_Click(object sender, EventArgs e)
{
    using (SqlConnection connection = new SqlConnection(getConnectionString()))
    {
        SqlTransaction transaction = null;
        SqlCommand cmm = new SqlCommand();
```

```
        try
        {
            connection.Open();
            transaction = connection.BeginTransaction();
            cmm.Connection = connection;
            //下面一条语句,请读者注释执行以实现异常
            cmm.Transaction = transaction;
            cmm.CommandText = "Insert into Region (RegionID, RegionDescription) VALUES (@
RegionID, @RegionDescription)";
            cmm.Parameters.Add("@RegionID", SqlDbType.Int);
            cmm.Parameters.Add("@RegionDescription", SqlDbType.NVarChar);
            cmm.Parameters["@RegionID"].Value = Int32.Parse(txbReigionID.Text);
            cmm.Parameters["@RegionDescription"].Value = txbRegionDescription.Text;
            cmm.ExecuteNonQuery();
            transaction.Commit();
            Response.Write("添加成功!");
        }
        catch(Exception ex)
        {
            transaction.Rollback();
            string str = " 插入失败,原因: " + ex.Message;
            Response.Write("< script > alert('" + str + "')</script>");
        }
    }
}
```

(5) 运行结果。

当未注释"cmm.Transaction = transaction;"语句时,显示"添加成功",如图 5-63 所示。

图 5-63　向 Region 表添加记录成功时的结果

当注释"cmm.Transaction = transaction;"语句时,单击"新增"按钮,显示异常,如图 5-64 所示。单击"确定"按钮后,回滚,又回到新增的画面。

图 5-64　显示异常 1

或 ID 输入非数字文本时，也会显示异常，如图 5-65 所示。

图 5-65　显示异常 2

5.4.3　使用 DataSet 对象和 DataAdapter 对象操作数据库

1. DataSet 对象概述

DataSet 对象对于支持 ADO.NET 中的断开连接的分布式数据方案起到至关重要的作用。DataSet 是一个数据集合对象，不管数据源是什么，它都可提供一致的关系编程模型。它可用于多种不同的数据源，如用于 XML 数据或用于管理应用程序本地的数据。DataSet 表示包括相关表、约束和表间关系在内的整个数据集。图 5-66 显示了 DataSet 对象模型。

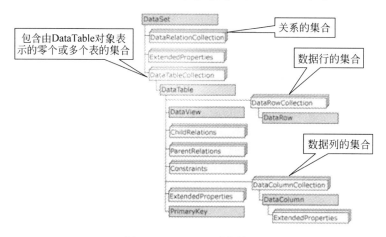

图 5-66　DataSet 对象模型

DataSet 中的方法和对象与关系数据库模型中的方法和对象一致。DataSet 还可以按 XML 的形式来保持和重新加载其内容，并按 XML 架构定义语言（XSD）架构的形式来保持和重新加载其架构。

DataSet 主要通过 DataAdapter 对象从关系数据源中对其进行数据填充。

2. DataAdapter 对象概述

DataAdapter 是 DataSet 和数据库 Server 之间的桥接器，用于检索和保存数据。DataAdapter 通过对数据源使用适当的 Transact SQL 语句映射 Fill（它可更改 DataSet 中的数据以匹配数据源中的数据）和 Update（它可更改数据源中的数据以匹配 DataSet 中的数据）来提供这一桥接。即 DataAdapter 从连接类（例如 SqlCommand 对象中）获取数据库的结果，然后将结果填充到非连接数据集如 DataSet 或 DataTable 中，同时非连接数据集也会使用 DataAdapter 来更新其所做的更改，图 5-67 是 DataAdapter 对象示意图。

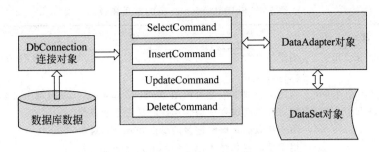

图 5-67 DataAdapter 对象示意图

通过 DataAdapter 对象在连接的数据库与非连接的 DataSet 中的更新是逐行进行的。对于每个已插入、修改和删除的行，Update 方法会确定已对其执行的更改的类型（Insert、Update 或 Delete）。根据更改类型，执行 Insert、Update 或 Delete 命令，模板将已修改的行传递给数据源。

如果 DataAdapter 所连接的是 SQL Server 数据库，则可通过将 SqlDataAdapter 与关联的 SqlCommand 和 SqlConnection 对象一起使用，从而提高总体性能。对于支持 OLE DB 的数据源，使用 DataAdapter 及其关联的 OleDbCommand 和 OleDbConnection 对象。对于支持 ODBC 的数据源，使用 DataAdapter 及其关联的 OdbcCommand 和 OdbcConnection 对象。对于 Oracle 数据库，使用 DataAdapter 及其关联的 OracleCommand 和 OracleConnection 对象。本书重点介绍连接 SQL Server 数据库的 SqlDataAdapter 类。

3. SqlDataAdapter 类

SqlDataAdapter 包括 SelectCommand、InsertCommand、DeleteCommand、Update Command 和 TableMappings 属性，以便于数据的加载和更新。当 SqlDataAdapter 填充 DataSet 时，它为返回的数据创建必需的表和列（如果这些表和列尚不存在）。但是，除非 MissingSchemaAction 属性设置为 AddWithKey，否则这个隐式创建的架构中不包括主键信息。也可以使用 FillSchema，让 SqlDataAdapter 创建 DataSet 的架构，并在用数据填充它之前就将主键信息包括进去。

1）构造 SqlDataAdapter 对象

初始化 SqlDataAdapter 类的一个新实例，有如下 4 种方法。

（1）SqlDataAdapter()

初始化 SqlDataAdapter 类的一个新实例。

（2）SqlDataAdapter(SqlCommand)

初始化 SqlDataAdapter 类的新实例，用指定的 SqlCommand 作为 SelectCommand 的属性。

（3）SqlDataAdapter(String，SqlConnection)

使用 SelectCommand 和 SqlConnection 对象初始化 SqlDataAdapter 类的一个新实例。

（4）SqlDataAdapter(String，String)

用 SelectCommand 和一个连接字符串初始化 SqlDataAdapter 类的一个新实例。

2）SqlDataAdapter 类的常用属性与方法

SqlDataAdapter 类的常用属性如表 5-4 所示。

表 5-4　**SqlDataAdapter 类的常用属性**

属　　性	说　　明
AcceptChangesDuringFill	确定填充数据后是否调用 AcceptChanges。true 为调用，false 为不调用。默认为 true
AcceptChangesDuringUpdate	确定更新数据后是否调用 AcceptChanges。true 为调用，false 为不调用
ContinueUpdateOnError	确定在更新过程中遇到错误时是否生成异常
DeleteCommand	用于从数据集删除记录的 SqlCommand 对象
InsertCommand	用于从数据集插入记录的 SqlCommand 对象
UpdateCommand	用于从数据集更新记录的 SqlCommand 对象
SelectCommand	用于从 MSSQL 查询记录的 SqlCommand 对象
FillLoadOption	确定 SqlDataAdapter 对象如何从 DbDataReader 中填充 DataTable
TableMappings	提供源表和 Datatable 之间的主映射
UpdateBatchSize	确定每次到服务器的往返过程中处理的行数

SqlDataAdapter 类的常用方法如表 5-5 所示。

表 5-5　**SqlDataAdapter 类的常用方法**

方　　法	说　　明
Dispose	释放 DataAdapter 对象
Fill	用于填充 DataSet 对象
FillSchema	向指定的 DataSet 对象中填充表架构信息
Update	将 DataSet 对象中的数据修改更新实际的数据库

（1）TableMappings 属性用法

数据表从源表到 DataSet 中的表的映射使用 DataTableMappingCollection 的 Add 方法，其参数为两个 String 类型。具体函数定义如下：

```
public DataTableMapping Add(string sourceTable, string dataSetTable)
```

（2）Fill 方法用法

利用 Fill 方法可填充数据集 DataSet 与数据表 DataTable。其定义如下：

```
public override int Fill(DataSet dataSet)
```

或

```
public int Fill(DataSet dataSet, string srcTable)        //srcTable是映射的源表的名称
```

填充 DataSet 的步骤如下：

① 创建 DataSet 对象或 DataTable（如 ds 或 dt）；

② 建立 SqlDataAdapter 对象（如 myDataAdapter）；

③ myDataAdapter. Fill(ds 或 dt)。

（3）SelectCommand、InsertCommandt、UpdateCommand、DeleteCommand 属性用法

① 建立 SqlDataAdapter 对象（如 myDataAdapter）；

② 创建 SqlCommand 对象（如 command）；

③

```
myDataAdapter.SelectCommand = command
myDataAdapter.InsertCommand = command
myDataAdapter.UpdateCommand = command
myDataAdapter.DeleteCommand = command
```

（4）Dispose 方法用法

定义：

```
public void Dispose();
```

例如：

```
myDataAdapter.Dispose();
```

（5）Update 方法用法

定义：

```
public override int Update(DataSet dataSet)或 public int Update(DataSet dataSet, string srcTable);
```

具体使用步骤如下：

① 创建 SqlDataAdapter 对象（如 myDataAdapter）；

② 创建 DataSet 对象（如 myDataSet）；

③ 创建 SqlCommandBuilder 对象；

④ SqlCommandBuilder builder = new SqlCommandBuilder (myDataAdapter);

⑤ myDataAdpater.Fill(myDataSet);

⑥ 更改 DataSet 数据表中的内容；

⑦ myDataAdpter.Update(myDataSet,"某　此数据源表名")；

注意：DataSet 中的数据必须至少存在一个主键或唯一列。下面有两个实例演示。

4. DataSet 对象与 SqlDataAdpter 对象实例

1）DataSet 填充与 TableMapping

例 5-10　此例演示如何创建 TableMapping 提供源表和 Datatable 之间的主映射，用 SqlDataAdpter 对象填充 DataSet。

新建一个网站，命名为 Ch5-10，默认主页为 Default.aspx。

（1）数据库准备：在 SQL Server 2008 Management Studio 界面将例 5-9 操作的数据库 aaa 中添加 Categories、Orders 与 Products 数据表，并添加（或导入）数据。

（2）按例 5-6 第（3）和第（4）步的方法，在 web.config 中保存连接字符串。并编写私有函数 getConnectionString 读取该连接字符串。

（3）添加 ShowTableMappings 的私有函数，代码如下：

```
public void ShowTableMappings()
{
    using (SqlConnection connection = new SqlConnection(getConnectionString()))
    {
        SqlCommand command = new SqlCommand();        //用参数的 SqlCommand 构造函数
        command.Connection = connection;
        command.CommandTimeout = 15;
```

```
command.CommandType = CommandType.Text;
//下面的三个 Select 语句是为演示用,实际一个 Select 即可,否则降低性能
command.CommandText = "select top 3 * from categories ; select top 3 * from Orders ;
select top 3 * from Products ";
//top 3 表示只显示前三个记录
connection.Open();
SqlDataAdapter myDataAdapter = new SqlDataAdapter(command);
//利用 TableMapping 属性提供源表和 Datatable 之间的主映射
myDataAdapter.TableMappings.Add("Categories", "DataCategories");
                                            //参数为源表与数据集表
myDataAdapter.TableMappings.Add("Orders", "DataOrders");
myDataAdapter.TableMappings.Add("Products", "DataProducts");
//显示并填充
Response.Write( "Table Mappings:<br>");
string myMessage = "";
myDataAdapter.SelectCommand = command;          //利用 SelectCommand 属性
DataSet ds = new DataSet();
myDataAdapter.Fill(ds);                         //Fill 函数填充 DataSet
GridView[] gr = new GridView[3];
Label[] la = new Label[3];
gr[0] = this.GridView1;
gr[1] = this.GridView2;
gr[2] = this.GridView3;
la[0] = this.Label1;
la[1] = this.Label2;
la[2] = this.Label3;
//显示数据表信息
for (int i = 0; i < myDataAdapter.TableMappings.Count; i++)
{
    myMessage = i.ToString() + " "
        + myDataAdapter.TableMappings[i].ToString() + "<br>";
    la[i].Text = myMessage;
    gr[i].DataSource = ds.Tables[i];
    gr[i].DataBind();
}
myDataAdapter.Dispose();
ds.Dispose();
    }
}
```

(4) 在 Page_Load 函数中添加代码:

```
protected void Page_Load(object sender, EventArgs e)
{
    ShowTableMappings();
}
```

(5) 运行结果如图 5-68 所示。

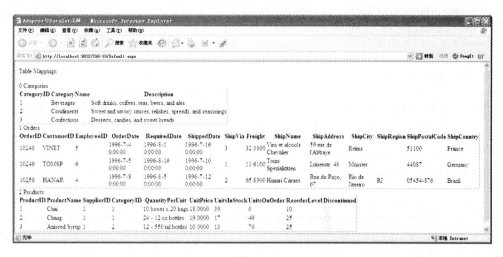

图 5-68 DataSet 填充与 TalbeMapping 运行结果

2）运用 Update 方法用 DataSet 数据更新数据源

例 5-11   此例演示先删除 DataSet 数据并利用 Update 方法更新到数据源。

（1）数据库准备：通过 SQL Server 2008 Management Studio 在名为 aaa 的数据库中创建一个名为 News 的表（结构可查看 aaa 数据库，此略），并随便输入一些数据。

（2）新建一个网站，命名为 Ch5-11，默认主页为 Default.aspx。在 Default.aspx 的设计视图中拖曳三个 Button 按钮、一个 GridView 按钮和一个 DropDownList 按钮，如图 5-69 所示。

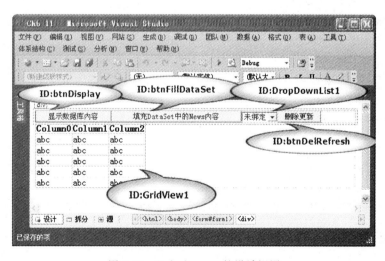

图 5-69 Default.aspx 的设计视图

（3）按例 5-6 第（3）和第（4）步的方法，在 web.config 中保存连接字符串。并编写私有函数 getConnectionString 读取该连接字符串。

（4）在 class _Default 类中添加两个变量。

```
private DataSet ds = new DataSet();
int id;
```

(5) 双击 ID 为 btnDisplay 的按钮,映射委托 Click 函数,代码如下:

```csharp
protected void btnDisplay_Click(object sender, EventArgs e)
{
    using (SqlConnection connection = new SqlConnection(getConnectionString()))
    {
        SqlCommand command = new SqlCommand();        //用参数的 SqlCommand 构造函数
        command.Connection = connection;
        command.CommandTimeout = 15;
        command.CommandType = CommandType.Text;
        command.CommandText = "select * from News ";
        connection.Open();
        SqlDataAdapter myDataAdapter = new SqlDataAdapter(command);
        myDataAdapter.SelectCommand = command;        //利用 SelectCommand 属性
        DataSet ds = new DataSet();
        myDataAdapter.Fill(ds);                        //Fill 函数填充 DataSet
        this.GridView1.DataSource = ds;
        this.GridView1.DataKeyNames = new string[] { "ID" };
        this.GridView1.DataBind();
        myDataAdapter.Dispose();
        ds.Dispose();
    }
}
```

(6) 添加私有函数,绑定 DropDownList:

```csharp
private void BindDropDownList()
{
    if (false == DropDownList1.Visible)
    {
        DropDownList1.Visible = true;
    }
    DropDownList1.DataSource = ds.Tables["News"];
    DropDownList1.DataTextField = "ID";
    DropDownList1.DataBind();
    DropDownList1.SelectedIndex = 0;
}
```

(7) 双击 ID 为 btnFillDataSet 的按钮,映射委托 Click 函数,代码如下:

```csharp
protected void btnFillDataSet_Click(object sender, EventArgs e)
{
    using (SqlConnection connection = new SqlConnection(getConnectionString()))
    {
        SqlCommand command = new SqlCommand();        //用参数的 SqlCommand 构造函数
        command.Connection = connection;
        command.CommandType = CommandType.Text;
        command.CommandText = "select * from News";
        SqlDataAdapter adapter = new SqlDataAdapter();
        adapter.SelectCommand = command;
        SqlCommandBuilder builder = new SqlCommandBuilder(adapter);
        connection.Open();
```

```
        adapter.Fill(ds, "News");
        //填充 DropDownList
        BindDropDownList();
        if ("删除更新"!= this.btnDelRefresh.Text)
        {
            this.btnDelRefresh.Text = "删除更新";
        }
    }
}
```

（8）双击 DropDownList1 映射 SelectedChanged 事件委托函数，代码如下：

```
protected void DropDownList1_SelectedIndexChanged(object sender, EventArgs e)
{
    id = Convert.ToInt32(this.DropDownList1.SelectedValue);
}
```

（9）双击 ID 为 btnDelRefresh 的按钮，映射 Click 委托函数，代码如下：

```
protected void btnDelRefresh_Click(object sender, EventArgs e)
{
    using (SqlConnection connection = new SqlConnection(getConnectionString()))
    {
        SqlCommand command = new SqlCommand();        //用参数的 SqlCommand 构造函数
        command.Connection = connection;
        command.CommandTimeout = 15;
        command.CommandType = CommandType.Text;
        command.CommandText = "select * from News ";
        connection.Open();
        SqlDataAdapter myDataAdapter = new SqlDataAdapter(command);
        myDataAdapter.SelectCommand = command;        //利用 SelectCommand 属性
        DataSet ds = new DataSet();
        myDataAdapter.Fill(ds,"News");
        command.CommandText = "DELETE FROM" + ds.Tables["News"].ToString() + " WHERE ID = @ID";
        SqlParameter parameter = command.Parameters.Add("@ID", SqlDbType.Int, 4, "ID");
        parameter.Value = id;
        parameter.SourceVersion = DataRowVersion.Original;
        SqlDataAdapter adapter = new SqlDataAdapter();
        adapter.DeleteCommand = command;
        command.ExecuteNonQuery();
        adapter.Update(ds, "News");
        if ("请重新刷新"!= this.btnDelRefresh.Text)
        {
            this.btnDelRefresh.Text = "请重新刷新";
        }
        this.GridView1.DataSource = ds;
        this.GridView1.DataKeyNames = new string[] { "ID" };
        this.GridView1.DataBind();
        adapter.Dispose();
        ds.Dispose();
    }
}
```

（10）运行结果如图 5-70～图 5-73 所示。

图 5-70　运行结果

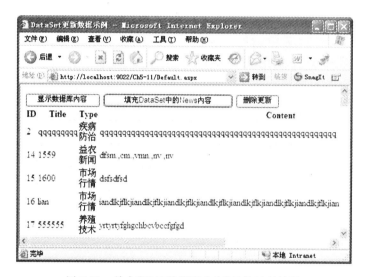

图 5-71　单击"显示数据库内容"后的运行结果

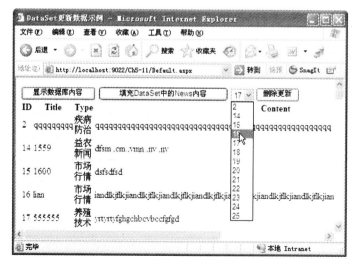

图 5-72　单击填充 DataSet 按钮删除 ID 为 16 的 DataSet 记录

图 5-73　从 DataSet 更新数据后的显示结果

5.4.4　使用 DataTable 对象操作数据库

DataTable 是 DataSet 的一部分,DataSet 称为数据集,包括数据表及这些表之间的关系,而 DataTable 只是一个数据表。实质上,DataSet 包含一个 DataTableCollection 的集合,一个 DataSet 中可包含多个 DataTable 对象。DataTable 本身是具有 Columns 和一个 Rows 的行列集合,每个 DataTable 类似于数据库的表,同样包括字段(DataColumn)和记录(DataRow)的集合,还包括约束(Contraint 对象)集合。DataSet 和 DataTable 均是缓存在内存中的。DataTable 的优点是可用来构建动态数据表和临时表。

创建一个 DataTable 内存表可分为以下三步。

(1) 创建一个 DataTable 对象实例。

(2) 为该 DataTable 对象添加架构信息,即定义数据表的字段,可设置字段属性、定义表间的约束等。

(3) 向 DataTable 中添加行数据。

下面演示 DataTable 示例。

例 5-12　本示例演示如何用不同的方法创建 DataTable 并添加到 DataSet 中。

(1) 新建一个网站,命名为 Ch5-12,默认主页为 Default. aspx,在 Default. aspx 的设计视图中拖曳三个 GridView 控件,ID 为系统默认。

(2) 在 Class _Default 类中添加数据集变量:

```
private System. Data. DataSet dataSet;
```

(3) 建立一个父表,用 MakeParentTable 的私有函数表示,代码如下:

```
private void MakeParentTable()
{
    //创建一个新数据表
    System. Data. DataTable table = new DataTable("ParentTable");
```

```
    //声明数据行、列变量
    DataColumn column;
    DataRow row;
    //创建数据列,设置数据类型
    column = new DataColumn();
    column.DataType = System.Type.GetType("System.Int32");
    column.ColumnName = "id";
    column.ReadOnly = true;
    column.Unique = true;
    //将列加入数据列集合
    table.Columns.Add(column);
    //创建第二列
    column = new DataColumn();
    column.DataType = System.Type.GetType("System.String");
    column.ColumnName = "ParentItem";
    column.AutoIncrement = false;
    column.Caption = "ParentItem";
    column.ReadOnly = false;
    column.Unique = false;
    //把列加入表
    table.Columns.Add(column);
    //设置列主键
    DataColumn[] PrimaryKeyColumns = new DataColumn[1];
    PrimaryKeyColumns[0] = table.Columns["id"];
    table.PrimaryKey = PrimaryKeyColumns;
    //实例化数据集
    dataSet = new DataSet();
    //将表加入数据集
    dataSet.Tables.Add(table);
    //创建数据行对象并加入到数据表
    for (int i = 0; i <= 2; i++)
    {
        row = table.NewRow();
        row["id"] = i;
        row["ParentItem"] = "ParentItem " + i;
        table.Rows.Add(row);
    }
}
```

(4) 建立一个子表,用 MakeChildTable 的私有函数表示,代码如下:

```
private void MakeChildTable()
{
    //创建一个新数据表
    DataTable table = new DataTable("childTable");
    DataColumn column;
    DataRow row;
    //创建第一列加入到数据表
    column = new DataColumn();
    column.DataType = System.Type.GetType("System.Int32");
    column.ColumnName = "ChildID";
```

```
column.AutoIncrement = true;
column.Caption = "ID";
column.ReadOnly = true;
column.Unique = true;
//加入列到列集合
table.Columns.Add(column);
//创建第二列
column = new DataColumn();
column.DataType = System.Type.GetType("System.String");
column.ColumnName = "ChildItem";
column.AutoIncrement = false;
column.Caption = "ChildItem";
column.ReadOnly = false;
column.Unique = false;
table.Columns.Add(column);
//创建第三列
column = new DataColumn();
column.DataType = System.Type.GetType("System.Int32");
column.ColumnName = "ParentID";
column.AutoIncrement = false;
column.Caption = "ParentID";
column.ReadOnly = false;
column.Unique = false;
table.Columns.Add(column);
dataSet.Tables.Add(table);
//创建数据行
//five rows each, and add to DataTable.
for (int i = 0; i <= 4; i++)
{
    row = table.NewRow();
    row["childID"] = i;
    row["ChildItem"] = "Item " + i;
    row["ParentID"] = 0;
    table.Rows.Add(row);
}
for (int i = 0; i <= 4; i++)
{
    row = table.NewRow();
    row["childID"] = i + 5;
    row["ChildItem"] = "Item " + i;
    row["ParentID"] = 1;
    table.Rows.Add(row);
}
for (int i = 0; i <= 4; i++)
{
    row = table.NewRow();
    row["childID"] = i + 10;
    row["ChildItem"] = "Item " + i;
    row["ParentID"] = 2;
    table.Rows.Add(row);
}
}
```

(5) 建立父表与子表两个表的关系。

```
private void MakeDataRelation()
{
    //创建数据关系
    DataColumn parentColumn =
        dataSet.Tables["ParentTable"].Columns["id"];
    DataColumn childColumn =
        dataSet.Tables["ChildTable"].Columns["ParentID"];
    DataRelation relation = new
        DataRelation("parent2Child", parentColumn, childColumn);
    dataSet.Tables["ChildTable"].ParentRelations.Add(relation);
}
```

(6) 用另一种方法建立表,用 AnotherCreateDataTable 私有函数表示,代码如下:

```
private void AnotherCreateDataTable()
{
    //创建表的列信息
    DataTable dt = new DataTable("NewTable");
    dt.Columns.Add(new DataColumn("ID",typeof(Int32)));
    dt.Columns.Add(new DataColumn("名称",typeof(string)));
    //使用数组形式创建表列
    DataColumn[] dcs = new DataColumn[2];
    dcs[0] = new DataColumn("价格",typeof(decimal));
    dcs[1] = new DataColumn("描述", typeof(string));
    //用 AddRange 方法添加列
    dt.Columns.AddRange(dcs);
    //创建表的行信息
    DataRow dr = dt.NewRow();
    dr["ID"] = 1001;
    dr["名称"] = "安键灵";
    dr["价格"] = 123.76;
    dr["描述"] = "这是非常好的饲料添加剂";
    //将创建的行添加到 DataTable 的 Rows 中
    dt.Rows.Add(dr);
    //使用 Rows 的重载 Add 来添加表行
    dt.Rows.Add(new object[] {1002,"贵茶山",245.87,"外国进口产品" });
    //加入到数据集
    dataSet.Tables.Add(dt);
}
```

(7) 将表显示在 GridView 上。以 GridView1 为例,代码如下(GridView2,GridView3 的代码同 GridView1 相似):

```
private void GridView1Bind()
{
    this.GridView1.DataSource = dataSet.Tables["ParentTable"];
    this.GridView1.DataBind();
}
```

（8）建一个 MakeDataTables 的私有函数，代码如下：

```
private void MakeDataTables()
{
    //运行所有的函数
    MakeParentTable();
    MakeChildTable();
    MakeDataRelation();
    AnotherCreateDataTable();
}
```

（9）在 Page_Load 函数中添加如下代码：

```
protected void Page_Load(object sender, EventArgs e)
{
    MakeDataTables();
    GridView1Bind();
    GridView2Bind();
    GridView3Bind();
}
```

（10）运行结果如图 5-74 所示。

提示：因为要演示三个表的操作，运行速度稍慢。

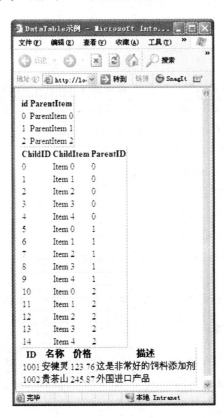

图 5-74 DataTable 运行结果

5.4.5 使用 DataReader 对象操作数据库

1. DataReader 对象概述

DataSet 中的数据一旦加载完毕,就与数据库连接断开,以后的添加、修改、删除等操作都是离线模式。如果需要更新 DataSet 中的数据,可以调用 DataAdapter 的 Update 方法,该方法将调用 DataAdapter 对象的 UpdateCommand、InsertCommand 和 DeleteCommand 命令来更新数据库,这种方式在分布式应用程序开发中具有无可替代的优势。但其操作较为烦琐,而且在很多场合,开发人员只需要简单地显示数据库中的数据,不需要更改,此种情况下可使用另一个快速、高性能的数据存储对象——DataReader。

DataReader 对象是一个简单的数据集,用于从数据源中检索只读数据集,常用于检索大量数据。DataReader 可分为 SqlDataReader、OleDbDataReader 等几类。本节将重点介绍 SqlDataReader 对象。

在 5.4.1 节和 5.4.2 节已经使用过 SqlDataReader 对象。其使用方法如下:

(1) 创建数据库连接。

(2) 打开数据库连接。

(3) 创建 Command 对象。

(4) 执行 Command 对象的 ExcuteReader 方法。

(5) 读到 DataReader 对象内容并绑定到数据控件中。

(6) 关闭 DataReader 对象。

(7) 关闭连接。

提示:DataReader 使用时,是以独占方式使用 Connection,即 DataReader 读取数据时,与 DataReader 对象关联的 Connection 对象不能再为其他对象所使用。因此在使用完 DataReader 后,应显示调用 DataReader 的 Close 方法断开和 Connection 的关联。

读取 Reader 对象的方法有如下几种。

(1) 确定一个循环 While(reader. Read())。

(2) 在循环体中用如下方法读取:

① 用 reader 列名索引器。如 reader["GoodsID"]。

② 使用序数索引器。如 reader[0]。

③ 若已知要读取数据的数据类型用 GetType("序号"),如 reader. GetString(1),reader. GetInt32(0)等。

技巧:方法③速度较快;方法②次之;方法①速度最慢,但其易于理解。

2. DataReader 对象实例

下面按照上述方法操作 DataReader。

例 5-13 本示例演示如何利用 SqlDataReader 来读取"aaa"数据库中表"Products"的内容。

(1) 准备数据库:在"aaa"数据库中新建(或导入)Products 数据表并填充数据。

(2) 新建一个网站,名称为 Ch5-13,默认主页为 Default. aspx。

（3）按例 5-6 第（3）、第（4）的方法，在 web. config 中保存连接字符串。并编写私有函数 getConnectionString 读取该连接字符串。

（4）添加私有函数。

```
private void ReadOrderData(string connectionString)
{
    string queryString = " SELECT ProductID, ProductName, UnitPrice, UnitsInstock FROM dbo.
Products;";
    using (SqlConnection connection = new SqlConnection(connectionString))
    {
        SqlCommand command = new SqlCommand(queryString, connection);
        connection.Open();                          //打开连接
        SqlDataReader reader = command.ExecuteReader();//执行 ExcuteReader 方法
        //调用 DataReader 的 Read 函数访问数据
        while (reader.Read())                        //循环
        {
Response.Write(String.Format("{0},  {1},   {2},   
 {3}     < br >", reader[0], reader.GetString(1), reader.
GetDecimal(2), reader["UnitsInstock"]));

        }
        reader.Close();                             //不要忘记关闭 DataReader 对象
    }
}
```

（5）在 Page_Load 函数中添加代码。

```
protected void Page_Load(object sender, EventArgs e)
{
    ReadOrderData(getConnectionString());
}
```

（6）运行结果如图 5-75 所示。

图 5-75 通过 SqlDataReader 访问 Products 表的运行结果

3. DataSet 和 DataReader 的比较

若需要在多个表之间导航,使用来自多个数据源的数据,需要在表中来回定位,需缓存、排序、搜索或筛选数据等,应该考虑使用 DataSet。DataSet 在分布式应用、Web Service 方面都具有无可替代的特性。

若数据不需被缓存,只显示,不需修改,以只读、向前方式访问数据应使用 DataReader。使用 DataReader 效率较高,但 DataReader 必须以独占方式使用 Connection。

5.5　小结

为了能更好地应用 SQL 数据库,本章以 SQL Server 2008 为例,讲解了 SQL Server 2008 的基本操作,包括其安装、创建、备份与恢复、附加与分离等操作。介绍了 ADO.NET 的架构,方便读者能较好地理解数据库编程的实现过程。重点讲解了连接 SQL Server 数据库的操作,实例列举了用 SqlConnection 与 SqlConnectionStringBuilder 类连接数据库的操作过程。web.config 配置文件可保存连接字符串,这使得系统的维护工作更加简单。为了今后能更好地理解数据库的操作,本章着重讲解了 SqlCommand 对象、SqlTransaction 对象、SqlDataAdapter 对象、DataSet 数据集、DataTable 数据表、DataReader 的使用与技巧。

下面对本章内容做一个总结。

1. 在数据库访问操作时需要引入如下命名空间:

```
using System.Data.SqlClient;
using System.Web.Configuration;
```

2. 要访问、操作数据库首先得连接数据库,最好的方法是在 web.config 文件的 <connectionStrings> 字段中添加访问数据字符串,一般格式如下:

```
< connectionStrings >
    < add name = "MyDatabaseConnectionString" connectionString = "Data Source = .; Initial Catalog = MyDatabase; Integrated Security = True" providerName = "System.Data.SqlClient"/>
</connectionStrings >
```

3. 做一个取得连接字符串的私有函数 getConnectionString,一般代码如下:

```
private string getConnectionString()
{
    return WebConfigurationManager.ConnectionStrings["aaaConnectionString"].ConnectionString;
}
```

4. 应用如下方法打开与关闭连接。

```
using (SqlConnection connection = new SqlConnection(connectionString))
{
    //创建 Command 对象
    connection.Open();              //打开连接
    //执行 command 对象操作
```

```
//利用 SqlTransaction、DataSet、DataReader、DataTable 等
//访问
//数据库
//操作
}
```

注：用 using 方法系统更安全。

5. Command 对象可用如下方法使用：

1）定义 SqlCommand 对象

（1）先定义 SqlCommand 对象 Command，再设置其属性。如：

```
SqlCommand command = new SqlCommand();                //用参数的 SqlCommand 构造函数
command.Connection = connection;
command.CommandTimeout = 15;
command.CommandType = CommandType.Text;
command.CommandText = " SQL 语句";
```

（2）直接用 SQL 语句作参数定义 SqlCommand 对象。

```
SqlCommand command = new SqlCommand("SQL 语句");
```

（3）指定要执行的指令和 SqlConnection 对象，构造一个 SqlCommand 实例。

```
SqlCommand("SQL 语句字符串", 连接对象);
```

2）使用 SqlCommand 对象的属性操作数据库

（1）通过 Connection 属性设置 Command 对象的连接。

（2）通过 Command.CommandType 设置类型（SQL 文本命令或存储过程）。

Text：默认值，表示 SQL 文本命令；

StoredProcedure：表示存储过程。

（3）使用 SqlCommand 对象的方法操作数据库一般有 3 种方法。

- ExecuteNonQuery 方法（Insert、Update、Delete）；
- ExecuteScalar 方法：返回的结果集中于第一行的第一列；
- ExecuteReader 方法：需赋予一个 DataReader 对象。

6. 利用 SqlParameter 对象为 SqlCommand 对象传递参数。

SqlParameter 对象的使用方法如下。

（1）构造方法。

```
SqlParameter parameter = new SqlParameter("@Name","DbType","Value");
```

（2）新建一个 SqlParameter 对象并设置其属性。

```
SqlParameter parameter = new SqlParameter();
paramter.ParameterName = "@某值";                       //数据库字段名
parameter.Direction = ParameterDirection.Input;        //Output
Parameter.Value = "某值";
cmd.Parameter.Add(parameter);                           //向 SqlCommand 传递参数
```

（3）直接使用 Parameters 的重载 Add 方法添加参数。

```
cmd.Parameters.Add("@OrderID",SqlDbType.Int).Value = OrderID;        //字段名、类型与值
```

（4）使用 SqlCommand 的 Parameters 属性的 AddWithValue 方法传递参数。

```
cmd.Parameters.AddWithValue("@SupplierID",SupplierID);        //字段名、类型与值
```

7. SqlTransaction 对象使用方法。

（1）定义 Command 对象（如 cmm）。

（2）定义 SqlTransaction 对象（如 transaction）。

（3）执行如下语句：

```
try
{
    connection.Open();
    transcation = connection.BeginTransaction();
    cmm.Connection = connection;
    cmm.Transaction = transcation;
    cmm.CommandText = "SQL 语句";
    //cmm 参数设置
    //cmm 执行方法,如 cmm.ExecuteNonQuery();
    transcation.Commit();
}
catch(Exception ex)
{
    transcation.Rollback();
    //给出异常消息
}
```

8. DataSet(DataTable)对象与 DataAdapter 对象。

记住：DataTable 是 DataSet 的一部分，DataSet 称为数据集，而 DataTable 只是一个数据表。

DataSet(DataTable)对象与 DataAdapter 对象使用方法如下：

（1）创建 DataSet 对象或 DataTable(如 ds 或 dt)。

（2）建立 SqlDataAdapter 对象（如 myDataAdapter）。

（3）执行 Fill 方法。如：

```
myDataAdapter.Fill(ds 或 dt);
```

（4）将数据显示控件的 DataSource 属性设置为 ds 或 dt。

```
数据控件.DataSource = ds 或 dt;
```

（5）执行数据显示控件 DataBind()函数。

```
数据控件.DataBind();
```

9. DataReader 对象。

DataReader 对象是一个简单的数据集，用于从数据源中检索只读数据集，常用于检索大量数据。使用如下方法：

（1）创建数据库连接。

（2）打开数据库连接。

（3）创建 Command 对象。

（4）执行 Command 对象的 ExcuteReader 方法。

（5）读到 DataReader 对象内容并绑定到数据控件中。

（6）关闭 DataReader 对象。

（7）关闭连接。

5.6 课后习题

5.6.1 作业题

1．实现数据库的增删查改功能。

（1）注册（向数据库中添加记录），如图 5-76 和图 5-77 所示。

图 5-76　注册　　　　　　　　图 5-77　注册后的数据库

（2）登录（从数据库中查询记录），要求采用 DataReader 对象，如图 5-78 和图 5-79 所示。

图 5-78　登录　　　　　　　　图 5-79　登录成功提示信息

（3）修改密码（修改数据库中的记录），如图 5-80 和图 5-81 所示。

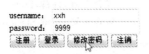

图 5-80　修改密码　　　　　　图 5-81　修改密码后的数据库

（4）注销（删除数据库中的记录），如图 5-82 和图 5-83 所示。

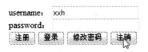 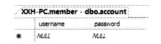

图 5-82　注销　　　　　　　　图 5-83　注销账号后的数据库

2．采用 ExecuteScalar 方法,改写例 5-1 中登录功能的代码。

3．采用 DataAdapter 对象和 DataSet 对象,改写例 5-1 中登录功能的代码。

5.6.2　思考题

1．ADO.NET 访问关系数据库有哪两种方式? 区别是什么?

2．DataReader 与 DataSet 有什么区别?

5.7　上机实践题

创建数据库 Train,依次创建三个表,分别是如表 5-6 所示的 StationInfo(车站信息表),如表 5-7 所示的 TrainInfo(列车信息表),如表 5-8 所示的 PassStationInfo(途径车站信息表)。对以上三个表完成添加操作,列车信息表使用存储过程添加,对车站信息表完成更新、删除操作。

表 5-6　StationInfo(车站信息表)

字　　段	类　　型	长度	说　　明	备　　注
StationID	nvarchar	4	车站编号	主键
StationName	nvarchar	50	车站名称	

表 5-7　TrainInfo(列车信息表)

字　　段	类　　型	长度	说　　明	备　　注
TrainID	nvarchar	5	车次	主键
TrainType	nvarchar	50	列车类型	高铁,动车等
StartStationID	nvarchar	4	始发车站编号	外键 StationInfo(StationID)
StartTime	nvarchar	50	发车时间	
EndStationID	nvarchar	4	终到车站编号	外键 StationInfo(StationID)
EndTime	nvarchar	50	终到时间	

表 5-8　PassStationInfo(途径车站信息表)

字　　段	类　　型	长度	说　　明	备　　注
TrainID	nvarchar	5	车次	联合主键,外键 TrainInfo(TrainID)
PassStationID	nvarchar	4	途径车站编号	联合主键,外键 StationInfo(StationID)
ArriveTime	nvarchar	50	到站时间	
LeaveTime	nvarchar	50	发车时间	

第6章

数据绑定技术

ASP.NET 具有强大的数据绑定功能。数据绑定是指将数据与控件相互结合的一种方式。在 ASP.NET 中,开发人员可以选择将简单的变量、表达式、方法、字段或者复杂的集合、Dataset 等数据绑定到相应的控件中。本章将讨论 ASP.NET 数据绑定的几种方式,为深入学习 ASP.NET 中功能强大的数据绑定控件打下基础。

本章学习目标如下:

- 了解数据绑定的类型、特性等相关概念;
- 掌握数据绑定的不同方法;
- 熟练掌握数据源控件的使用。

6.1 绑定技术基础

在 ASP.NET 中,开发人员可以使用声明式的语法对控件进行数据绑定,而且大多数服务器控件都提供了对数据绑定的支持。数据绑定表达式的语法格式为:

```
<% # 数据源 %>
```

数据绑定允许在控件的声明代码中为控件的某个属性指定一个绑定表达式,从而将表达式的内容与该控件进行绑定。

根据数据源的不同,ASP.NET 中的数据绑定又可分为简单绑定与复杂绑定。

6.1.1 简单绑定

简单绑定一般只绑定单个值到某个控件,所以数据源可以是表达式、变量、方法、控件的属性等。

(1) 当绑定到 Label、TextBox 等控件时,需要将绑定表达式赋值给控件的 Text 属性:

```
Text = '<% # 数据源 %>'
```

(2) 采用数据绑定技术还可以使用 JavaScript 调用 C# 定义的变量和方法,此时可以将绑定表达式赋值给一个 JavaScript 变量:

```
var a = '<% # 数据源 %>'
```

例 6-1　简单绑定的应用。新建一个网站,命名为 Ch6-1,默认主页为 Default.aspx。在设计视图中拖拽 4 个 Label 控件。

切换到源视图,编写 JavaScript 代码,并分别为这 4 个 Label 控件的 Text 属性编写数据绑定表达式,代码如下所示:

```
< head runat = "server">
    <title>简单绑定</title>
    < script type = "text/javascript">
        var a = '<%#str%>';
        var b = '<%#func()%>';
        document.write("数据绑定技术可以使用 JavaScript 调用" + a);
        document.write("以及" + b);
    </script>
</head>
< body >
< form id = "form1" runat = "server">
    可以绑定表达式,显示当前时间为< asp:Label ID = "Label1" runat = "server" Text = '<%#
DateTime.Now.ToString()%>'></asp:Label><br/>
    可以绑定< asp:Label ID = "Label2" runat = "server" Text = '<%#str%>'></asp:Label><br/>
    可以绑定< asp:Label ID = "Label3" runat = "server" Text = '<%#func()%>'></asp:Label >
<br/>
    可以绑定控件的属性值< asp:Label ID = "Label4" runat = "server" Text = '<%#Label1.Text%>'>
</asp:Label><br/>
</form >
</body >
```

按 F7 键,切换到 Default.aspx.cs,编写如下 C#代码:

```
using System;
using System.Web.UI;
public partial class _Default : System.Web.UI.Page
{
    public string str = "C#语言定义的变量";
    protected void Page_Load(object sender, EventArgs e)
    {
        Page.DataBind();
    }
    public string func()
    {
        return "C#语言定义的方法";
    }
}
```

运行结果如图 6-1 所示。

简单绑定需要注意以下几点:

(1) 数据绑定表达式只有在父控件容器中的 DataBind()方法被调用时才会被执行。DataBind()是 Page 和所有服务器控件的方法,通常在 Page_Load 事件中被调用。可将例 6-1 中的"Page.DataBind();"语句注释掉,再看一下运行结果。

(2) 绑定变量和方法的返回值时,该变量和方法必须声明为 public 或 protected 类型,

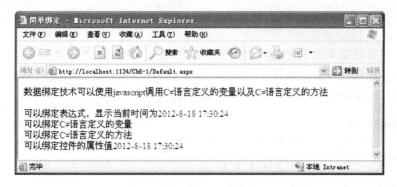

图 6-1　简单绑定的运行结果

否则会提示错误："×××不可访问"，因为它受保护级别所限制。

（3）如果数据绑定表达式中使用了双引号，则<％＃数据源％>的最外层要用单引号，否则会提示"服务器标记的格式不正确"的错误信息，其他情况下使用双引号或者单引号都可以。将下面语句的单引号改成双引号即可得到印证。

```
< asp:Label ID = "Label1" runat = "server" Text = '<% #"单引号还是双引号?"%>'></asp:Label>
```

6.1.2　复杂绑定

复杂绑定就是将多个值绑定到数据绑定控件的某个属性上。拥有多个值的数据源有集合、DataTable、DataSet 等。

在 ASP.NET 4.0 中，控件如 GridView、DataList、DetailsView 及 FormView 等都可以进行复杂绑定。支持复杂绑定的数据绑定控件通常具有如表 6-1 所示的属性。

表 6-1　复杂绑定控件的数据绑定属性

属　　性	说　　明
DataSource	包含要显示的数据的数据对象，该对象必须实现 ASP.NET 数据绑定支持的集合，通常是 ICollection
DataSourceID	使用该属性连接到一个数据源控件，使开发人员能用声明式编程而不用编写程序代码
DataTextField	指定列表控件将显示为控件文本的值，数据源集合通常包括多个列或者多个属性，使用 DataTextField 属性可以指定哪一列或哪一属性数据进行显示
DataTextFormatString	指定 DataTextValue 属性将显示的格式
DataValueField	该属性与 DataTextField 属性类似，但是该属性的值是不可见的，可以使用代码对该属性的值进行访问，比如列表控件的 SelectedValue 属性

复杂绑定时，需要在前台将绑定表达式赋值给控件的 DataSource 属性：

```
DataSource = '<% #数据源 %>'
```

或者在后台将数据源赋值给控件的 DataSource 属性：

```
控件名.DataSource = 数据源
```

1. 绑定集合

例 6-2 绑定泛型集合到 GridView 控件。新建一个网站,命名为 Ch6-2,默认主页为 Default.aspx。在设计视图中拖拽 1 个 GridView 控件。切换到源视图,将数据绑定表达式赋值给该控件的 DataSource 属性,代码如下所示:

```
< head runat = "server">
    <title>绑定泛型集合到 GridView 控件</title>
    </head>
< body >
    < form id = "form1" runat = "server">
    < asp:GridView ID = "GridView1" runat = "server" DataSource = '<% # week %>'></asp:GridView>
    </form >
</body >
```

在解决方案资源管理器中,右击项目的名称,选择"添加新项",打开图 6-2 所示的"添加新项"界面,选择"类"选项,在名称中输入"Week.cs"。

图 6-2 "添加新项"界面

单击"添加"按钮后,出现如图 6-3 所示的提示界面。

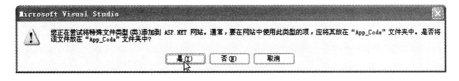

图 6-3 提示创建"App_Code"文件夹

选择"是"按钮,然后打开 Week.cs,编写代码如下:

```
public class Week
{

    public string Name { get;set;}
    public string Nickname{get;set;}
    public Week() { }
    public Week(string name,string nickname)
{

    Name = name;
    Nickname = nickname;

}
}
```

切换到 Default.aspx.cs,编写如下 C#代码:

```
using System;
using System.Collections.Generic;
public partial class _Default : System.Web.UI.Page
{
//要引用命名空间: using System.Collections.Generic;
protected List<Week> week = new List<Week>();
    protected void Page_Load(object sender, EventArgs e)
    {
        if (!IsPostBack)
        {
            week.Add(new Week() { Name = "Sunday", Nickname = "伤 day" });
            week.Add(new Week() { Name = "Monday", Nickname = "忙 day" });
            week.Add(new Week() { Name = "Tuesday", Nickname = "求死 day" });
            week.Add(new Week() { Name = "Wednesday", Nickname = "未死 day" });
            week.Add(new Week() { Name = "Thursday", Nickname = "舍死 day" });
            week.Add(new Week() { Name = "Friday", Nickname = "福来 day" });
            week.Add(new Week() { Name = "Saturday", Nickname = "洒脱 day" });
            GridView1.DataBind();
        }
    }
}
```

运行结果如图 6-4 所示。

2. 绑定 DataTable

例 6-3　绑定 DataTable 到 GridView 控件。

著名的 Fibonacci 数列来自于兔子繁殖的问题:一对刚出生的幼兔经过一个月可长成成兔,成兔再经过一个月后可以繁殖出一对幼兔。若不计兔子的死亡数,求一年之内的幼兔、成兔和兔子总对数。

新建一个网站,命名为 Ch6-3,默认主页为 Default.aspx。在设计视图中拖曳一个 GridView 控件。按 F7 键,切换到 Default.aspx.cs,编写如下 C#代码:

```
using System;
```

图 6-4　绑定泛型集合到 GridView
　　　控件的运行结果

```csharp
using System.Data;
public partial class _Default : System.Web.UI.Page
{
    int baby;
    int adult;
    int total;
    protected void Page_Load(object sender, EventArgs e)
    {
        if (!IsPostBack)
        {
            //需要引用命名空间: using System.Data;
            DataTable dt = new DataTable();
            DataRow dr;
            dt.Columns.Add(new DataColumn("月份"));
            dt.Columns.Add(new DataColumn("幼兔"));
            dt.Columns.Add(new DataColumn("成兔"));
            dt.Columns.Add(new DataColumn("总数"));
            for (int i = 0; i <= 12; i++)
            {
                if (i == 0)
                {
                    baby = 1;
                    adult = 0;
                }
                else if (i == 1)
                {
                    baby = 0;
                    adult = 1;
                }
                else
                {
                    baby = adult;
                    adult = total;
                }
                total = baby + adult;
                dr = dt.NewRow();
                dr[0] = i;
                dr[1] = baby;
                dr[2] = adult;
                dr[3] = total;
                dt.Rows.Add(dr);
            }
            GridView1.DataSource = dt;
            GridView1.DataBind();
        }
    }
}
```

运行结果如图 6-5 所示。

图 6-5 绑定 DataTable 到 GridView 控件的运行结果

3. 绑定 DataSet

ASP.NET 支持分层数据绑定模型,当采用 DataSet 将数据库的内容绑定到 DataList 等数据绑定控件时,为了自定义模板内的具体显示内容,可以采用数据绑定表达式将具体的字段值放到模板内。此时,绑定表达式的语法为:

```
<% #Eval("字段名")%>
```

注意:ASP.NET 1.1 中模板的数据绑定表达式为:＜％♯DataBinder. Eval(Container. DataItem,"字段名")％＞,ASP.NET 2.0 将其简化为＜％♯Eval("字段名")％＞

例 6 4 绑定 DataSet 到 DataList 控件。

(1)首先在 SQL Server 2008 中新建一个数据库 College,新建一个表 Student,表结构如图 6-6 所示。

接着在 Student 表中插入 5 条记录,如图 6-7 所示。

	列名	数据类型	允许 Null 值
🔑	学号	varchar(10)	☐
	姓名	nvarchar(50)	☑
	性别	bit	☑
	生日	datetime	☑
	电话	varchar(11)	☑

学号	姓名	性别	生日	电话
1100000001	李慧杰	False	1992-02-02 05:30:00.00	13682168023
1100000002	库德来提瓦哈普	True	1989-11-11 11:12:00.00	15122359876
1100000003	李占祥	True	1993-07-07 22:59:00.00	13820312345
1100000004	林欢	False	1991-12-12 08:38:00.00	15822398790
1100000005	William Liu	True	1988-09-09 09:29:00.00	13920912309

图 6-6 College 数据库 Student 表结构　　　图 6-7 College 数据库 Student 表所有记录

(2)新建一个网站,命名为 Ch6-4,默认主页为 Default. aspx。在 Default. aspx 的设计视图中拖曳一个 DataList 控件,在源视图中编写代码如下:

```
<head runat = "server">
    <title>绑定 DataSet 到 DataList 控件</title>
</head>
<body>
<form id = "form1" runat = "server">
<asp:DataList ID = "DataList1" runat = "server">
    <HeaderTemplate>
```

```
            < table >
                < tr >
                    < td style = "width:150px">姓名</td >
                    < td style = "width:150px">性别</td >
                    < td style = "width:150px">生日</td >
                </tr >
            </table >
        </HeaderTemplate >
        < ItemTemplate >
            < table >
                < tr >
                    < td style = "width:150px">
                        < asp:Label ID = "Label1" runat = "server"
                            Text = '<% # Eval("姓名") %>'></asp:Label >
                    </td >
                    < td style = "width:150px">
                        < asp:Label ID = "Label2" runat = "server"
                            Text = '<% #Eval("性别") %>'></asp:Label >
                    </td >
                    < td style = "width:150px">
                        < asp:Label ID = "Label3" runat = "server"
                            Text = '<% # Eval("生日") %>'></asp:Label >
                    </td >
                </tr >
            </table >
        </ItemTemplate >
    </asp:DataList >
</form >
</body >
```

(3) 打开 web.config,定义数据库的连接字符串,如下所示:

```
< connectionStrings >
    < add name = "CollegeConnectionString"
            connectionString = " Integrated Security = True;Data Source = .;Initial Catalog =
College;"
            providerName = "System.Data.SqlClient"/>
</connectionStrings >
```

(4) 切换到 Default.aspx.cs,编写如下 C#代码:

```
using System;
using System.Data;
using System.Web.Configuration;
using System.Data.SqlClient;
public partial class _Default : System.Web.UI.Page
{
    protected void Page_Load(object sender, EventArgs e)
    {
        if (!IsPostBack)
        {
            string CommandString = "select 姓名,性别,生日 from Student";
```

```
                string ConnectionString = WebConfigurationManager. ConnectionStrings
["CollegeConnectionString"].ConnectionString;
                SqlDataAdapter MyDataAdapter = new SqlDataAdapter ( CommandString,
ConnectionString);
            DataSet MyDataSet = new DataSet();
            MyDataAdapter.Fill(MyDataSet);
            DataList1.DataSource = MyDataSet;
            DataList1.DataBind();
        }
    }
}
```

运行结果如图 6-8 所示。

图 6-8　绑定 DataSet 到 DataList 控件的运行结果

图 6-8 显示的是数据库中数据的原始格式,有时要求在网页上显示的内容格式不同于数据库中的格式,比如要求显示"男",而不是"True",此时往往需要重新设计绑定表示式,让我们来看一个例子。

例 6-5　要求在例 6-4 的基础上修改绑定表达式,使显示方式变为图 6-9 所示的结果。

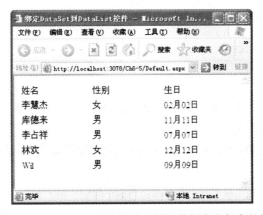

图 6-9　网页上显示的内容格式不同于数据库中保存的格式

(1) 要求只显示"姓名"字段的前 3 个字符,绑定表达式可以采用三目运算符?:

<% # Eval("姓名").ToString().Trim().Length > 3?Eval("姓名").ToString().Trim().Substring(0,3):

Eval("姓名").ToString().Trim()%>

（2）要求"性别"字段显示为"男"或"女"，绑定表达式也可以采用三目运算符?：

<%♯Eval("性别").ToString() == "True"?"男":"女"%>

（3）Eval方法还可以提供第二个参数来指定返回字符串的格式，该参数为可选参数，语法格式同 String 类的 Format 方法。

如果要求"生日"字段的格式为"12 月 12 日"，表达式如下：

<%♯ Eval("生日","{0:MM 月 dd 日}")%>

只需将上述 3 个新的绑定表达式替换原绑定表达式即可。

6.2 常用控件的数据绑定

6.2.1 RadioButtonList 控件的数据绑定

本例实现 RadioButtonList 控件与 GridView 控件绑定同一数据库，当选择 RadioButtonList 中的某个学生时，实时在 GridView 中显示该生的详细信息。

例 6-6 新建一个网站，命名为 Ch6-6，默认主页为 Default. aspx。在 Default. aspx 的设计视图中拖曳一个 RadioButtonList 控件，将 AutoPostBack 属性设置为 True，RepeatDirection 属性设置为 Horizontal。

（1）按例 6-4(3)所示写好连接字符串。

（2）打开 Default. aspx. cs，编写一个函数如下：

```
private void ConnectionDatabase(string Commstr,DataBoundControl dbctrl)
{
    string ConnectionString = WebConfigurationManager.ConnectionStrings["CollegeConnectionString"].
ConnectionString;
    SqlDataAdapter MyDataAdapter = new SqlDataAdapter(Commstr, ConnectionString);
    DataSet MyDataSet = new DataSet();
    MyDataAdapter.Fill(MyDataSet);
    dbctrl.DataSource = MyDataSet;
}
```

函数的作用是：连接数据库，并根据命令字符串 Commstr 进行查询，将查询结果赋值给数据绑定控件 dbctrl 作为数据源。

（3）将 College 数据库 Student 表中的姓名字段绑定到 RadioButtonList 控件，步骤如下：

打开 Default. aspx. cs，为 Page_Load 事件编写代码如下：

```
protected void Page_Load(object sender, EventArgs e)
{
    if (!IsPostBack)
    {
        string CommandString = "select 姓名 from Student";
```

```
        ConnectionDatabase(CommandString, RadioButtonList1);
        RadioButtonList1.DataTextField = "姓名";
        RadioButtonList1.DataBind();
    }
}
```

此时,运行结果如图 6-10 所示,单击任何单选按钮无对应信息出现。

图 6-10 姓名字段绑定到 RadioButtonList 控件

(4) 根据 RadioButtonList 控件中选择的姓名,从数据库中查找该姓名对应的信息并显示在 GridView 控件中,步骤如下:

在 Default.aspx 的设计视图中拖曳一个 GridView 控件。双击 RadioButtonList 控件,为该控件的 SelectedIndexChanged 事件编写代码如下:

```
protected void RadioButtonList1_SelectedIndexChanged(object sender, EventArgs e)
{
    string str = RadioButtonList1.SelectedValue;
    string CommandString = "select * from Student where 姓名 = '" + str + "'";
    ConnectionDatabase(CommandString, GridView1);
    GridView1.DataBind();
}
```

此时,运行结果如图 6-11 所示,选中任何单选按钮,出现与该姓名对应的详细信息。

图 6-11 RadioButtonList 控件的数据绑定

注意:运行时若选择一个姓名后无对应信息显示,有两个可能原因:一是没有将 RadioButtonList 控件的 AutoPostBack 属性设置为 True,二是 Page_Load 事件代码中没有采用 if(!IsPostBack)语句判断是否第一次加载。

6.2.2　CheckBoxList 控件的数据绑定

本例与例 6-6 功能基本相同,区别是例 6-6 只能选择一个学生,而例 6-7 可选多个。

例 6-7　新建一个网站,命名为 Ch6-7,默认主页为 Default. aspx。

(1) 首先,将 College 数据库 Student 表中的姓名字段绑定到 CheckBoxList 控件,步骤如下:

在 Default. aspx 的设计视图中拖曳一个 CheckBoxList 控件,将 AutoPostBack 属性设置为 True,将 RepeatDirection 属性设置为 Horizontal。按例 6-4 所示写好连接字符串。

打开 Default. aspx. cs 文件,为 Page_Load 事件编写代码如下:

```
protected void Page_Load(object sender, EventArgs e)
{
    if (!IsPostBack)
    {
        string CommandString = "select 姓名 from Student";
        string ConnectionString = WebConfigurationManager.ConnectionStrings
["CollegeConnectionString"].ConnectionString;
        SqlDataAdapter MyDataAdapter = new SqlDataAdapter(CommandString, ConnectionString);
        DataSet MyDataSet = new DataSet();
        MyDataAdapter.Fill(MyDataSet);
        CheckBoxList1.DataSource = MyDataSet;
        CheckBoxList1.DataTextField = "姓名";
        CheckBoxList1.DataBind();
    }
}
```

此时,运行结果如图 6-12 所示。

图 6-12　姓名字段绑定到 CheckBoxList 控件

(2) 其次,根据 CheckBoxList 控件中选择的姓名,从数据库中查找该姓名对应的信息并显示在 GridView 控件中,步骤如下:

在 Default. aspx 的设计视图中拖曳一个 GridView 控件。双击 CheckBoxList 控件,为该控件的 SelectedIndexChanged 事件编写代码如下:

```
protected void CheckBoxList1_SelectedIndexChanged(object sender, EventArgs e)
{
    string ConnectionString = WebConfigurationManager.ConnectionStrings
["CollegeConnectionString"].ConnectionString;
```

```
SqlDataAdapter MyDataAdapter;
DataSet MyDataSet = new DataSet();
foreach(ListItem li in CheckBoxList1.Items)
{
    if (li.Selected)
    {
        string CommandString = "select * from Student where 姓名 = '" + li.Text + "'";
        MyDataAdapter = new SqlDataAdapter(CommandString, ConnectionString);
        MyDataAdapter.Fill(MyDataSet);
    }
}
if (MyDataSet.Tables.Count > 0)
//当 CheckBoxList 从有复选框被选中到无选中时,此判断可防止如下报错:IListSource 不包含
//任何数据源
{
    GridView1.DataSource = MyDataSet;
}
GridView1.DataBind();
}
```

此时,运行结果如图 6-13 所示。

图 6-13　CheckBoxList 控件的数据绑定

6.2.3　DropDownList 控件的数据绑定

本例模拟用户注册时省市的选择。采用两个 DropDownList,分别绑定数据库中的省市表,实现选择某省时,自动绑定该省对应的城市,以供用户下一步选择。

例 6-8　新建一个网站,命名为 Ch6-8,默认主页为 Default.aspx。

（1）数据库准备。新建一个 DB_Province 数据库,或从源代码 Chapter6 中附加。数据库包括两张表：province 和 city。表结构分别如图 6-14 和图 6-15 所示。

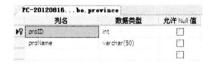

图 6-14　province 表结构

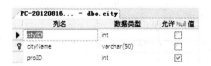

图 6-15　city 表结构

表记录分别如图 6-16 和图 6-17 所示,其中 province 表 34 条记录,city 表 388 条。

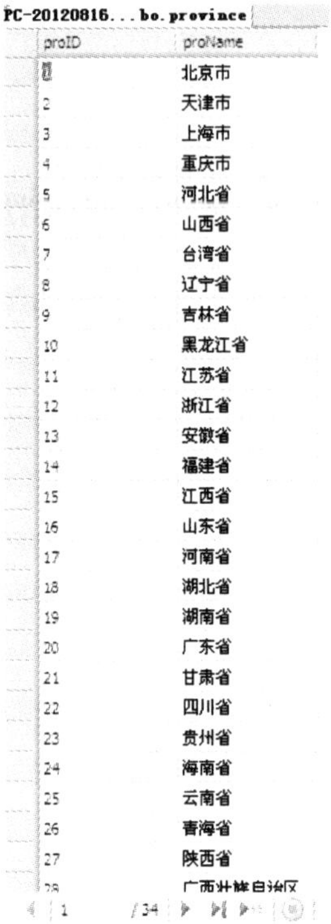

图 6-16 province 表记录(部分)　　　　图 6-17 city 表记录(部分)

(2) 在 web. config 中添加数据库连接字符串,名为 DB_ProvinceConnectionString。

(3) 参照例 6-6(2),编写一个用于连接 DB_Province 数据库的函数 ConnectionDatabase。

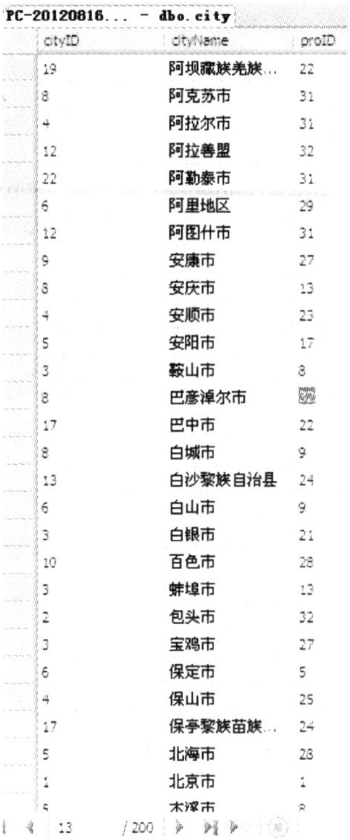

(4) 添加两个 DropDownList 控件,AutoPostBack 都设为 True。再添加一个 Label 控件。

(5) 在 Page_Load 事件中将 province 表中的省份名称绑定到 DropDownList1 控件,代码如下:

```
protected void Page_Load(object sender, EventArgs e)
{
    if (!IsPostBack)
    {
        string CommandString = "select * from province";
        ConnectionDatabase(CommandString, DropDownList1);
        DropDownList1.DataTextField = "proName";
        DropDownList1.DataValueField = "proID";
        DropDownList1.DataBind();
        DropDownList1.Items.Insert(0,"请选择省份");
        DropDownList2.Items.Insert(0, "请选择城市");
    }
}
```

（6）当 DropDownList1 中选择了某省时，需要将该省下属的城市名称绑定到 DropDownList2。双击 DropDownList1，编写其 SelectedIndexChanged 事件代码如下：

```
protected void DropDownList1_SelectedIndexChanged(object sender, EventArgs e)
{
    string CommandString = "select * from city where proID = '" + DropDownList1.
SelectedValue + "'";
    ConnectionDatabase(CommandString, DropDownList2);
    DropDownList2.DataTextField = "cityName";
    DropDownList2.DataValueField = "cityID";
    DropDownList2.DataBind();
    DropDownList2.Items.Insert(0, "请选择城市");
}
```

（7）当 DropDownList2 中选择了某市时，需要将省市名称提供给 Label 控件以显示。双击 DropDownList2，编写其 SelectedIndexChanged 事件代码如下：

```
protected void DropDownList2_SelectedIndexChanged(object sender, EventArgs e)
{
    string str = "";
    str += DropDownList1.SelectedItem.Text;
    str += DropDownList2.SelectedItem.Text;
    Label1.Text = str;
}
```

运行结果如图 6-18～图 6-20 所示。

图 6-18 选择省

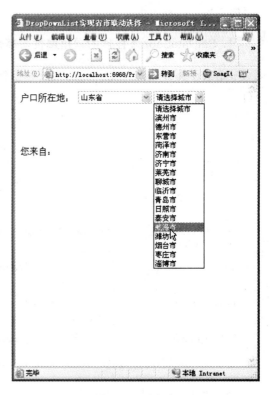

图 6-19 选择市

图 6-20　自动显示所选的省市

6.3　数据源控件

　　在开发 ASP.NET 应用程序时,可以直接使用 ADO.NET 访问数据库,获取数据源并绑定到 ASP.NET 服务器控件,这个过程需要开发人员编写大量的程序代码(如例 6-6～例 6-8 所示)。ASP.NET 2.0 以后,提供了一系列的数据源控件,采用声明式编程的方式指定数据源,大大简化了编写 ASP.NET 数据库应用程序的复杂性。ASP.NET 4.0 共包括 7 种数据源控件,下面介绍一下最常用的数据源控件之一——SqlDataSource 的使用方法。

1. SqlDataSource 控件的常用属性与事件

　　SqlDataSource 控件允许开发人员连接到任何具有 ADO.NET 提供者的数据源,包括 SQL Server、Oracle、OLE DB 以及 ODBC 数据源。

　　SqlDataSource 控件的常用属性如表 6-2 所示。

表 6-2　SqlDataSource 控件的常用属性

属　　性	说　　明
ConnectionString	获取或者设置连接字符串,SqlDataSource 控件将使用该连接字符串连接数据库
SelectCommand	获取或者设置 SqlDataSource 控件从数据库检索数据所用的 SQL 字符串或者存储过程名称
UpdateCommand	获取或者设置 SqlDataSource 控件更新数据库数据所用的 SQL 字符串或者存储过程名称
InsertCommand	获取或者设置 SqlDataSource 控件向数据库插入数据所用的 SQL 字符串或者存储过程名称
DeleteCommand	获取或者设置 SqlDataSource 控件从数据库删除数据所用的 SQL 字符串或者存储过程名称

　　SqlDataSource 控件的常用事件如表 6-3 所示。

表 6-3   SqlDataSource 控件的常用事件

事 件	说 明
DataBinding	当 SqlDataSource 控件绑定到数据源时发生
Deleted	当 SqlDataSource 控件完成删除操作后发生
Deleting	当 SqlDataSource 控件执行删除操作前发生
Inserted	当 SqlDataSource 控件完成插入操作后发生
Inserting	当 SqlDataSource 控件执行插入操作前发生
Selected	当 SqlDataSource 控件完成选择操作后发生
Selecting	当 SqlDataSource 控件执行选择操作前发生
Updated	当 SqlDataSource 控件完成更新操作后发生
Updating	当 SqlDataSource 控件执行更新操作前发生

SqlDataSource 控件简化了 ADO.NET 访问数据库的操作,避免编写很多代码所造成的烦琐,使用该控件,开发人员甚至无需自己编写哪怕一行代码。下面来看一个实例。

2. SqlDataSource 控件实例

例 6-9 利用 SqlDataSource 控件建立数据源。

(1) 数据库准备。使用 5.1.3 节创建的名为 Sample 的数据库。也可直接附加到 SQL Server 2008(Sample 数据库.mdf 和.ldf 文件在源代码 Chapter6 文件夹中)。

(2) 新建一个网站,命名为 Ch6-9,默认主页为 Default.aspx。在 Default.aspx 的设计视图中拖曳两个 SqlDataSource 控件。选择 SqlDataSource1 控件,单击其右侧的 ⟩ 按钮,如图 6-21 所示。

图 6-21   配置 SqlDataSource1 数据源

(3) 选择"配置数据源"选项,出现如图 6-22 所示的"配置数据源"对话框。

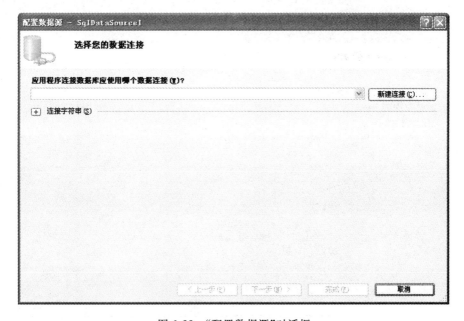

图 6-22   "配置数据源"对话框

（4）单击"新建连接"按钮，弹出"添加连接"对话框，如图 6-23 所示。若在安装 SQL Server 2008 时未指定服务器的名字且"服务器名"下拉列表框无可选项，可在"服务器名"的下拉列表中直接输入"localhost"或本地计算机名字。在"选择或输入一个数据库名"的下拉列表框中选中 Sample 数据库，可单击"添加连接"对话框中的"测试连接"按钮，看数据库是否连接成功。若不成功则说明服务器或数据库名选择或输入出错。

（5）按图 6-23 所示单击两次"确定"按钮，此时"新建连接"成功的"配置数据源"对话框如图 6-24 所示。

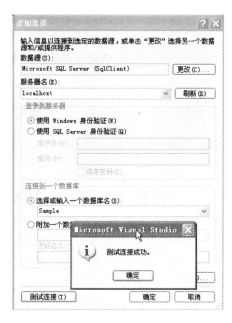

图 6-23　"添加连接"窗口

图 6-24　配置数据源窗口连接成功后

（6）单击"下一步"按钮，出现如图 6-25 所示的"将连接字符串保存到应用程序配置文件中"对话框。

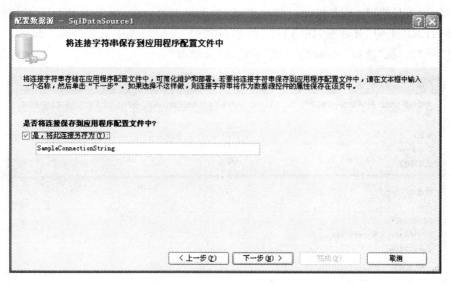

图 6-25　将连接字符串保存到应用程序配置文件中

（7）单击"下一步"按钮，出现"配置 Select 语句"对话框，如图 6-26 所示。用户可选择"指定自定义 SQL 语句或存储过程"和"指定来自表或视图的列"单选按钮来确定要执行的 SQL 语句。其中，选择前者，用户可通过自己输入的 SQL 语句来获取想要的数据源；而选择后者，则不需要自己输入 SQL 语句，只需要使用鼠标的选择便得到想要的数据源，相对于前者，其灵活性稍差些。这里选择后者加以演示，选择"指定来自表或视图的列"单选按钮，在"名称"下拉列表中选中"StuInfo"项，在"列"选项区域中选中"＊"（表示选中所有的列）。

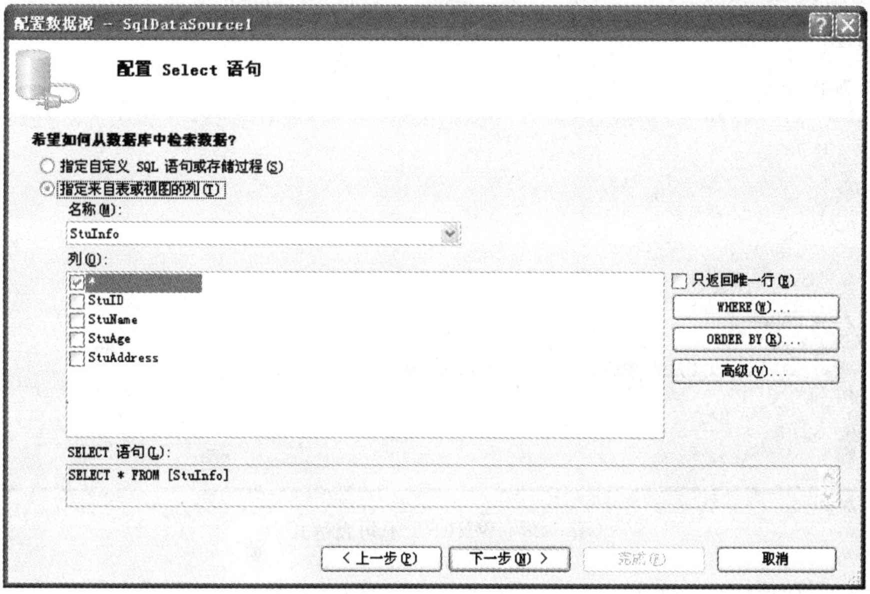

图 6-26　配置 Select 语句

(8) 随着选择,会在对话框的下方显示对数据库执行相应操作的 SQL 语句。另外在对话框的右侧还有"WHERE"、"ORDER BY"和"高级"3 个按钮,用于更精确的配置。

例如,如果只想要 StuAddress(学生地址)为天津市的数据,则单击 WHERE 按钮,弹出"添加 WHERE 子句"对话框,如图 6-27 所示,在"列"下拉列表中选择"StuAddress","运算符"选择"＝"。"源"选择"None"。"值"下输入"天津市"。

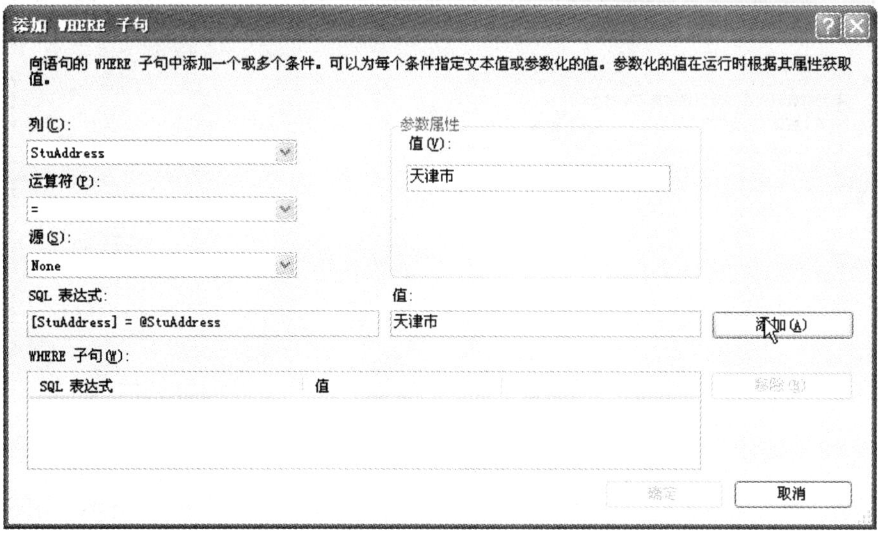

图 6-27 添加 WHERE 子句

输入完后,单击右下侧的"添加"按钮,然后单击"确定"按钮,则返回到"配置 Select 语句"对话框,此时会在对话框的下侧自动生成相应的 WHERE 语句,如图 6-28 所示。

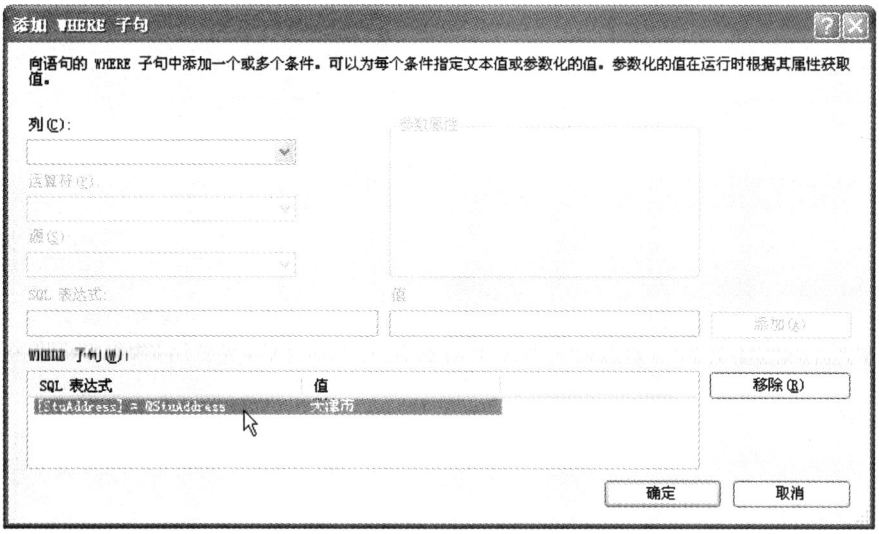

图 6-28 WHERE 子句表达式

单击"确定"按钮后,"配置 Select 子句"窗口如图 6-29 所示。

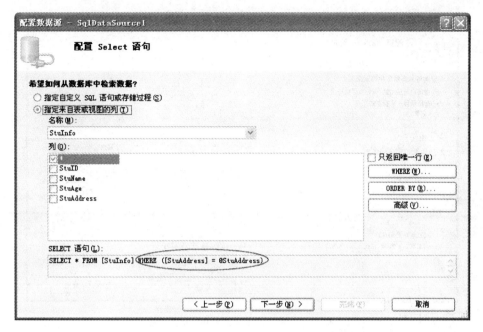

图 6-29 配置好 WHERE 语句的"配置数据源"窗口

（9）还可以对数据进行排序，这时要单击 ORDER BY 按钮，弹出如图 6-30 所示的"添加 ORDER BY 子句"对话框。选择"排序方式"为学号（StuID），选择"升序"单选按钮。

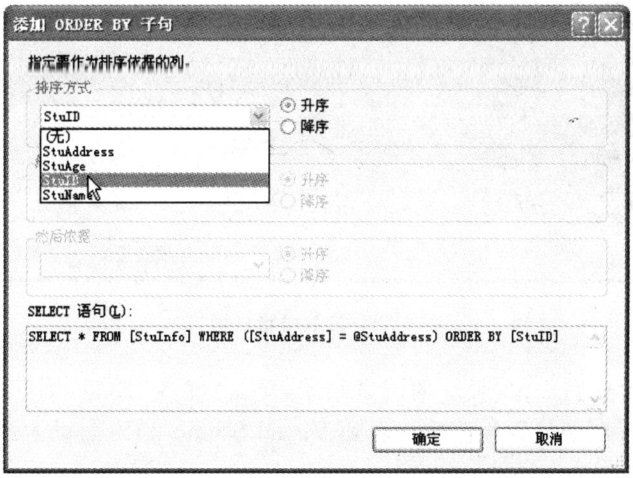

图 6-30 "添加 ORDER BY 子句"对话框

单击"确定"按钮则返回到"配置 Select 语句"对话框，此时会在对话框的下侧自动生成相应的语句，如图 6-31 所示。

（10）单击"下一步"按钮，将会出现"测试查询"对话框，用户可在这里测试自己的选择是否满足要求。单击"测试查询"按钮，出现"参数编辑器"对话框，可选择参数、类型与值，如图 6-32 所示。

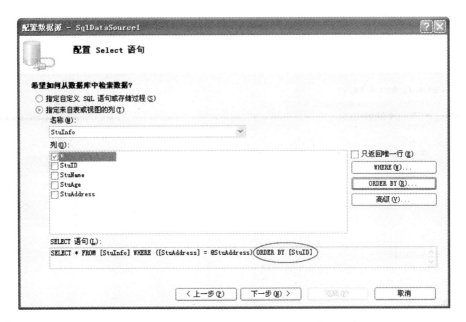

图 6-31　配置好 ORDER BY 语句的"配置数据源"窗口

图 6-32　参数编辑器窗口

(11)确定后出现图 6-33 所示的测试结果,单击"完成"按钮,则配置数据源结束。此时,在 Default.aspx 的源代码视图中将看到 Visual Studio 2010 自动生成代码:

```
<asp:SqlDataSource ID = "SqlDataSource1" runat = "server"
    ConnectionString = "<% $ ConnectionStrings:SampleConnectionString %>"
    SelectCommand = "SELECT * FROM [StuInfo] WHERE ([StuAddress] = @StuAddress) ORDER
BY [StuID]">
    <SelectParameters>
        <asp:Parameter DefaultValue = "天津市" Name = "StuAddress" Type = "String" />
    </SelectParameters>
</asp:SqlDataSource>
<asp:SqlDataSource ID = "SqlDataSource2" runat = "server"></asp:SqlDataSource>
```

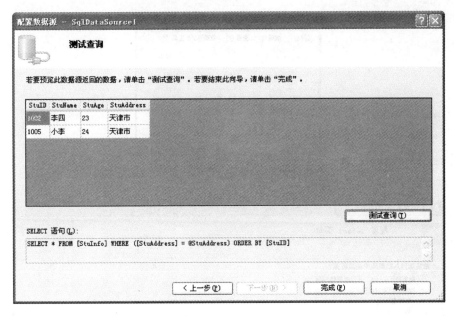

图 6-33 测试查询结果

其中,ConnectionString 语句指定 SqlDataSource 的连接字符串,在向导中已经将连接字符串保存到 web.config 文件中,这里使用了 ASP.NET 特定的数据绑定表达式"<%$ ConnectionStrings%>"绑定到 web.config 配置文件中的 SampleConnectionString 字符串。使用该表达式可指定任何在 web.config 中配置的连接名称。

(12)此时,运行程序还不能看到结果,需将该数据源绑定到显示控件中,如 GridView 控件等,才可以在页面上看到该数据。

在 Default.aspx 的设计视图上,从工具箱的"数据"面板拖曳一个 GridView 控件到页面上,单击该控件右上角的 ▷ 图标,选择 GridView 的数据源为 SqlDataSource1 选项,如图 6-34 所示。

图 6-34 选择 GridView 的数据源为 SqlDataSource1

(13)程序运行结果如图 6-35 所示。

(14)按上述方法为 SqlDataSource2 配置数据源,选中 Student 表的 StuID 列,如图 6-36 所示。

图 6-35　将 GridView 绑定 SqlDataSource 的运行结果

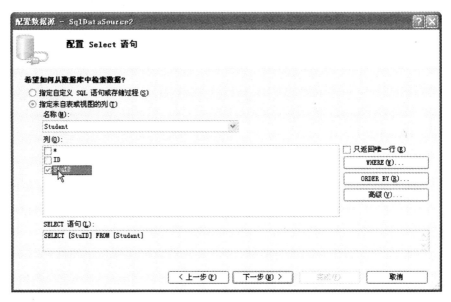

图 6-36　配置 SqlDataSource2 的数据源

（15）在 Default. aspx 的设计视图中拖曳一个 ListBox 控件（ID 为 ListBox1），在 ListBox 属性窗口中设置 DataSourceID 为 SqlDataSource2、DataTextField 为 StuID、DataValueField 为 StuID，如图 6-37 所示。

图 6-37　设置 ListBox1 属性

（16）程序运行结果如图 6-38 所示。

在例 6-6～例 6-8 中，当鼠标选中列表控件的某项后，会自动在另一控件联动显示所选的详细信息。那么在例 6-9 能否也采用 SqlDataSource 控件实现类似的功能呢？

图 6-38 为 ListBox 配置数据源
运行结果

例 6-10 在例 6-9 的基础上实现选中 ListBox 中的某学号，在 GridView 上显示该学号对应学生的详细信息。

（1）打开例 6-9，重新修改 SqlDataSource1 的数据源，在"添加 Where 子句"窗口中，列中选 StuID，"源"下拉列表中的选择共有 7 种方式：

- None 表示该值不是来源于其他地方，直接在当前窗口给出；
- Control 表示值来源于其他控件；
- Cookie 表示值来源于 Cookie；
- Form 表示值来源于窗体；
- Profile 表示值来源于配置文件信息；
- QueryString 表示值来源于查询字符串；
- Session 表示值来源于会话；
- Route 表示 Route 组件。

这里我们希望 GridView 中的显示结果来自 ListBox 控件的选定值，所以我们应该选 Control。控件 ID 下选 ListBox1，如图 6-39 所示。

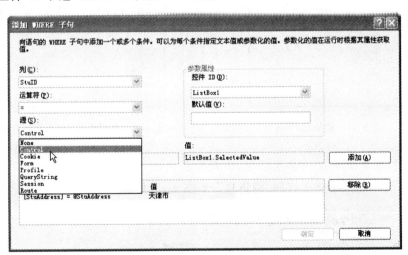

图 6-39 "源"选择 Control

（2）单击"添加"按钮后，会发现最下面的 SQL 表达式有两条，需要移除例 6-9 添加的那条，如图 6-40 所示（否则两条语句就是"AND"的关系，这样只有选择 2 号和 5 号才会显示结果）。

（3）将 ListBox 控件的 AutoPostBack 属性设置为 True。

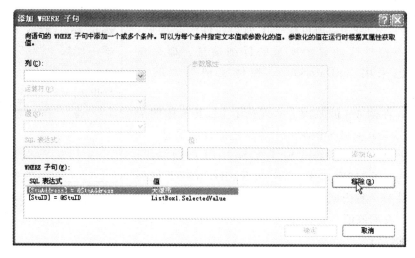

图 6-40　移除例 6-9 创建的 SQL 表达式

（4）运行，一开始只显示 ListBox 中的内容，GridView 不显示，这是因为用户在 ListBox 中尚未选中任何值，如图 6-41 所示。选中"1003"，这时 GridView 中只显示学号 "1003"对应学生的详细信息，如图 6-42 所示。

图 6-41　初始运行图

图 6-42　选中学号 1003 后运行图

（5）这时，观察图 6-42 的显示结果，我们发现列名"StuID"等不易读，下一步将其改成 易读的汉字。在 GridView 中选择"编辑列"，如图 6-43 所示。

图 6-43　在 GridView 中选择"编辑列"

（6）在字段窗口中，左下方"选定的字段"中，选中 StuID，将右侧的 HeaderText 属性改为"学号"，如图 6-44 所示。

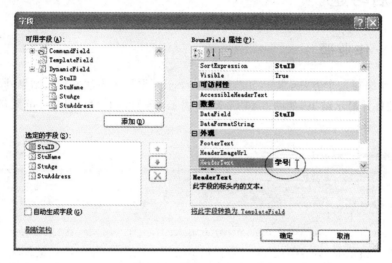

图 6-44　修改 HeaderText

（7）同理，将其他字段分别改为"姓名"、"年龄"、"地址"，此时，运行结果如图 6-45 所示。

图 6-45　字段名修改为中文的运行结果

6.4　小结

本章介绍了 ASP.NET 中的数据绑定技术，首先介绍了简单绑定与复杂绑定，接着讲解了采用 ADO 技术对 RadioButtonList、CheckBoxList 控件和 DropDownList 进行数据绑定的方法，最后详细讲解了如何采用 SqlDataSource 控件配置数据源来代替 ADO.NET 技术，从而实现对 ListBox 控件和 GridView 进行数据绑定的方法。本章例题主要用于演示数据绑定技术，其中用到了 GridView 和 DataList 控件，其详细用法参见后续数据控件章节。

6.5 课后习题

6.5.1 作业题

1. 用 C# 编写一个方法，求 1000！。用 JavaScript 调用该方法并输出结果，同时绑定该方法到 Label 控件并显示结果，如图 6-46 所示。（提示，因 1000！结果太大，可采用 BigInteger 来求解）

图 6-46 数据绑定求 1000！

2. 采用 SqlDataSource 控件，使 DropDownList 控件只显示 College 数据库 Student 表中的男生姓名，如图 6-47 所示。选中某男生后，在 GridView 控件中显示该生的详细资料，如图 6-48 所示。

图 6-47 选中某男生

图 6-48 显示该男生详细信息

6.5.2 思考题

<％♯％>、<％＝％>与<％％>有什么区别?

6.6 上机实践题

编写公共类,查询列车信息表的数据。可以根据车次,如果不提供车次信息查询所有的列车信息,将查询结果绑定到 GridView 控件。

第7章

数据控件

在 Visual Studio 2010 工具箱的数据栏中,提供了几个开发 ASP.NET 应用程序的重量级数据控件,用于在 Web 页中显示数据。这几个控件的功能强大,使用灵活,在应用系统开发中的使用频率也相当高。本章将详细介绍 GridView、DataList、DetailsView 和 FormView 等几个数据控件。

本章主要学习目标如下:

- 了解数据控件的不同机制及它们的属性与操作;
- 熟练掌握 GridView 控件分页、排序、编辑、更新、删除等操作;
- 熟练掌握 DataList 控件自定义的分页、排序、编辑、更新、删除等操作;
- 理解掌握 DetailsView、FormView 和 ListView 等几个数据控件的使用。

7.1 GridView 控件

在第 5 章和第 6 章中已提及并使用过 GridView 控件。它是一个显示二维表格的数据控件,每列表示一个字段,每行表示一条记录。GridView 控件中的每一列由一个 DataControlField 对象表示,默认情况下由系统根据所绑定的表格数据为每一列自动生成一个 AutoGenerateField 对象,当然用户也可通过自定义的方式来指定每一列的显示。通过使用 GridView 控件,可以显示、编辑和删除多种不同的数据源(例如数据库、XML 文件和公开数据的业务对象)中的数据。

GridView 控件为用户提供了如下功能:

(1) 通过数据源控件自动绑定和显示数据。

(2) 通过数据源控件对数据进行选择、排序、分页、编辑和删除。

(3) 可通过执行以下操作,来自定义 GridView 控件的外观和行为。

- 指定自定义的列和样式;
- 利用模板创建自定义用户界面(UI)元素;
- 通过处理事件将自己的代码添加到 GridView 控件的功能中。

7.1.1 GridView 控件的常用属性、方法及事件

（1）GridView 控件的常用属性如表 7-1 所示。

表 7-1 GridView 控件的常用属性

属　　性	说　　明
AllowPaging	该值指示是否启用分页功能
AllowSorting	该值指示是否启用排序功能
AlternatingRowStyle	设置 GridView 控件中交替数据行的外观
Columns	获取 GridView 控件中列字段的集合
DataKeyNames	该值指示 GridView 控件中主键字段的名称集合
DataKeys	该值指示 GridView 控件中每一行的数据键值
DataSource	获取或设置对象，数据控件从该控件中检索其数据项列表
DataSourceID	获取或设置控件的 ID，数据绑定控件从该控件中检索其数据项列表
EditIndex	该值指示要编辑行的索引
Enabled	该值指示是否启用 Web 服务器控件
PageCount	该值指示在 GridView 控件中显示数据源记录所需的页数
PageIndex	该值指示当前页的索引
PageSize	该值指示 GridView 控件在每一页中显示数据的数目
SelectedDataKey	该值指示 GridView 控件中选中行的数据键值
SelectedIndex	该值指示 GridView 控件中选中行的索引
SelectedRow	该值指示 GridView 控件中选中的行
SelectedValue	该值指示 GridView 控件中选中行的数据键值
SortExpression	该值指示与正在排序的列的排序表达式
ShowFooter	该值指示是否在 GridView 控件中显示脚注行
ShowHeader	该值指示是否在 GridView 控件中显示标题行

（2）GridView 控件的常用方法如表 7-2 所示。

表 7-2 GridView 控件的常用方法

方　　法	说　　明
DataBind	将数据源绑定到 GridView 控件
DeleteRow	从数据源中删除位于指定索引位置的记录
FindControl	在当前的命名容器中搜索指定的服务器控件
Focus	为控件设置输入焦点
GetType	获取当前实例的 Type
HasControls	确定服务器控件是否包含任何子控件
Sort	根据指定的排序表达式对 GridView 控件进行排序
UpdateRow	使用行的字段值更新位于指定行索引位置的记录

（3）GridView 控件的常用事件如表 7-3 所示。

表 7-3　GridView 控件的常用事件

事　件	说　明
DataBinding	GridView 控件绑定到数据源时立即触发
DataBound	GridView 控件绑定到数据源后触发
PageIndexChanged	在单击导航按钮时 GridView 控件页发生变化之后
PageIndexChanging	在单击导航按钮时 GridView 控件页发生变化时
PreRender	在 GridView 控件加载之后、呈现之前
RowCancelingEdit	单击编辑模式中"取消"按钮后在退出编辑之前
RowCommand	当单击 GridView 控件中的按钮时
RowCreated	在 GridView 控件中创建行时
RowDataBound	在 GridView 控件中将数据绑定到数据行时发生
RowDeleted	在 GridView 控件中删除行之后
RowDeleting	在 GridView 控件中删除行之前
RowEditing	在 GridView 控件中编辑行之前
RowUpdated	在 GridView 控件中更新行之后
RowUpdating	在 GridView 控件中更新行之前
SelectedIndexChanged	在 GridView 控件中选择行之后
SelectedIndexChanging	在 GridView 控件中选择行之前
Sorted	在 GridView 控件中排序操作处理之后
Sorting	在 GridView 控件中排序操作处理之前

7.1.2　绑定 GridView 控件数据源

参见 6.3.1 节中的例 6-8。

7.1.3　定制 GridView 控件的列

使用 GridView 控件显示数据库内容,在默认情况下,GridView 控件将根据数据源的数据类型来自动设定字段,但由系统自动生成的数据显示表格往往比较单调或不能达到开发人员预期的效果,所以往往需要开发人员自己定制 GridView 控件的列,即把 GridView 控件设计为可以让开发人员轻松自定义列样式、列的显示格式等。

GrideView 控件中的每一列都是一个 DataControlField 类,GridView 从该类中派生了多个子类,让 GridView 的列呈现方式更具有选择性,表 7-4 列出了 GridView 控件常用的列类型。

表 7-4　GridView 控件常用的列类型

列字段类型	说　明
BoundField	显示数据源中某个字段的值。GridView 控件的默认列类型
ButtonField	为 GridView 控件中的每个项显示一个命令按钮。这使用户可以创建一列自定义按钮控件,如"添加"按钮或"移除"按钮
CheckBoxField	为 GridView 控件中的每一项显示一个复选框。此列字段类型通常用于显示具有布尔值的字段
CommandField	显示用来执行选择、编辑或删除操作的预定义命令按钮

续表

列字段类型	说　明
HyperLinkField	将数据源中某个字段的值显示为超链接。此列字段类型用户可以将另一个字段绑定到超链接的 URL
ImageField	为 GridView 控件中的每一项显示一个图像
TemplateField	根据指定的模板为 GridView 控件中的每一项显示用户定义的内容。此列字段类型用户可以创建自定义的列字段

BoundField 是默认的列类型，该列将数据库中的字段显示为纯文本。默认情况下，Visual Studio 2010 将为数据源中的列生成这种字段类型，Visual Studio 2010 提供了一个可视化的列编辑器，大大简化了开发人员创建列的工作。对于大多数 GridView 的控件应用，只需要使用该字段编辑器就可以完成大多数的工作，如图 7-1 所示。

图 7-1　GridView 控件的列字段编辑器

在该窗口的"可用字段"列表框中列出了当前数据源中的字段，以及如表 7-4 中所列的字段。在"选定的字段"列表框中列出了当前 GridView 控件中正在使用的字段。当在"选定的字段"中选择不同的列字段类型时，右侧的属性窗口列表将列出该字段相关的属性。

如图 7-1 所示对话框右侧显示的是 BoundField 字段的属性，该字段类型的属性描述如表 7-5 所示。

表 7-5　BoundField 字段的属性

属　性	描　述
DataField	指定列将要绑定的字段的名称，如果是数据表则为数据表的字段，如果是对象，则为该对象的属性
DataFormatString	用于格式化 DataField 显示的格式化字符串，例如如果需要为 UnitPrice 指定 4 位小数，则可以为该列指定{0:F4}，默认情况下，只有当包含 BoundField 对象的数据绑定控件处于只读模式时，格式化字符串才应用到字段值。若要在编辑模式中将格式化字符串应用到字段值，则需要将 ApplyFormatInEditMode 属性设置为 true。另外对于日期型字段，该属性会受到 HtmlEncode 字段影响，需要将该属性设为 false

续表

属　性	描　述
ApplyFormatInEditMode	是否将格式应用到编辑模式,默认值是 false
HeaderText,FooterText HeaderImageUrl	前两个属性用于设置列头和列尾区显示的文本。HeaderText 属性通常用于显示列名称。列尾可以显示一些统计信息
ReadOnly	列是否只读,默认情况下,主键字段将会是只读,只读字段将不会进入"插入"或"编辑"模式
InsertVisible	列是否能进入编辑模式,该属性在运行时通过编程控制哪些列可以进行插入,非常有用
Visible	列是否可见。如果设置为 false,则不产生任何 HTML 输出
SortExpression	指定一个用于排序的表达式
HtmlEncode	默认值为 true,指定是否对显示的文本内容进行 HTML 编码
NullDisplayText	当列为空值时,将显示的文本
ConvertEmptyStringToNull	如果设为 true,当提交编辑时,所有的空字符将被转换为 null 值
ControlStyle HeaderStyle FooterStyle ItemStyle	用于设置列的呈现样式

下面举一个实例演示如何绑定 GridView 数据源并定制其显示 BoundField、HyperLinkField 和 ButtonField 列。

例 7-1　新建一个 ASP.NET 网站,其名称为 Ch7-1,该网站的默认主页为 Default. aspx,在该站点的默认主页上拖曳两个 SqlDataSource 控件和两个 GridView。

(1) 数据库准备。

按照 5.1.3 节的方法创建(或附加)一个名为 Sample 的数据库并添加名称为 Student 和 StuInfo 的表。(Sample 数据库.mdf 和.ldf 文件在源代码 Chapter5 文件夹中)。

(2) 按照 6.3 节中例 6-9 的方法为 SqlDataSource1 配置数据源。

(3) 绑定 GridView1 和 GridView2 的数据源均为 SqlDataSource1。

(4) 设置 GridView1 的 BoundField 字段名称为中文(参照 6.3 节例 6-10)。

(5) 定制 GridView2 的 HyperLinkedField 和 ButtonField。

① 为了能从 GridView2 的超级链接点链接到指定页面,需添加一个新的 Web 窗体,命名为 GridView_HyperLinkedField.aspx,在其页面写上文字:"这是 GridView_HyperLinkedField"。

② 在解决方案资源管理器粘贴两个 *.ico 文件,分别命名为"01.ico"和"2.ICO"(两个 ico 文件用于在 GridView 中显示图像)。

③ 选中 GridView2 的控件,单击 图标,选择"编辑列"选项。

④ 在"字段"对话框的"可用字段"项中选中 HyperLinkField 选项,单击"添加"按钮。在右侧窗口的"HyperLinkField 属性"中设置 HeaderImageUrl 为"~/01.ico",Text 为"链接",NavigateUrl 为"~/GridView_HyperLinkedField.aspx",如图 7-2 所示。

⑤ 在"字段"对话框的"可用字段"项中选中 ButtonField 选项,单击"添加"按钮。在右侧窗口的"ButtonField 属性"中设置 HeaderImageUrl 为"~/2.ICO",Text 为"按钮",CommandName 为"xyz",如图 7-3 所示。

⑥ 设置 GridView2 的属性 AutoGenerateColumns 为 True,此时 GridView2 如图 7-4 所示。

图 7-2　在"字段"对话框中设置 HyperLinkField

图 7-3　在"字段"对话框中设置 ButtonField

🐭🐰	数据绑定 Col0	数据绑定 Col1	数据绑定 Col2
链接 按钮	abc	0	abc
链接 按钮	abc	1	abc
链接 按钮	abc	2	abc
链接 按钮	abc	3	abc
链接 按钮	abc	4	abc

图 7-4　设置完成 HyperLinkField 和 ButtonField 后的 GridView 控件

（6）选中 GridView2 控件，映射 RowCommand 事件的函数为"xyz"。按回车键后，编辑 Default.aspx.cs 中的 xyz 函数。代码如下：

```
protected void xyz(object sender, GridViewCommandEventArgs e)
{
```

```
Response.Write("<script>alert('xyz')</script>");
}
```

(7) 此时运行结果如图 7-5 所示。当单击 GridView2 的"链接"时,链接到"GridView_HyperLinkedField.aspx",如图 7-6 所示。当单击 GridView2 的"按钮"时,再现页面消息对话框,如图 7-7 所示。

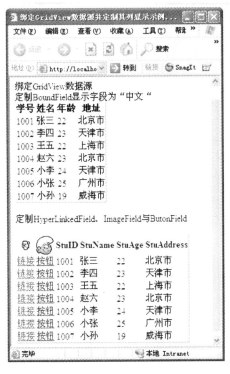

图 7-5 绑定 GridView 数据源定制 GridView 列结果

图 7-6 链接到 GridView_HyperLinkedField.aspx

图 7-7 消息对话框

7.1.4 使用 GridView 控件的模板列

GridView 控件使用 TemplateField 来创建自定义的模板列,当用户在 GridView 控件中使用模板列时,需要根据不同的 GridView 位置来编辑不同的模板列。例如想自定义 GridView 控件的表头,可以编辑 HeaderTemplate 模板,对于每一行可以编辑 ItemTemplate 模板。GridView 控件的模板分类及功能如表 7-6 所示。

表 7-6　**GridView 控件的模板列**

模　板	说　明
AlternatingItemTemplate	为交替项指定要显示的内容
EditItemTemplate	为处于编辑模式中的项指定要显示的内容
FooterTemplate	为对象的脚注部分指定要显示的内容
HeaderTemplate	为表头部分指定要显示的内容
InsertItemTemplate	为处于插入模式中的项指定要显示的内容。只有 DetailsView 控件支持该模板
ItemTemplate	为 TemplateField 对象中的项指定要显示的内容

通过使用模板列,能实现许多功能。下面举一实例来说明模板列的使用。

例 7-2　新建网站,将默认的学号列修改为一个超链接的模板列,单击相应的学号将在一个新的页面中显示该学生的详细信息,并可修改学生信息。

(1) 新建一个网站,名称为 Ch7-2,其默认主页为 Default.aspx。在主页的设计视图中放置一个 SqlDataSource 控件和一个 GridView 控件,其中将 SqlDataSource 控件绑定到 Sample 数据库的 Student 数据表,如图 7-8 所示。该数据表只有编号列和学号列。

图 7-8　配置 SqlDataSource 数据源

(2) 将 GridView1 的数据源选择为刚刚绑定好数据的 SqlDataSource1 控件。

(3) 单击"GridView 任务"窗口的"编辑列"项,在弹出的"字段"对话框中选中 StuID,单击右下角的"将此字段转换为 TemplateField"项,如图 7-9 所示。切换到代码视图,会发现 <asp:BoundField> 已经被移除,取而代之的是 <asp:TemplateField> 字段。

(4) 在"GridView 任务"窗口中单击"编辑模板"项,如图 7-10 所示,则出现如图 7-11 所示的"编辑模板"窗口。单击"显示"下拉列表,在弹出的菜单中可以选择所要显示的模板,以便进行编辑。开发人员可以向其模板中添加控件,编辑数据绑定。

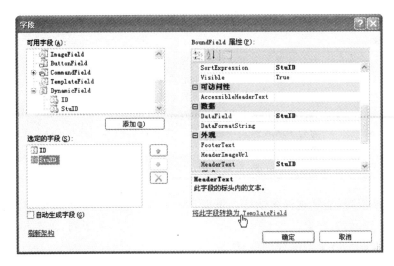

图 7-9　配置模板列字段

图 7-10　"编辑模板"选项

图 7-11　GridView 模板编辑窗口

（5）本实例希望在浏览状态下将学号显示为超链接，所以进入 ItemTemplate 模板编辑窗口，删除默认的 Label 标签，从工具箱中拖曳一个 Hyperlink 控件到模板中，在自动出现的 HyperLink 任务中单击"编辑 Data Bindings"，如图 7-12 所示。

（6）出现 HyperLink1 DataBindings 对话框，设置 Text 绑定到 StuID，如图 7-13 所示。

（7）设置 NavigateUrl 字段绑定到 StuID，格式为

图 7-12　选择 ItemTemplate

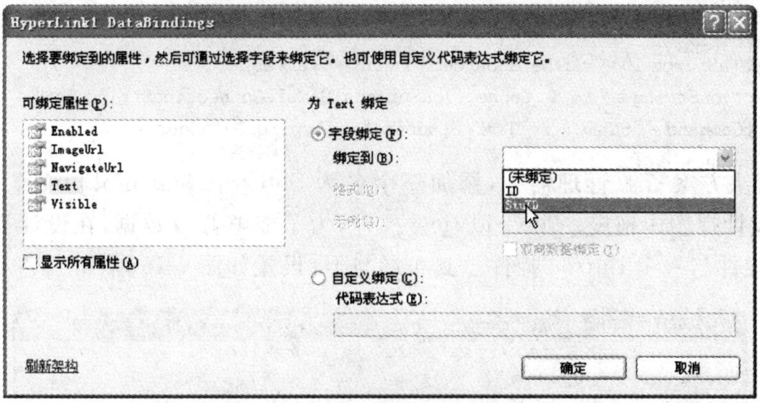

图 7-13 Text 的字段绑定设置

"ShowStudentInfoDetails. aspx？ StuID＝{0}",如图 7-14 所示。

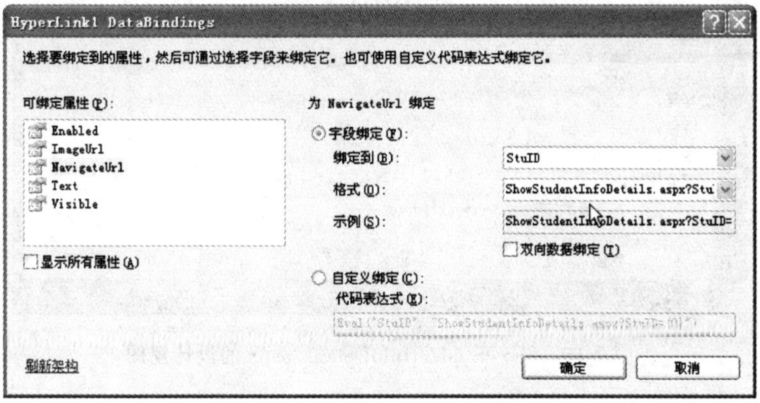

图 7-14 NavigateUrl 字段绑定设置

（8）此时,页面 Default. aspx 的源代码视图的关键代码如下:

```
< asp:GridView ID = "GridView1" runat = "server" AutoGenerateColumns = "False"
    DataKeyNames = "StuID" DataSourceID = "SqlDataSource1">
    < Columns >
        < asp:BoundField DataField = "ID" HeaderText = "ID" InsertVisible = "False"
            ReadOnly = "True" SortExpression = "ID" />
        < asp:TemplateField HeaderText = "StuID" SortExpression = "StuID">
            < EditItemTemplate >
                < asp:Label ID = "Label1" runat = "server" Text = '<% # Eval("StuID") %>'>
</asp:Label >
            </EditItemTemplate >
            < ItemTemplate >
                < asp:HyperLink ID = "HyperLink1" runat = "server"
                    NavigateUrl = '<% # Eval("StuID", "ShowStudentInfoDetails.aspx?StuID =
{0}") %>'> HyperLink </asp:HyperLink >
            </ItemTemplate >
        </asp:TemplateField >
```

```
        </Columns>
    </asp:GridView>
    <asp:SqlDataSource ID = "SqlDataSource1" runat = "server"
        ConnectionString = "<% $ ConnectionStrings:SampleConnectionString %>"
        SelectCommand = "SELECT * FROM [Student]"></asp:SqlDataSource>
```

（9）在解决方案资源管理器中，添加一个名为 ShowStudentInfoDetails.aspx 的页面。在该页面的设计视图中拖曳一个 GridView 控件，为了能够修改数据，在设计视图中拖曳四个 TextBox 控件与一个 Button 控件。其布局与 ID 设置如图 7-15 所示。

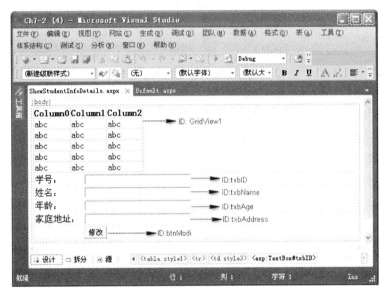

图 7-15   ShowStudentInfoDetails.aspx 的设计视图

（10）在 ShowStudentInfoDetails.aspxcs 中添加 GridView_Bind 私有函数，代码如下：

```
private void GridView_Bind()
{
    using (SqlConnection connection = new SqlConnection(getConnectionString()))
    {
        SqlCommand command = new SqlCommand();
        command.Connection = connection;
        command.CommandText = "Select * from StuInfo where StuID = @StuID";
        command.CommandType = CommandType.Text;
        connection.Open();
        command.Parameters.AddWithValue("@StuID", Request["StuID"]);
        SqlDataAdapter adapter = new SqlDataAdapter(command);
        /* SqlDataAdapter da = new SqlDataAdapter();
         da.SelectCommand = command; */
        DataSet dataSet = new DataSet();
        //adapter.Fill(dataSet);
        adapter.Fill(dataSet, "StuInfo");
        this.GridView1.DataSource = dataSet; //OR GridView1.DataSource = dataSet.Table[0];
        this.GridView1.DataBind();
            //以下注释是以不同方法实现
```

```
/* DataRow[] rows = dataSet.Tables[0].Select();
foreach(DataRow rs in rows)
{
    this.txbID.Text = rs["StuID"].ToString();
    //this.txbID.Text = dataSet.Tables[0].Rows[0]["StuID"].ToString();
    this.txbName.Text = rs["StuName"].ToString();
    this.txbAge.Text = rs["StuAge"].ToString();
    this.txbAddress.Text = rs["StuAddress"].ToString();
} */
this.txbID.Text = dataSet.Tables[0].Rows[0]["StuID"].ToString();
//this.txbName.Text = dataSet.Tables[0].Rows[0]["StuName"].ToString();
this.txbName.Text = dataSet.Tables[0].Rows[0][2].ToString();
this.txbAge.Text = dataSet.Tables[0].Rows[0]["StuAge"].ToString();
this.txbAddress.Text = dataSet.Tables["StuInfo"].Rows[0]["StuAddress"].ToString();
adapter.Dispose();
dataSet.Dispose();
    }
}
```

（11）在 Page_Load 函数中，调用 GridView_Bind 函数。代码如下：

```
protected void Page_Load(object sender, EventArgs e)
{
    if (!IsPostBack)
    {
        GridView_Bind();
    }
}
```

（12）双击 ID 为 btnMode 的 Button 按钮，映射 Click 函数。代码如下：

```
protected void btnModi_Click(object sender, EventArgs e)
{
    using (SqlConnection connection = new SqlConnection(getConnectionString()))
    {
        SqlCommand command = new SqlCommand();
        command.Connection = connection;
        command.CommandText = "Update  StuInfo set StuID = '" + txbID.Text + "',StuName =
'" + txbName.Text + "',StuAge = '" + txbAge.Text + "',StuAddress = '" + txbAddress.Text +
"' where StuID = '" + Convert.ToInt32(Request["StuID"].Trim()) + "'";
        command.CommandType = CommandType.Text;
        connection.Open();
        try
        {
            int i = command.ExecuteNonQuery();
            if (i < 0)
            {
                Response.Write("<script>alert('操作失败,请重试!')</script>");
            }
            else
            {
                Response.Write("<script>alert('修改成功!')</script>");
```

```
            this.txbID.Text = "";
            this.txbName.Text = "";
            this.txbAge.Text = "";
            this.txbAddress.Text = "";
        }
        command.Dispose();
    }
    catch(Exception ex)
    {
        Response.Write("< script > alert(ex.Message)</script >");
        command.Dispose();
    }
    }
}
```

(13) 单击 Default.aspx 运行程序,结果如图 7-16 所示。当单击某一 StuID 时,出现如图 7-17 所示的窗口,单击"修改"按钮运行结果如图 7-18 所示;再单击消息对话框的"确定"按钮时,返回图 7-17 所示的页面。

图 7-16　GridView 控件的模板列运行结果(1)

图 7-17　GridView 控件的模板列运行结果(2)

图 7-18　GridView 控件的模板列运行结果(3)

7.1.5 GridView 控件的选择功能与设置控件外观

GridView 控件允许用户选择某一条记录,通过使用"GridView 任务"窗口启用了选择功能,GridView 控件会增加一个"选择"命令按钮。

下面举一实例,该实例演示如何启用 GridView 选择功能并设置选中 GridView 控件某行时的外观。

例 7-3 新建一个网站,命名为 Ch7-3,默认主页为 Default.aspx,在其设计视图中拖曳一个 GridView 控件和一个 SqlDataSource 控件。配置 SqlDataSource1 的数据源为 Sample 数据库中的 StuInfo 表中的所有字段。

(1) 单击 GridView 控件的右侧的图标,在"GridView 任务"窗口中选择数据源为"SqlDataSource1",然后选中"启用选定内容"选项,如图 7-19 所示。

图 7-19 启用选定内容

(2) 设置 GridView 选中行的外观。当在 GridView 控件中选择一行时,可通过 GridView 控件的 SelectedRowStyle 属性设置选中的效果。可使用属性面板直接进行设置,图 7-20 是在 GridView 的属性面板中的具体设置。

(3) 运行后,选中任何一行,都能出现刚才设置的结果,如图 7-21 所示。

图 7-20 设置 GridView 的 SelectedRowStyle

图 7-21 GridView 选择与外观设置

此时其源视图代码如下:

```
< SelectedRowStyle BackColor = "Yellow" BorderStyle = "Dotted" BorderWidth = "2px"
```

Font – Bold = "True" Font – Italic = "True" />

在例 7-3 中,能否选中一个 GridView 控件的某行,让同一页面上的另一个 GridView 控件绑定信息发生变化,让两个表联动呢? 其实这个功能的实现非常简单,下面用实例演示一下。

例 7-4 新建一个网站,命名为 Ch7-4,默认主页为 Default.aspx,在其设计视图中拖曳两个 SqlDataSource 控件和两个 GridView 控件(ID 均为系统默认)。

(1) 数据库准备。SQL Server 2008 中,在"aaa 数据库"中新建或导入 Product 和 Order 数据表,并填充数据。

(2) 使用 aaa 数据库的 products 表为 SqlDataSource1 配置数据源,配置的 Select 语句如图 7-22 所示。

图 7-22 配置 SqlDataSource1 的数据源——配置 Select 语句

(3) 使用 aaa 数据库的 Order Details 表为 SqlDataSource2 配置数据源,如图 7-23 所示。

(4) 单击 WHERE 按钮,弹出"添加 WHERE 子句"界面,具体设置如图 7-24 所示。

(5) 设置 GridView1 绑定数据源为 SqlDataSource1。设置 GridView2 绑定数据源为 SqlDataSource2。按图 7-19 和图 7-20 为 Gridview1 启用选定内容并设置 SelectedRowStyle 属性。将 GridView1 的 DataKeyNames 属性设置为 ProductID。

(6) 运行,选择 GridView1 中 ProductID 为 66 的产品,在 GridView2 中显示其对应信息,如图 7-25 所示。

(7) 此时发现两个问题。

① 选择 Products 表后,整个页面刷新,回到页面首部。

② Products 表记录太多,不易做演示。

(8) 解决方法。

① 在 Default.aspx 的源代码视图中首行设置 MaintainScrollPositionOnPostback =

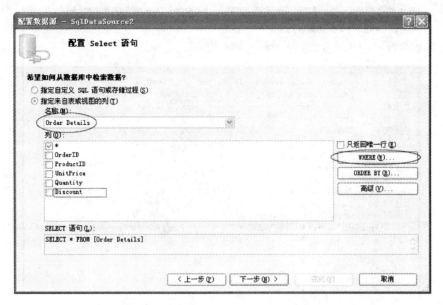

图 7-23 配置 SqlDataSource2 的数据源——配置 Select 语句

图 7-24 配置 SqlDataSource2 的数据源——添加 WHERE 子句

"true",具体代码如下：

```
<%@ Page Language = "C#" MaintainScrollPositionOnPostback = "true" AutoEventWireup = "true"
CodeFile = "Default.aspx.cs" Inherits = "_Default" %>
```

② 让 Products 表只显示前 10 个记录，Select 后面加上"Top 10"即可。

```
<asp:SqlDataSource ID = "SqlDataSource1" runat = "server"
    ConnectionString = "<%$ ConnectionStrings:aaaConnectionString %>"
     SelectCommand = " SELECT Top 10 [ProductID], [ProductName], [QuantityPerUnit],
[UnitPrice], [UnitsInStock], [UnitsOnOrder] FROM [Alphabetical list of products]">
</asp:SqlDataSource>
```

（9）此时运行结果如图 7-26 所示。

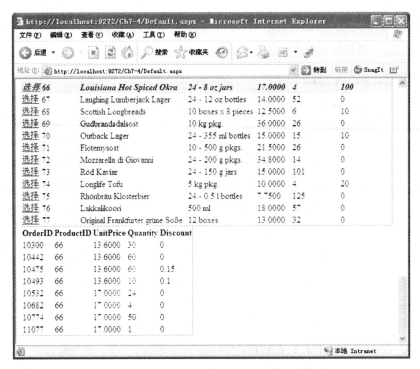

图 7-25 选择 GridView 数据行实现表联动结果 1

图 7-26 选择 GridView 数据行实现表联动结果 2

7.1.6 GridView 控件的分页和排序功能

GridView 控件允许用户对记录进行排序分页,通过使用"GridView 任务"窗口可启用其分页和排序功能,GridView 控件会增加一个"页码"命令按钮,如图 7-27 所示。

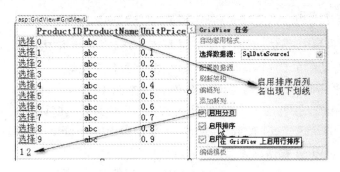

图 7-27 设置 GridView 控件的分页和排序

1. 分页功能

GridView 控件具有多个控制分页外观的设置项,要设置其选项需到属性面板,找到 PagerSettings 属性,展开这个属性后,会有很多与分页相关的设置,下面分别解释这些属性的用途。

- FirstPageImageUrl:为第一页链接指定一个图像 URL。
- FirstPageText:为第一页链接指定一个链接文本。
- LastPageImageUrl:为最后一页链接指定一个图像 URL。
- LastPageText:为最后一页链接指定一个链接文本。
- Mode:定义页面链接的顺序,可以为 NextPrevious、Numeric、NextPreviousFirstLast 或 NumericFirstLast。
- NextPageImageUrl:为下一页链接指定一个图像 URL。
- NextPageText:为下一页链接指定一个链接文本。
- Position:定义页面链接相对于 GridView 控件的位置,可接收的值包括 Bottom、Top 和 TopAndBottom。
- PreviousPageImageUrl:为前一页链接指定一幅图像 URL。
- PreviousPageText:为前一页链接指定一个链接文本。
- Visible:指定页面分页链接是否显示。

还可在 PagerTemplate 模板中进行分页设计。另外,GridView 提供了 PagerStyle 属性,可设置分页的样式,如果要指定每页显示的记录数,可设置 GridView 控件的 PageSize 属性。GridView 的分页只是在客户端分页,如果数据量成千上万,应该考虑在服务器端进行分页。

2. 排序功能

当在 GridView 控件的任务面板中选择"启用排序"项后,GridView 控件的 AllowSorting 属性被设为 True,列头属性将输出为一个链接。当用户单击该链接时,将会自动进行排序。GridView 自动记住每次单击是升序还是降序,多次单击会在升序和降序之间进行切换。开发人员可通过处理 RowDataBound 事件来自定义排序的外观,也可通过调用 GridView 的 Sort 方法来手动进行排序。

3. 分页与排序实例

该实例演示设置 GridView 控件的分页与排序功能,并映射 RowDataBound 等事件委托函数,以实现当鼠标在 GridView 控件移动时的背景色变化等。

例 7-5 新建一个网站,命名为 Ch7-5,默认主页为 Default.aspx。在其设计视图中拖曳一个 SqlDataSource 控件与一个 GridView 控件(ID 均为系统默认)。

(1) 配置 SqlDataSource1 的数据源为"aaa 数据库中的 Products 表"。方法同前。

(2) 绑定 GridView 数据源为 SqlDataSource1。

(3) 按照图 7-27 所示的方法,设置 GridView1 控件的"启用分页"与"启用排序"。

(4) 设置分页属性。

① 右击 GridView1 控件,选择"属性"选项,在其属性窗口中将 GridView 控件的 AllowPaging 和 AllowSorting 属性均设置为"True"。

② 在 GridView1 的属性窗口中找到 PageSettings,设置其属性如下。

* FirstPageText:"首页"(导航到"第一页"显示的文本)。
* LastPageText:"尾页"(导航到"最后一页"显示的文本)。
* Mode:"NumericFirstLast"。

导航具有如下模式。

* NextPrevious:导航条只显示"下一页"和"前一页"。
* Numeric:导航条只显示"数字"。
* NextPreviousFirstLast:导航条显示"下一页"、"前一页"、"第一页"和"最后一页"。
* NumbericFirstLast:导航条显示"第一页"、"…"、"数字"、"…"和"最后一页"。此时"数字"显示几个用 PageButtonCount 属性来确定。

③ PageButtonCount:"3"。

* NextPageText:"下一页"。
* PreviousPageText:"前一页"。
* Position:导航条位于 GridView 控件的位置,设置为"TopAndBottom"。

④ PageSize:"10"(表示 GridView1 每页显示 10 条记录)。

具体分页属性设置如图 7-28 所示。

(5) 设置排序事件。

① 在 GridView1 的属性窗口设置其 RowDataBound 事件函数。

将某个数据行绑定到 GridView 控件中的数据以后,将引发 RowDataBound 事件。设置 RowDataBound 事件函数为 GridView1_RowDataBound,代码如下:

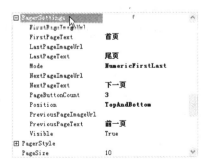

图 7-28 GridView1 的分页属性设置

```csharp
protected void GridView1_RowDataBound(object sender, GridViewRowEventArgs e)
{
    if (e.Row.RowType == DataControlRowType.DataRow)
    {
        //设置产品名为"斜体字"
        e.Row.Cells[1].Text = "<i>" + e.Row.Cells[1].Text + "</i>";
        //设置单价＞50 的用红色表示
        decimal unitprice = decimal.Parse(e.Row.Cells[3].Text.Trim());
        if (unitprice >= 50)
        {
            e.Row.ForeColor = System.Drawing.Color.Red;
            e.Row.Font.Bold = true;
        }
    }
}
```

② 设置 Sorted 事件处理。

Sorted 事件为当排序处理完成后的事件,函数为 GridView_Sorted,代码如下:

```csharp
protected void GridView1_Sorted(object sender, EventArgs e)
{
    Response.Write("已进行了排序");
}
```

(6) 实现当鼠标在 GridView 控件移动时的背景色变化,需映射 RowCreated 事件处理函数 GridView1_RowCreated,其代码如下:

```csharp
protected void GridView1_RowCreated(object sender, GridViewRowEventArgs e)
{
    if (e.Row.RowType == DataControlRowType.DataRow)
    {
        if (e.Row.RowState != DataControlRowState.Selected)
        {
            //当鼠标移到的时候设置该行颜色为"blue",并保存原来的背景颜色
            e.Row.Attributes.Add("onmouseover", "currentcolor = this.style.
backgroundColor;this.style.backgroundColor = '#0000FF';this.style.cursor = 'hand';");
            //当鼠标移走时还原该行的背景色
            e.Row.Attributes.Add("onmouseout", "this.style.backgroundColor =
currentcolor");
        }
    }
}
```

运行结果如图 7-29 所示。可看到 ProductName 字体是"斜体字"。选中的行为"蓝色",鼠标为"手形",单价大于 50 的红色显示。当单击 GridView 中的 UnitPrice 进行排序时,页面增加了"已进行了排序"输出,运行结果如图 7-30 所示。

图 7-29　GridView 控件分页与排序结果 1

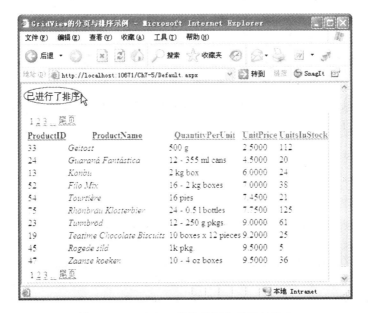

图 7-30　GridView 控件分页与排序结果 2

7.1.7　GridView 控件编辑和删除数据

ASP.NET 的 GridView 控件为用户进行数据的编辑和删除提供了一些可视化的操作方法,操作极为方便。而系统提供的可视化的操作方法一般只能满足简单的数据处理,如果有更高的要求,则需要用户自己定制数据的相关操作。在本节中,将首先介绍系统可视化操作进行数据处理的过程,然后再介绍用户定制数据操作编辑、删除数据处理。

1. 可视化操作 GridView 控件数据的编辑、删除

例 7-6　新建一个网站，其名称为 Ch7-6，默认主页为 Default.aspx，在主页设计视图中放置一个 SqlDataSource 控件和一个 GridView 控件（ID 均为系统默认）。

（1）数据库准备同例 7-4。

（2）配置 SqlDataSource1 的数据源为 aaa 数据库中的 Products 表。

（3）选择 GridView1 的数据源为 SqlDataSource1。

（4）分别配置 GridView 中的 AutoGenerateDeleteButton 和 AutoGenerateEditButton 属性为 True。此时 Default.aspx 的设计视图如图 7-31 所示。

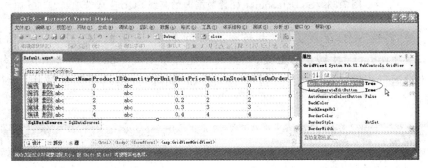

图 7-31　Default.aspx 设计视图

（5）此时运行程序，当编辑某记录并单击"更新"时，出现如图 7-32 所示的错误信息。实质上，此时单击"删除"按钮也会产生"未指定 DeleteCommand 错误信息"，这主要是因为虽然在 GridView 控件中打开了编辑（删除）功能，但是更新（删除）操作需要通过 SqlDataSource 控件将更新的结果写回数据库，而在 SqlDataSource 中却没有启用更新（删除）数据等之类的功能，所以导致上述错误。解决办法是启用 SqlDataSource1 的相应 UpdateCommand 和 DeleteCommand 功能，这就需要重新配置 SqlDataSource1 数据源的高级选项，如图 7-33 所示，将两项全部选中。

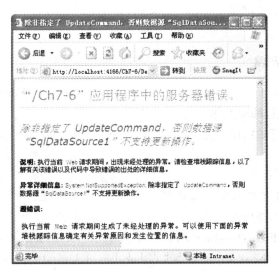

图 7-32　未设置 UpdateCommand 命令时的错误信息

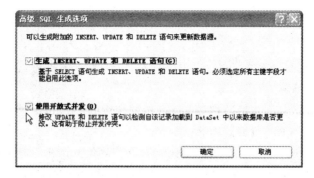

图 7-33　SqlDataSource 配置数据源的高级 SQL 生成选项

注意：若"高级 SQL 生成选项"中两个选项均变灰,需要在 SQL Server Management Studio 中设置 Products 数据表的主键,无主键不能自动生成 Update 和 Delete 语句。

（6）此时运行程序,"编辑"、"更新"、"取消"和"删除"按钮均可正常使用,运行结果如图 7-34 所示。

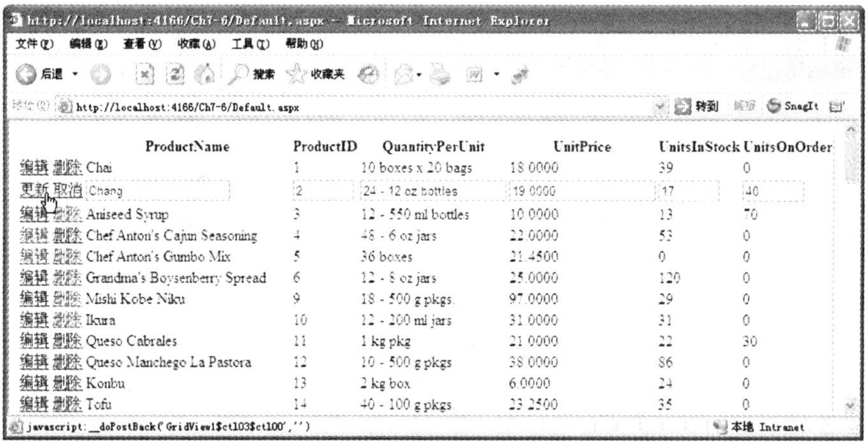

图 7-34　单击 GridView 控件的"编辑"按钮后可更改数据

2. 自定义编辑与删除

自定义编辑主要利用 GridView 控件的 RowCancelingEdit、RowEditing 和 RowUpdating 事件,对指定项的信息进行编辑操作。

例 7-7　新建一个网站、命名为 Ch7-7,默认主页为 Default.aspx,在其设计视图中拖曳一个 GridView 控件。

（1）数据库准备同例 7-4。

（2）为 GridView1 控件自定义编辑列。

先设置 GridView1 控件的 AutoGenerateColumns 为 True,自定义 BoundField 编辑列有"产品编号"（BoundField:ProductID）、"产品名称"（BoundField:ProductName）、"产品单价"（BoundField:UnitPrice）、"产品库存"（BoundField:UnitsInStock）,如图 7-35 所示。

（3）为 GridView1 控件添加"编辑"与"删除"按钮列,同图 7-31。

图 7-35　自定义 GridView1 控件的编辑列 BoundField

（4）当单击"编辑"按钮时，触发 GridView1 控件的 RowEditing 事件，映射 GridView1_RowEditing 函数；单击"更新"按钮时，触发 RowUpdating 事件，映射 GridView1_Updating 函数；单击"取消"按钮时，触发 RowCancelingEdit 事件，映射 GridView1_RowCancelingEdit 函数；单击"删除"按钮时，触发 RowDeleting 事件，映射 GridView1_RowDeleting 函数。其具体设置如图 7-36 所示。

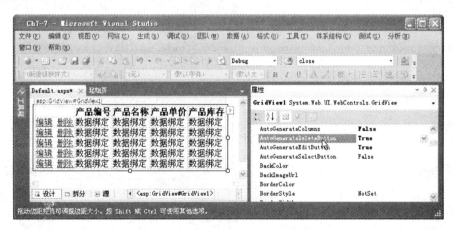

图 7-36　为 GridView 映射事件函数

（5）按例 5-6 的第（3）、第（4）的方法，在 web.config 中保存 aaa 数据库的连接字符串。并编写私有函数 getConnectionString 读取该字符串。

（6）编辑私有函数 GridView1_Bind，代码如下：

```
private void GridView1_Bind()
```

```
    {
        using (SqlConnection connection = new SqlConnection(getConnectionString()))
        {
            SqlCommand command = new SqlCommand();
            command.Connection = connection;
            command.CommandType = CommandType.Text;
            command.CommandText = "SELECT ProductID, ProductName, UnitPrice, UnitsInStock FROM
Products";
            connection.Open();
            SqlDataAdapter adapter = new SqlDataAdapter(command);
            DataSet dataSet = new DataSet();
            adapter.Fill(dataSet, "Products");
            GridView1.DataSource = dataSet.Tables[0];
            GridView1.DataKeyNames = new string[] { "ProductID" };
            GridView1.DataBind();
            adapter.Dispose();
            dataSet.Dispose();
        }
    }
```

(7) 编写 Page_Load 函数,代码如下:

```
protected void Page_Load(object sender, EventArgs e)
{
    if (!IsPostBack)
    {
        GridView1_Bind();
    }
}
```

(8) GridView1 的 RowEditing 代码如下:

```
protected void GridView1_RowEditing(object sender, GridViewEditEventArgs e)
{
    GridView1.EditIndex = e.NewEditIndex;
    GridView1_Bind();
}
```

(9) GridView1 的 RowUpdating 函数代码如下:

```
protected void GridView1_RowUpdating(object sender, GridViewUpdateEventArgs e)
{
    //取得某一列的值
    string ProductID = GridView1.DataKeys[e.RowIndex].Value.ToString();//取得主键
    //因为前面有一按钮列,Cell列后移
    string ProductName = ((TextBox)(GridView1.Rows[e.RowIndex].Cells[2].Controls[0])).
Text.Trim().ToString();
    string UnitPrice = ((TextBox)(GridView1.Rows[e.RowIndex].Cells[3].Controls[0])).Text.
Trim();
    string UnitsInStock = ((TextBox)(GridView1.Rows[e.RowIndex].Cells[4].Controls[0])).
Text.Trim();
    //打开连接、执行更新语句
```

```
        using (SqlConnection connection = new SqlConnection(getConnectionString()))
        {
            SqlCommand command = new SqlCommand();
            command.Connection = connection;
            command.CommandType = CommandType.Text;
            command.CommandText = "UPDATE Products SET ProductName = '" + ProductName + "',
UnitPrice = '" + UnitPrice + "',UnitsInStock = '" + UnitsInStock + "' WHERE ProductID = " +
ProductID;
            connection.Open();
            try
            {
                command.ExecuteNonQuery();
            }
            catch (Exception ex)
            {
                Response.Write("<script>alert(" + ex.Message + ")</script>");
            }
            finally
            {
                command.Dispose();
            }
            GridView1.EditIndex = -1;
            GridView1_Bind();
        }
}
```

（10）GridView1 的 RowCancelingEdit 函数代码如下：

```
protected void GridView1_RowCancelingEdit(object sender, GridViewCancelEditEventArgs e)
{
    GridView1.EditIndex = -1;
    GridView1_Bind();
}
```

（11）GridView1 的 RowDeleting 函数代码如下：

```
protected void GridView1_RowDeleting(object sender, GridViewDeleteEventArgs e)
{
    //取得某一列的值
    string ProductID = GridView1.DataKeys[e.RowIndex].Value.ToString();//取得主键

    using (SqlConnection connection = new SqlConnection(getConnectionString()))
    {
        SqlCommand command = new SqlCommand();
        command.Connection = connection;
        command.CommandType = CommandType.Text;
        command.CommandText = "Delete Products WHERE ProductID = " + ProductID;
        connection.Open();
        try
        {
            command.ExecuteNonQuery();
        }
```

```
catch (Exception ex)
{
    Response.Write("< script > alert(" + ex.Message + ")</script>");
}
finally
{
    command.Dispose();
}
GridView1.EditIndex =  - 1;
GridView1_Bind();
    }
}
```

（12）运行结果如图 7-37 和图 7-38 所示。

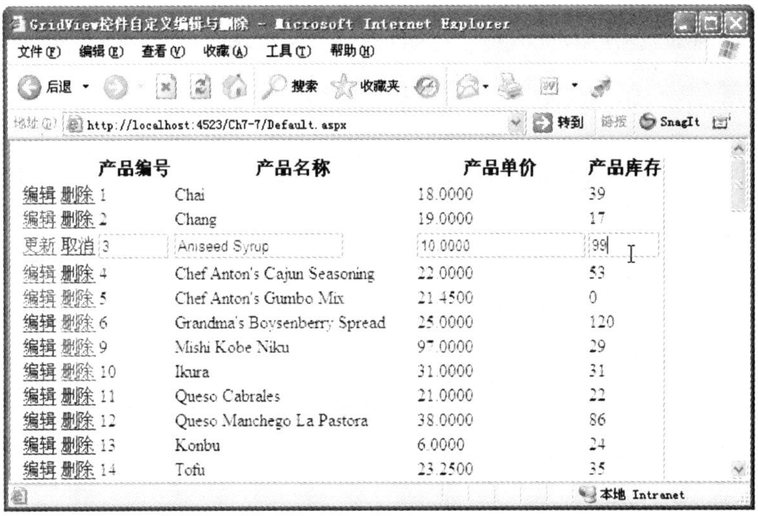

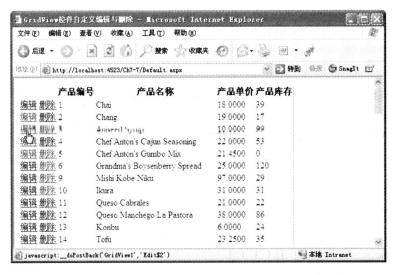

图 7-37　运行结果 1

图 7-38　运行结果 2

7.2　DataList 控件

　　GridView 控件可自定义模板,其实 ASP.NET 为开发人员提供另一个专用于定义模板的控件——DataList 控件。DataList 控件使用可自定义的模板与自定义样式来显示数据,显示数据的格式在创建的模板中定义。在 DataList 控件中也可对数据进行选择、删除及编辑。DataList 控件的最大特点是一定要通过模板来定义数据的显示格式,可以为项、交替项、选定项和编辑项创建模板,也可以使用标题、脚注和分隔符模板自定义 DataList 的整体外观。通过在模板中包括 HTML 元素和控件,可将列表项连接到代码,而这些代码允许用户在显示、选择和编辑模式之间进行切换。

　　GridView、DetailsView 和 FormView 控件可与数据源控件交互,从而支持自动更新和分页。与此相反,DataList 控件不能自动利用数据源控件的更新功能以及自动分页或排序功能。若要使用 DataList 控件执行更新、分页和排序,必须在编写的代码中执行更新任务。这就给用户提供了更大的灵活性,能充分发挥开发人员的聪明才智。

7.2.1　DataList 概述

1. 模板

　　在 DataList 控件中,可使用模板定义显示信息的布局。表 7-7 描述了 DataList 控件支持的模板。

表 7-7　DataList 控件支持的模板

模板属性	说明
ItemTemplate	项模板,包含一些 HTML 元素和控件,将为数据源中的每一行呈现一次这些 HTML 元素和控件。该模板包含默认情况下显示在 DataList 控件中的文本和控件
AlternatingItemTemplate	交替显示项模板,包含一些 HTML 元素和控件,将为数据源中的每两行呈现一次这些 HTML 元素和控件。该模板是一个可选模板,可在其中创建用于其他每条数据记录的布局
SelectedItemTemplate	选择项模板,当用户选择 DataList 控件中的某一项时将呈现这些元素。该模板为通过使用按钮单击或其他操作显式选择的数据记录定义布局。此模板的典型用法是提供数据记录的展开视图或用作主/详细关系的主记录。必须编写代码,才能支持将记录置于选定模式中
EditItemTemplate	编辑项模板,指定当某项处于编辑模式中时的布局。此模板通常包含一些编辑控件,如 TextBox 控件。该模板为数据记录的编辑模式定义布局。通常,EditItemTemplate 属性包含用户可在其中修改数据记录的可编辑控件,如 TextBox 和 CheckBox 控件。必须编写代码,才能将记录置于编辑模式并在完成编辑时保存该记录
HeaderTemplate FooterTemplate	包含在列表的开始(页眉)和结束处(页脚)分别呈现的文本和控件
SeparatorTemplate	包含在每项之间呈现的元素。典型的示例可能是一条直线(使用 HR 元素)

2．样式

若要在模板中指定项的外观，可设置该模板的样式。

每个模板支持其自己的样式对象，可以在设计和运行时设置该样式对象的属性。可以使用如下所示的样式：

- AlternatingItemStyle；
- EditItemStyle；
- FooterStyle；
- HeaderStyle；
- ItemStyle；
- SelectedItemStyle；
- SeparatorStyle。

3．项的布局

DataList 控件使用 HTML 表对应用模板项的呈现方式进行布局。可以控制各个表单元格的顺序、方向和列数，这些单元格用于呈现 DataList 项。表 7-8 描述了 DataList 控件支持的布局选项。

表 7-8   DataList 控件支持的布局选项

布 局 选 项	说 明
流布局	在流布局中，列表项在行内呈现，如同文字处理文档中一样
表布局	在表布局中，列表项在 HTML 表中呈现。由于在表布局中可让用户设置表单元格属性(如网格线)，这就为用户提供了更多可用于指定列表项外观的选项
垂直布局和水平布局	默认情况下，DataList 控件中的项在单个垂直列中显示。但是，可以指定该控件包含多个列。如果这样，可进一步指定这些项是垂直排序(类似于报刊栏)还是水平排列(类似于日历中的日)
列数	不管 DataList 控件中的项是垂直排序还是水平排序，用户都可指定列表将有多少列。这使用户能够控制网页呈现的宽度，通常可避免水平滚动

DataList 提供以下三个属性来设置其项的布局。

- RepeatLayout：控制 DataList 控件显示方式。DataList 控件有两种显示方式，分别为 Table 和 Flow。Table 代表表布局，每行都显示在独立的 HTML 表格中，当 RepeatLayout 属性为 Table 时，通过设置 GridLines 属性可以在每个单元格周围显示线条。GridLines 属性可选值有 Both、Horizontal、Vertical。Flow 代表流布局，表示每个项显示在 HTML 页面的＜div＞＜/div＞中，在默认情况下，RepeatLayout 属性值为 Table。
- RepeatDirection：控制 DataList 控件数据的显示方向，在默认情况下，RepeatDirection 值为 Vertical。
- RepeatColumns：该属性决定要显示列的数量。

DataList 的一个好处是以多个列显示数据项。通过设置其 RepeatColumns 和

RepeatDirection 属性,可控制 DataList 的列的布局。

若 RepeatDirection 值为 Vertical,RepeatColumns 值为 4,则 DataList 按如下方式显示数据:

```
Column1 Column3 Column5 Column7
Column2 Column4 Column6 Column8
```

如果把 RepeatDirection 设为 Horizontal,而且 RepeatColumns 值设为 4,那么列就按如下方式显示:

```
Column1 Column2 Column3 Column4
Column5 Column6 Column7 Column8
```

4. DataList 控件事件

DataList 控件支持事件"冒泡"。所谓"冒泡"即是当子控件产生一个事件时,事件就"冒泡"传给包含该子控件的容器控件,并且容器控件就可以执行一个子程序来处理该事件。这样当有事件产生时,可以捕获 DataList 内包含的控件产生的事件,并且通过普通的子程序处理这些事件。讲到这里有些人可能不太明白事件"冒泡"的好处所在,这样,可以反过来思考:如果没有事件"冒泡",那么对于 DataList 内包含的每一个控件产生的事件都需要定义一个相应的处理函数,如果 DataList 中包含 10000 个控件,或者更多呢? 那得写多少个事件处理程序。所以有了事件"冒泡",不管 DataList 中包含多少个控件,只需要一个处理程序就可以了。

1) 按钮类型事件

DataList 控件支持 4 个按钮类型的事件。

* EditCommand;
* DeleteCommand;
* UpdateCommand;
* CancelCommand。

若要引发这些事件,可将 Button、LinkButton 或 ImageButton 控件添加到 Data List 控件的模板中,并将这些按钮的 CommandName 属性设置为某个关键字。ASP.NET 系统预定义了 4 个 CommandName 属性,即 Edit、Delete、Update 和 Cancel。当用户单击项中的某个按钮时,就会向该按钮的容器(DataList 控件)发送事件。按钮具体引发哪个事件将取决于所单击按钮的 CommandName 属性的值。例如,如果某个按钮的 CommandName 属性设置为 Edit,则单击该按钮时将引发 Edit Command 事件。如果 CommandName 属性设置为 Delete,则单击该按钮时将引发 Delete Command 事件,以此类推。

2) ItemCreated 事件

ItemCreated 事件提供在运行时自定义项的创建过程。

3) ItemDataBound 事件

ItemDataBound 事件提供了自定义 DataList 控件的能力,但需要在数据可用于检查之后。

4) ItemCommand 事件

DataList 控件还支持 ItemCommand 事件,当用户单击某个没有预定义的命令(如 Edit

或 Delete)的按钮时将引发该事件。用户可以按照如下方法将此事件用于自定义功能：将某个按钮的 CommandName 属性设置为一个自己所需的值，然后在 ItemCommand 事件处理程序中测试这个值。

7.2.2　与数据源控件结合显示数据

像 GridView 控件一样，DataList 控件可绑定数据源数据来显示数据。下面做一个实例，该实例演示 DataList 控件如何绑定数据源，并设置显示的外观。

例 7-8　新建一个网站，命名为 Ch7-8，默认主页为 Default.aspx，在其设计视图中拖曳一个 DataList 控件(ID：ItemsList)和一个 SqlDataSource 控件(ID：SqlDataSource1)。

（1）数据库准备同例 7-4。

（2）配置 SqlDataSource1 的数据源，使其显示 Products 数据表中的 ProductID、ProductName、UnitPrice、UnitsInStock 等。

（3）选择 ID 为 ItemsList 的 DataList 控件，选择其数据源为 SqlDataSouce1。

（4）在页面上添加一个 2 行 4 列的表格，在其中拖曳三个 DropDownList 控件、一个 CheckBox 控件和一个 LinkButton 控件，将 CheckBox 控件的 AutoPostBack 设为 True。

此时，设计视图如图 7-39 所示。

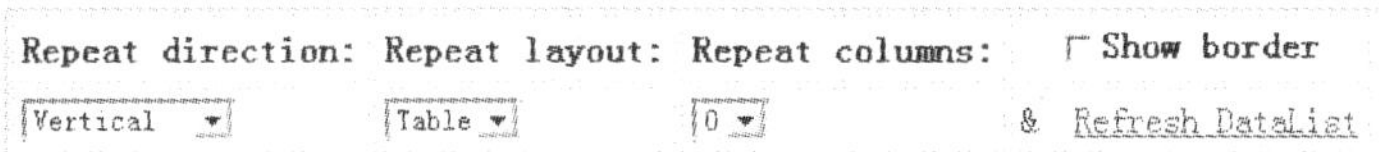

Repeat direction:	Repeat layout:	Repeat columns:	☐ Show border
Vertical ▾	Table ▾	0 ▾	&　Refresh DataList

图 7-39　DataList 实例中插入的控制 DataList 布局的控件排列

其中，Repeat Direction 控制 DataList 控件的显示方向(水平 Horizontal 或垂直 Vertical)，Repeat Layout 控制 DataList 控件的布局(表格 Table 或流 Flow)，Repeat Columns 控制 DataList 水平或垂直显示列的数量，ShowBorder 用来设置 DataList 是否显示边框。这些控件的 ID、选项等具体设置，见其源视图代码：

```
< table cellpadding = "5">
    < tr >
        < th > Repeat direction:</th>
        < th > Repeat layout:</th>
        < th > Repeat columns:</th>
        < th >
            < asp:CheckBox ID = "ShowBorderCheckBox" runat = "server" Checked = "False"
                Text = "Show border" AutoPostBack = "True" />
        </th>
    </tr>
    < tr >
        < td >
            < asp:DropDownList ID = "DirectionList" runat = "server">
                < asp:ListItem > Horizontal </asp:ListItem >
                < asp:ListItem Selected = "True"> Vertical </asp:ListItem >
            </asp:DropDownList >
        </td>
        < td >
```

```
            < asp:DropDownList ID = "LayoutList" runat = "server">
                < asp:ListItem Selected = "True"> Table </asp:ListItem>
                < asp:ListItem> Flow </asp:ListItem>
            </asp:DropDownList>
        </td>
        < td>
            < asp:DropDownList ID = "ColumnsList" runat = "server">
                < asp:ListItem Selected = "True"> 0 </asp:ListItem>
                < asp:ListItem> 1 </asp:ListItem>
                < asp:ListItem> 2 </asp:ListItem>
                < asp:ListItem> 3 </asp:ListItem>
                < asp:ListItem> 4 </asp:ListItem>
                < asp:ListItem> 5 </asp:ListItem>
            </asp:DropDownList>
        </td>
        < td>
            & 
            < asp:LinkButton ID = "RefreshButton" runat = "server" OnClick = "Button_Click"
                Text = "Refresh DataList" />
        </td>
    </tr>
</table>
```

（5）双击 LinkButton 控件，映射 Click 事件委托函数，代码如下：

```
protected void Button_Click(object sender, EventArgs e)
{
    //设置方向
    ItemsList.RepeatDirection =
        (RepeatDirection)DirectionList.SelectedIndex;
    //设置布局
    ItemsList.RepeatLayout = (RepeatLayout)LayoutList.SelectedIndex;
    //设置重复列数
    ItemsList.RepeatColumns = ColumnsList.SelectedIndex;
    //设置显示边框
    if ((ShowBorderCheckBox.Checked)
        && (ItemsList.RepeatLayout == RepeatLayout.Table))
    {
        ItemsList.BorderWidth = Unit.Pixel(4);
        ItemsList.BorderColor = System.Drawing.Color.Blue;
        ItemsList.BorderStyle = System.Web.UI.WebControls.BorderStyle.Dashed;
        ItemsList.ItemStyle.BorderStyle = System.Web.UI.WebControls.BorderStyle.Groove;
        ItemsList.ItemStyle.BorderColor = System.Drawing.Color.BurlyWood;
        ItemsList.GridLines = GridLines.Both;
    }
    else
    {
        ItemsList.BorderWidth = Unit.Pixel(0);
        ItemsList.GridLines = GridLines.None;
    }
}
```

（6）运行程序。

当 RepeatDirection 为 Horizontal，RepeatLayout 为 Table，RepeatColumns 为 5，ShowBoder 被选中时，运行结果如图 7-40 所示。

图 7-40　DataList 与数据源控件结合并控制布局的显示结果

7.2.3　自定义模板并绑定数据源

DataList 控件的关键特点之一是用户自定义模板。实质上不需任何数据源控件，DataList 控件也可绑定数据库中的数据。

下面来看一个实例，此实例演示自定义 DataList 的 ItemTemplate 与 SelectedItemTemplate 模板显示 Products 数据表内容。

例 7-9　新建一个网站，命名为 Ch7-9，默认主页为 Default.aspx，在其设计视图中拖曳一个 DataList 控件。数据库同例 7-4。

（1）右击 DataList 控件，选择"编辑模板"选项，在 DataList 的"任务模板编辑"模式中选择 ItemTemplate 选项，在 ItemTemplate 模板中，拖曳三个 Label 控件和一个 LinkButton 控件，按图 7-41 所示进行布局。

图 7-41　DataList1 的 ItemTemplate 模板布局

（2）将各个控件进行数据绑定，单击各控件右上角的智能按钮，再选择"编辑 DataBindings"选项，出现 DataBindings 窗口，在其左侧的"可绑定属性"中选中 Text 选项，在其右侧选择"自定义绑定"单选项，在"代码表达式"文本框中输入绑定表达式。输入绑定值数据有两种形式，如图 7-42 所示（以绑定 ID 为 labProductID 的 Label 控件为例）。

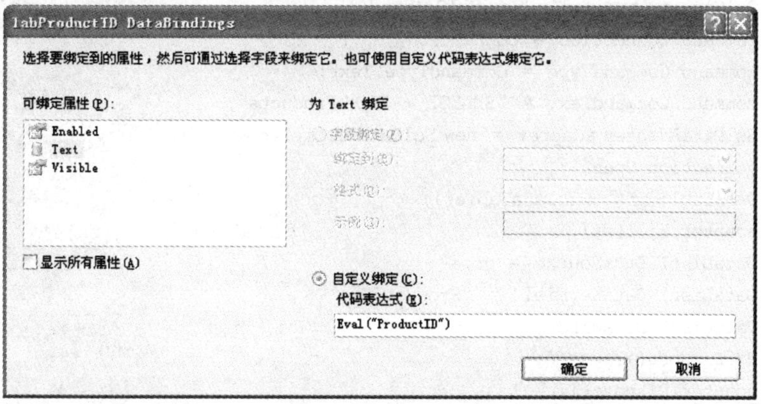

图 7-42 以 ID 为 labProductID 的 Label 控件设置其绑定值

至此,各控件的 ID 与具体的样式设置和绑定值的源视图代码如下:

```
<ItemTemplate>
        <br />
        <table class = "style1">
            <tr>
                <td width = "30">
                    <asp:Label ID = "labProductID" runat = "server"
                        Text = '<% # Eval("ProductID") %>'></asp:Label>
                </td>
                <td width = "270">
                    <asp:LinkButton ID = "lnkbtnProductName" runat = "server"
                        Text = '<% # Eval("ProductName") %>'
                        CommandName = "select"></asp:LinkButton>
                </td>
                <td width = "100">
                    <asp:Label ID = "labUnitPrice" runat = "server"
                        Text = '<% # Eval("UnitPrice") %>'></asp:Label>
                </td>
                <td width = "100">
                    <asp:Label ID = "labUnitsInSotck" runat = "server"
                        Text = '<% # Eval("UnitsInStock") %>'></asp:Label>
                </td>
            </tr>
        </table>
    </ItemTemplate>
```

(3) 按例 5-6 第(3)、第(4)步的方法,在 web.config 中保存 aaa 数据库的连接字符串。并编写私有函数 getConnectionString 读取该字符串。

(4) 在 Default.aspx.cs 中编写如下私有函数:

```
private void DataList1_Bind()
{
    using (SqlConnection connection = new SqlConnection(getConnectionString()))
    {
```

```
SqlCommand command = new SqlCommand();
command.Connection = connection;
command.CommandType = CommandType.Text;
command.CommandText = "SELECT * FROM Products";
SqlDataAdapter adapter = new SqlDataAdapter(command);
connection.Open();
DataTable dt = new DataTable();
adapter.Fill(dt);
DataList1.DataSource = dt;
DataList1.DataKeyField = "ProductID";
DataList1.DataBind();
dt.Dispose();
adapter.Dispose();
connection.Close();
        }
    }
```

(5)修改 Page_Load 函数代码:

```
protected void Page_Load(object sender, EventArgs e)
{
    DataList1_Bind();
}
```

(6)此时运行程序,结果如图 7-43 所示。

图 7-43　DataList 自定义模板并显示数据源运行结果 1

(7)现有如下要求,若单击 ProductName 的 LinkButton,显示 Product 表中其他字段的详细信息。

继续操作 DataList,右击其选择自定义 SelectedTemplate 模板,在此模板按如下代码进行配置:

```
< SelectedItemTemplate >
```

```
< table class = "style1">
< tr >
    < td class = "style4">
        供应商</td>
    < td class = "style6">
        商品种类</td width = "60">
    < td class = "style12">
        单位数量</td >
    < td class = "style10">
        订单</td >
    < td class = "style14">
        记录</td >
    < td class = "style16">
        在产</td >
    < td width = "30" rowspan = "2" style = "text - align: center">
        < asp:LinkButton ID = "LinkButton1" runat = "server" CommandName = "back">返回</asp:
LinkButton >
    </td >
</tr >
< tr >
    < td class = "style4">
        < asp:Label ID = "Label1" runat = "server" Text = '<% # Eval("SupplierID") %>'></asp:
Label >
    </td >
    < td class = "style6">
        < asp:Label ID = "Label2" runat = "server" Text = '<% # Eval("CategoryID") %>'></asp:
Label >
    </td >
    < td class = "style12">
        < asp:Label ID = "Label3" runat = "server" Text = '<% # Eval("QuantityPerUnit") %>'>
</asp:Label >
    </td >
    < td class = "style10">
        < asp:Label ID = "Label4" runat = "server" Text = '<% # Eval("UnitsOnOrder") %>'>
</asp:Label >
    </td >
    < td class = "style14">
        < asp:Label ID = "Label5" runat = "server" Text = '<% # Eval("ReorderLevel") %>'>
</asp:Label >
    </td >
    < td class = "style16">
        < asp:Label ID = "Label6" runat = "server" Text = '<% # Eval("Discontinued") %>'>
</asp:Label >
    </td >
</tr >
</table >
</SelectedItemTemplate >
```

(8)将 ItemTemplate 模板下的 LinkButton 控件,CommandName 设置为"select",如图 7-44 所示。

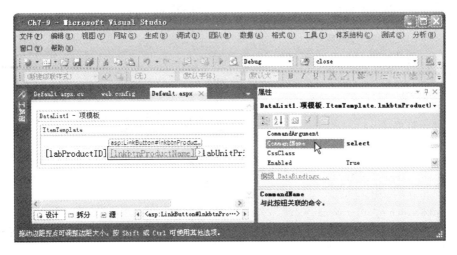

图 7-44　设置 ItemTemplate 的 CommandName 为"select"

此时源代码视图中的代码如下:

```
< asp:LinkButton ID = "lnkbtnProductName" runat = "server"
    Text = '< % # Eval("ProductName") %>' CommandName = "select">
</asp:LinkButton >
```

(9)同理,设置 SelectedTemplate 模板下的"返回"LinkButton 控件的 CommandName 设置为"back"。

(10)结束模板编辑,选中 DataList 控件,在其属性窗口映射 ItemCommand 事件委托函数为 DataList1_ItemCommand,编写此函数,代码如下:

```
protected void DataList1_ItemCommand(object source, DataListCommandEventArgs e)
{
    if (e.CommandName == "select")
    {
        DataList1.SelectedIndex = e.Item.ItemIndex;
        DataList1_Bind();
    }
    else if (e.CommandName == "back")
    {
        DataList1.SelectedIndex = -1;
        DataList1_Bind();
    }
}
```

(11)此时运行程序,当单击 ProductName 为 Chang 的 LinkButton,显示 Products 表中其他字段的详细信息,如图 7-45 所示。

图 7-45 DataList 自定义模板并显示数据源运行结果 2

7.2.4 分页显示 DataList 数据

DataList 控件没有 GridView 控件的相关属性，其分页设置主要通过 PagedDataSource 类来实现，该类封装数据绑定控件与分页相关的属性，以允许该控件执行分页操作。

例 7-10 本实例演示 DataList 控件如何利用 PagedDataSource 类来实现自定义分页。在数据显示下有如下一行，"共×页，当前为第×页，首页、上一页、下一页、尾页"（数据库同例 7-4）。

（1）新建一个网站，命名为 Ch7-10，默认主页为 Default.aspx，在其设计视图上拖曳一个 DataList 控件（ID：DataList1），两个 Label 控件（一个 ID：labCount 用于显示共×页，另一个 ID：labNowPage 显示当前页，其 Text 为"1"），四个 LinkButton 按钮分别用于显示首页、上一页、下一页、尾页（ID：lnkbtnFirst、lnkbtnFront、lnkbtnNext、lnkbtnLast）。

（2）按例 5-6 的第（3）、第（4）步的方法，在 web.config 中保存 aaa 数据库的连接字符串。并编写私有函数 getConnectionString 读取该字符串。

（3）编写 DataList1_Bind 私有函数，代码如下：

```
private void DataList1_Bind()
{
    int CurrentPage = Convert.ToInt32(labNowPage.Text);
    PagedDataSource ps = new PagedDataSource();
    DataSet ds = new DataSet();
    using (SqlConnection conn = new SqlConnection(getConnectionString()))
    {
        SqlCommand cmm = new SqlCommand();
        cmm.Connection = conn;
        cmm.CommandType = CommandType.Text;
        cmm.CommandText = " SELECT ProductID, ProductName, UnitPrice, UnitsInStock FROM
```

```
Products";
        conn.Open();
        SqlDataAdapter da = new SqlDataAdapter(cmm);
        da.Fill(ds, "Product");
        da.Dispose();
        conn.Close();
    }
        ps.DataSource = ds.Tables["Product"].DefaultView;
        ps.AllowPaging = true;                    //是否可以分页
        ps.PageSize = 5;                          //显示的数量
        ps.CurrentPageIndex = CurrentPage - 1;    //取得当前页的页码
        lnkbtnFirst.Enabled = true;
        lnkbtnFront.Enabled = true;
        lnkbtnNext.Enabled = true;
        lnkbtnLast.Enabled = true;
        if (CurrentPage == 1)
        {
            lnkbtnFront.Enabled = false;          //不显示上一页按钮
            lnkbtnFirst.Enabled = false;          //不显示第一页按钮
        }
    if (CurrentPage == ps.PageCount)
        {
            lnkbtnLast.Enabled = false;           //不显示最后一页按钮
            lnkbtnNext.Enabled = false;           //不显示下一页按钮
        }
        labCount.Text = ps.PageCount.ToString();   //Convert.ToString(ps.PageCount);
        DataList1.DataSource = ps;
        DataList1.DataKeyField = "ProductID";
        DataList1.DataBind();
        ds.Dispose();
}
```

(4) 分别双击四个 LinkButton 控件,映射 Click 事件委托函数,代码如下:

```
protected void lnkbtnFirst_Click(object sender, EventArgs e)
{
    labNowPage.Text = "1";
    DataList1_Bind();
}
protected void lnkbtnFront_Click(object sender, EventArgs e)
{
    labNowPage.Text = (Convert.ToInt32(labNowPage.Text.Trim()) - 1).ToString();
    DataList1_Bind();
}
protected void lnkbtnNext_Click(object sender, EventArgs e)
{
    labNowPage.Text = (Convert.ToInt32(labNowPage.Text.Trim()) + 1).ToString();
    DataList1_Bind();
}
protected void lnkbtnLast_Click(object sender, EventArgs e)
{
```

```
        labNowPage.Text = labCount.Text;
        DataList1_Bind();
}
```

（5）在 Page_Load 函数中添加如下代码：

```
protected void Page_Load(object sender, EventArgs e)
{
    if (!IsPostBack)
    {
        DataList1_Bind();
    }
}
```

（6）运行结果如图 7-46 所示。

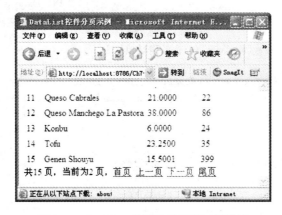

图 7-46 DataList 分页显示程序运行结果

7.2.5 在 DataList 控件中编辑与删除数据

DataList 控件使用编辑模板对数据进行编辑。当对 DataList 控件中的数据进行编辑时，需在 ItemTemplate 模板中放置一个按钮控件，CommandName 属性设置为 Edit；在 EditItemTemplate 模板中放置两个按钮控件，CommandName 属性分别设置为 Update 与 Cancel。此时单击它们时，它们将事件"冒泡"到 DataList 控件中，分别映射 EditCommand、UpdateCommand、CancelCommad 事件函数即可处理。同理删除数据在 ItemTemplate 中放置按钮控件，Command 属性设置为 Delete。

例 7-11 此例在例 7-9 的基础上进行。将 Ch7-9 的程序在文件系统下复制并重命名为 Ch7-11。

（1）更改 Default.aspx 源代码视图中的 title 项。<title>DataList 控件数据编辑与删除</title>。

在 DataList 的 ItemTemplate 模板中添加两个 LinkButton 控件。其中一个 LinkButton 控件属性设置为：ID＝lnkbtnEdit，CommandName＝"edit"，Text＝"编辑"；另一个 LinkButton 控件控件属性设置为：ID＝lnkbtnDelete，CommandName＝"delete"，Text＝"删除"；如图 7-47 所示。

```
DataList1 - 项模板
ItemTemplate

[labProductID] [lnkbtnProductName]        [labUnitPrice] [labUnitsInSotck] 编辑    删除
```

图 7-47　修改 DataList1 的 ItemTemplate 模板

（2）设置 DataList 的 EditItemTemplate 模板。

在此模板中添加一个 2 行 4 列的表格，拖曳三个 TextBox 控件、两个 Button 控件。其设计视图如图 7-48 所示。

其源代码视图的代码如下：

图 7-48　DataList1 的 EditItemTemplate 设计视图

```
<EditItemTemplate>
    <table class = "style17">
        <tr>
            <td class = "style20">产品名称</td>
            <td>
                <asp:TextBox ID = "txbProductName" runat = "server"
                    Text = '<% # Eval("ProductName") %>'></asp:TextBox>
            </td>
        </tr>
        <tr>
            <td class = "style20">产品单价</td>
            <td>
                <asp:TextBox ID = "txbUnitPrice" runat = "server" Text = '<% # Eval("
UnitPrice") %>'></asp:TextBox>
            </td>
        </tr>
        <tr>
            <td class = "style20">产品库存</td>
            <td>
                <asp:TextBox ID = "txbUnitsInStock" runat = "server"
                    Text = '<% # Eval("UnitsInStock") %>'></asp:TextBox>
            </td>
        </tr>
        <tr>
            <td class = "style19" colspan = "2">
            ID = "btnUpdate" runat = "server" CommandName = "update" Text = "更新" />
            ID = "btnCancel" runat = "server" CommandName = "cancel" Text = "取消" />
            </td>
        </tr>
    </table>
</EditItemTemplate>
```

从源代码视图可看出，TextBox 控件的数据绑定方法同例 7-9，用 Eval（"数据字段值"）的方法，"更新"按钮的 CommandName 为 Update，"取消"按钮的 CommandName 为 Delete。

（3）结束模板编辑，选中 DataList1 控件，在其属性事件窗口映射事件函数，CancelCommand 事件映射 DataList1_CancelCommand 函数、DeleteCommand 事件映射

DataList1_DeleteCommand 函数、EditCommand 函数映射 DataList1_EditCommand 函数、UpdateCommand 事件映射 DataList1_UpdateCommand 函数，如图 7-49 所示。

图 7-49　在 DataList1 的属性事件窗口中映射事件函数

（4）编写各个函数，其代码如下：

```
protected void DataList1_CancelCommand(object source, DataListCommandEventArgs e)
{
    DataList1.EditItemIndex = -1;
    DataList1_Bind();
}
protected void DataList1_DeleteCommand(object source, DataListCommandEventArgs e)
{
    //取得某一列的值
    string ProductID = DataList1.DataKeys[e.Item.ItemIndex].ToString();//取得主键
    using (SqlConnection connection = new SqlConnection(getConnectionString()))
    {
        SqlCommand command = new SqlCommand();
        command.Connection = connection;
        command.CommandType = CommandType.Text;
        command.CommandText = "Delete Products WHERE ProductID = " + ProductID;
        connection.Open();
        try
        {
            command.ExecuteNonQuery();
            command.Dispose();
            connection.Close();
        }
        catch (Exception ex)
        {
            Response.Write("<script>alert(" + ex.Message + ")</script>");
        }
        finally
        {
            command.Dispose();
            connection.Close();
        }
        DataList1.EditItemIndex = -1;
        DataList1_Bind();
    }
}
```

```
protected void DataList1_EditCommand(object source, DataListCommandEventArgs e)
{
    DataList1.EditItemIndex = e.Item.ItemIndex;
    DataList1_Bind();
}
protected void DataList1_UpdateCommand(object source, DataListCommandEventArgs e)
{
    //取得某一列的值
    string ProductID = DataList1.DataKeys[e.Item.ItemIndex].ToString();//取得主键
    string ProductName = ((TextBox)(e.Item.FindControl("txbProductName"))).Text;
    string UnitPrice = ((TextBox)(e.Item.FindControl("txbUnitPrice"))).Text;
    string UnitsInStock = ((TextBox)(e.Item.FindControl("txbUnitsInStock"))).Text;
    //打开连接、执行更新语句
        using (SqlConnection connection = new SqlConnection(getConnectionString()))
    {
        SqlCommand command = new SqlCommand();
        command.Connection = connection;
        command.CommandType = CommandType.Text;
        command.CommandText = "UPDATE Products SET ProductName = '" + ProductName + "',
UnitPrice = '" + UnitPrice + "',UnitsInStock = '" + UnitsInStock + "' WHERE ProductID = " +
ProductID;
        connection.Open();
        try
        {
            command.ExecuteNonQuery();
            command.Dispose();
            connection.Close();
        }
        catch (Exception ex)
        {
            Response.Write("<script>alert(" + ex.Message + ")</script>");
        }
        finally
        {
            command.Dispose();
            connection.Close();
        }
        DataList1.EditItemIndex = -1;
        DataList1_Bind();
    }
}
```

(5) 其他函数同例 7-9。

但 Page_Load 函数有些变化如下：

```
protected void Page_Load(object sender, EventArgs e)
{
    if (!IsPostBack)
    {
        DataList1_Bind();
    }
}
```

否则单击"编辑"按钮,出现 EditItemTemplate 模板,再单击"更新"或"取消"时出现如图 7-50 所示的错误信息。

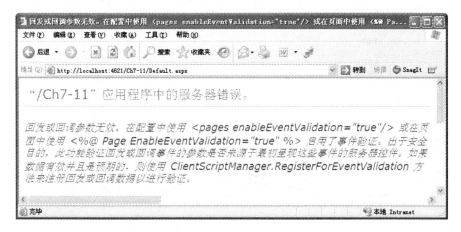

图 7-50 出现未更改 Page_Load 函数

(6) 运行结果如图 7-51 所示。

图 7-51 DataList 控件编辑与删除运行结果

7.2.6 DataList 控件的嵌套

DataList 控件的自定义模板中还可放置 DataList 控件,以实现特定功能。其实现方法可用 DataList 控件的 ItemCommand 事件来实现,也可用 DataList 控件的 ItemDataBound 事件来实现。

例 7-12 一个嵌套三层的 DataList 控件的实例。一个网站,刚开始显示"aaa"数据库的 Categories 的产品类别名;单击类别名出现"产品目录",该"产品目录"包括"产品 ID"和"产品名称";再单击"产品名称",出现该产品的具体订单信息。

(1) 数据库准备。在 SQL Server 2008 Management Studio 中向 aaa 数据库导入(或新建)三个表 Categories、Products 和 Order Details,让三个表形成关联,具体参见源代码文件夹的 aaa 数据库中的表。

(2) 新建一个网站,命名为 Ch7-12,默认主页为 Default. aspx,向其拖曳三个 DataList 控件,形成嵌套(最外层 ID 为 DataList1,中间层 ID 为 DataList2,最内层 ID 为 DataList3),设计如图 7-52 所示。

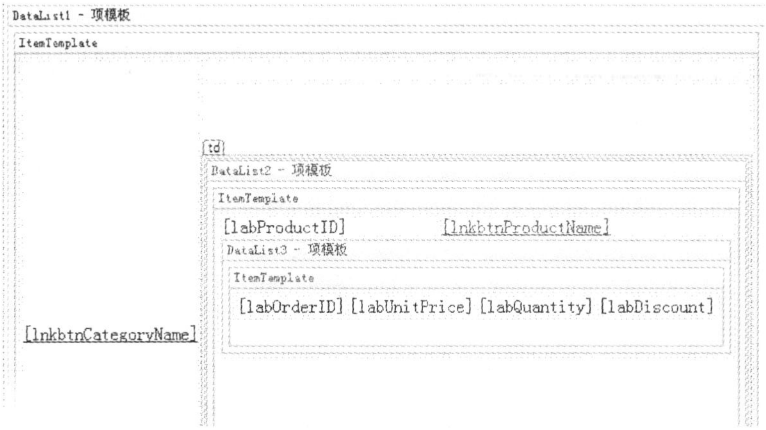

图 7-52　插入的三个 DataList 控件形成嵌套

(3) 在三个 DataList 控件内自定义模板,添加显示控件,具体操作如下。

① 在外层 DataList1 的 ItemTemplate 中添加一个 1 行 2 列的表格,在第一列添加 LinkButton 控件,其 ID 为 lnkbtnCategory,属性 CommandName 为 CategorySelect,绑定列为 Eval(CategoryName)。在第二列是第二个 DataList,ID 为 DataList2;DataList1 的 HeaderTemplate 中输入"产品类别"。

② 设计 DataList2 的自定义模板,在其 HeaderTemplate 中添加一个 1 行 2 列的表格,第一列添加 Label 控件(ID:labProductID),绑定列为 Eval(ProductID),第二列添加 LinkButton 控件(ID:lnkbtnProductName,CommandName:ProductSelect),绑定列为 Eval(ProductName)。

③ 设计 DataList3 的自定义模板,在其 HeaderTemplate 中添加一个 1 行 5 列的表格,前 4 列分别输入订单号、单价、数量、折扣,第 5 列添加一个 LinkButton 控件(ID:lnkbtnBack,CommandName:DataList3Back)。在 DataList3 的 ItemTemplate 模板中添加 1 行 4 列的表,在每列分别添加一个 Label 控件,ID 分别为 labOrderID、labUnitPrice、labQuantity、labDiscount。绑定列分别为 Eval(OrderID)、Eval(UnitPrice)、Eval(Quantity)、Eval(Discount)。

(4) 按例 5-6 的第(3)、第(4)的方法,在 web. config 中保存 aaa 数据库的连接字符串。并编写私有函数 getConnectionString 读取该字符串。

(5) 在 Default. aspx. cs 文件的_Default 类中添加 DataSet 变量。

```
DataSet ds = new DataSet();
```

(6) 为了进行代码重用,添加一个私有函数 Data_Bind,代码如下:

```
private void Data _ Bind (DataList dataListID, string commandText, string idString, string
tableName)
```

```
    {
 using (SqlConnection connection = new SqlConnection(getConnectionString()))
    {
        SqlCommand command = new SqlCommand();
        command.Connection = connection;
        command.CommandType = CommandType.Text;
        command.CommandText = commandText;
        SqlDataAdapter adapter = new SqlDataAdapter(command);
        connection.Open()
        adapter.Fill(ds,tableName);
        dataListID.DataSource = ds.Tables[tableName].DefaultView;
        dataListID.DataKeyField = idString;
        dataListID.DataBind();
        adapter.Dispose();
        connection.Close();
    }
 }
```

（7）添加私有函数 DataList1_Bind，代码如下：

```
private void DataList1_Bind()
{
    string commandText = "Select * from Categories";
    string idString = "CategoryID";
    string tabelName = "Categories";
    Data_Bind(DataList1,commandText, idString, tabelName);
}
```

（8）在 Page_Load 函数中添加代码：

```
protected void Page_Load(object sender, EventArgs e)
{
    if (!IsPostBack)
    {
        DataList1_Bind();

    }
}
```

（9）映射 DataList1 的 ItemCommand 事件委托函数 DataList1_ItemCommand，其代码如下：

```
protected void DataList1_ItemCommand(object source, DataListCommandEventArgs e)
{
    if (e.CommandName == "CategorySelect")
    {
        string commandText = "Select * from Products Where CategoryID=" + e.Item.ItemIndex;
        string idString = "ProductID";
        string tabelName = "Products";
        DataList dataList2 = (DataList)(e.Item.FindControl("DataList2"));
        Data_Bind(dataList2, commandText, idString, tabelName);
    }
}
```

（10）映射 DataList2 的 ItemCommand 事件委托函数 DataList2_ItemCommand，其代码如下：

```
protected void DataList2_ItemCommand(object source, DataListCommandEventArgs e)
{
    if (e.CommandName == "ProductSelect")
    {
        string commandText = "Select * from [Order Details] Where ProductID = " + e.Item.
ItemIndex;
        string idString = "OrderID";
        string tabelName = "Order Details";
        DataList dataList2 = (DataList)(e.Item.FindControl("DataList3"));
        Data_Bind(dataList2, commandText, idString, tabelName);
    }
}
```

（11）映射 DataList3 的 ItemCommand 事件委托函数 DataList3_ItemCommand，其代码如下：

```
protected void DataList3_ItemCommand(object source, DataListCommandEventArgs e)
{
    if (e.CommandName == "DataList3Back")
    {

        DataList1_Bind();
    }
}
```

（12）运行结果如图 7-53 所示。

图 7-53　DataList 嵌套运行结果

提示：可能又出现当单击某 LinkButton 按钮时回滚至页面起始位置，别忘记在 Default.aspx 的首部加上语句：MaintainScrollPositionOnPostback＝"true"。

7.3 DetailsView 和 FormView 控件

GridView 和 ListView 控件非常适合用于显示多行数据，如果想在 ASP.NET 中显示单行数据，则可使用 DetailsView 和 FormView 控件。这两个控件在同一时刻只显示单条记录。

DetailsView 控件和 FormView 控件的主要不同之处在于：DetailsView 控件将其内容输出到一个 HTML 表格中，而 FormView 控件则具有更大的弹性，可以不用输出到表格中；FormView 控件基于模板，具有更大的灵活性，而 DetailsView 控件则简单易用。本节将详细讨论两个控件的使用方法。

7.3.1 DetailsView 控件

为了显示记录的详细信息，在 DetailsView 控件中，数据库中的每个字段将用一个表格行来表示。DetailsView 控件的常用属性如表 7-9 所示。

表 7-9 DetailsView 控件的常用属性

属　　性	说　　明
AllowPaging	是否允许启用分页功能
CellPadding	用于获取或者设置单元格与边框之间的距离
CurrentMode	当前的数据输入模式
DataItem	绑定到 DetailsView 控件的数据项
DataItemCount	绑定到 DetailsView 控件的数据项的数量
DataItemIndex	正在显示的数据项的索引值
DataKey	表示显示数据的主键
DataKeyNames	绑定到 DetailsView 的数据源的键值字段的名称
DataSource	绑定到 DetailsView 控件的数据源
DefaultMode	DetailsView 控件的默认数据输入模式
Fields	DetailsView 控件中显示声明的行字段集合
PageCount	DetailsView 控件中数据源的数量
PageIndex	DetailsView 控件正在显示的数据的索引值
Rows	DetailsView 控件中数据行的集合
SelectedValue	获取当前选中记录的数据键值

下面新建一个网站演示 DetailsView 控件的使用，由于 DetailsView 控件只能显示一条记录的信息，所以往往配合其他控件如 GridView 控件使用，在 GridView 控件中显示主信息，而用 DetailsView 控件显示某一条记录的详细信息。

例 7-13 新建一个网站，名称为 Ch7-13，默认主页为 Default.aspx，在主页上放置一个 GridView 控件、一个 DetailsView 控件和两个 SqlDataSource 控件，选择 SqlDataSource1 控件绑定 Sample 数据库的 Student 表，SqlDataSource2 控件绑定 StuInfo 表。

页面设计视图如图 7-54 所示。

图 7-54　DetailsView 与 GridView 页面布局图

开启 GridView 控件的"选择"功能。其布局代码如下：

```
< form id = "form1" runat = "server">
< div >
< asp:GridView ID = "GridView1" runat = "server" AutoGenerateColumns = "False"
    DataKeyNames = "StuID" DataSourceID = "SqlDataSource1">
    < Columns >
        < asp:CommandField ShowSelectButton = "True" />
        < asp:BoundField DataField = "ID" HeaderText = "ID" InsertVisible = "False"
            ReadOnly = "True" SortExpression = "ID" />
        < asp:BoundField DataField = "StuID" HeaderText = "StuID" ReadOnly = "True"
            SortExpression = "StuID" />
    </ Columns >
</ asp:GridView >
< asp:SqlDataSource ID = "SqlDataSource1" runat = "server"
    ConnectionString = "< % $ ConnectionStrings:SampleConnectionString % >"
    SelectCommand = "SELECT * FROM [Student]"></asp:SqlDataSource >
< asp:DetailsView ID = "DetailsView1" runat = "server" AutoGenerateRows = "False"
    DataKeyNames = "StuID" DataSourceID = "SqlDataSource2" Height = "50px" Width = "125px">
    < Fields >
        < asp:BoundField DataField = "StuID" HeaderText = "StuID" ReadOnly = "True"
            SortExpression = "StuID" />
        < asp:BoundField DataField = "StuName" HeaderText = "StuName"
            SortExpression = "StuName" />
        < asp:BoundField DataField = "StuAge" HeaderText = "StuAge"
            SortExpression = "StuAge" />
        < asp:BoundField DataField = "StuAddress" HeaderText = "StuAddress"
            SortExpression = "StuAddress" />
    </ Fields >
</ asp:DetailsView >
< asp:SqlDataSource ID = "SqlDataSource2" runat = "server"
    ConnectionString = "< % $ ConnectionStrings:SampleConnectionString % >"
    SelectCommand = "SELECT * FROM [StuInfo] WHERE ([StuID] = @StuID)">
    < SelectParameters >
```

```
            <asp:ControlParameter ControlID = "GridView1" Name = "StuID"
                PropertyName = "SelectedValue" Type = "String" />
        </SelectParameters>
    </asp:SqlDataSource>
    </div>
    </form>
```

另外，注意由于 DetailsView 控件显示的数据要随着 GridView 控件中的选择而变化，所以在绑定 SqlDataSource2 数据源时要制定 Where 语句为 GridView 控件中所选择的项，具体设置如图 7-55 所示。

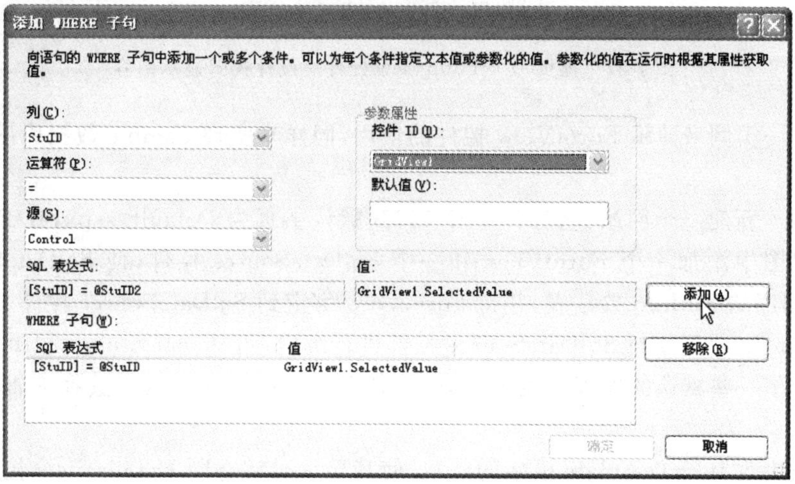

图 7-55　Where 子句设置

设置完成后，运行程序，然后单击 GridView 中的任一项，则在 Det 控件中就会显示相应的具体信息，如图 7-56 所示。

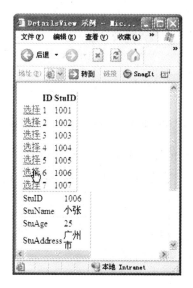

图 7-56　运行结果

7.3.2 FormView 控件

FormView 控件与 DetailsView 控件从功能上来讲几乎一样，即 DetailsView 控件能做到的，FormView 控件也基本都能做到，如显示单条记录、分页、编辑、插入和删除数据库记录。与 DetailsView 控件的一个明显区别是 FormView 控件完全基于模板，提供给开发人员更多的布局控制选项，与 DataList 控件相类似。当把一个 FormView 控件放置到页面设计视图后，在 FormView 控件上就会提示"编辑模板内容"，如图 7-57 所示。

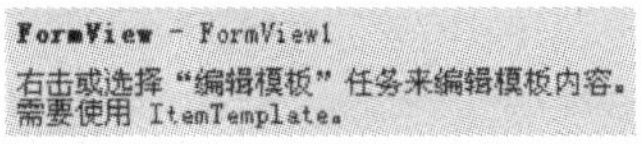

图 7-57　拖曳一个 FormView 控件后设计视图显示内容

下面举一实例来演示 FormView 控件的使用，同样来实现 Sample 数据库中 StuInfo 数据表的显示。

例 7-14　新建一个网站，名称为 Ch7-14，其默认主页为 Default.aspx，在 Default.aspx 页面设计视图中添加一个 FormView 和一个 SqlDataSource 控件，使 SqlDataSource 查询 Sample 数据库的 StuInfo 数据表，并将 FormView 绑定到 SqlDataSource 控件。

将 FormView 控件与 SqlDataSource 控件进行绑定后，Visual Studio 2010 为数据源中的字段添加了一些默认的模板列设置代码，以呈现基本的外观。可以选择编辑模板来编辑 FormView。

下面来更改 ItemTemplate 模板的外观，使其显示时具有同 DetailsView 控件自定义显示中相同的布局。其步骤如下。

（1）在任务面板中选择"编辑模板"选项，如图 7-58 所示。

图 7-58　配置 FormView 数据源与模板

（2）删除由 Visual Studio 2010 自动产生的布局，添加一个 2 行 2 列的表格，如图 7-59 所示。

（3）在第一列上分别填写"学生姓名"和"学生详细信息"，在第二列上分别放置一个 Label 标签，如图 7-60 所示。

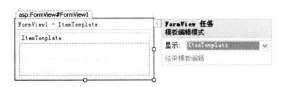

图 7-59　编辑 FormView 模板

图 7-60　FormView ItemTemplate 布局

（4）单击第一个 Label 的"编辑 DataBindings"按钮，进入数据绑定对话框，将其 Text 属性绑定到 StuInfo 数据表的 StuName 列，如图 7-61 所示。

图 7-61 Label1 DataBindings 窗口

（5）单击第二个 Label 的"编辑 DataBindings"按钮，进入数据绑定对话框，将其 Text 属性绑定到自定义表达式：

```
<% #"学号为: " + Eval("StuID") + ",年龄为: " + Eval("StuAge") + ",地址为: " + Eval("
StuAddress") %>
```

（6）运行程序，其结果如图 7-62 所示。

图 7-62 FormView 运行结果

7.4 ListView 控件和 DataPager 控件

ListView 控件和 DataPager 控件是 ASP.NET 3.5 中新增加的控件。ListView 控件同 GridView 控件类似，它也提供了强大的显示布局功能，但与 GridView 控件不同之处在于该控件使用用户定义的模板而不是行字段来显示数据，从而给用户更大的灵活性。DataPager 控件是同 ListView 控件配合使用的控件，它主要为 ListView 控件提供分页效果。

7.4.1 ListView 控件

ListView 控件是一个完全依赖模板设计的控件，所以该控件不具有默认的格式显示，所有的格式需要开发人员自己设计来实现。ListView 控件的模板类型如表 7-10 所示。

表 7-10　ListView 控件的模板

模 板 类 型	说　　明
LayoutTemplate	定义容器的根模板,该容器对象将包括 ItemTemplate 或 GroupTemplate
ItemTemplate	定义显示数据的模板
ItemSeparatorTemplate	定义各项之间呈现的内容
GroupTemplate	定义组的显示模板,该容器对象将包括 ItemTemplate 或 EmptyItemTemplate
GroupSeparatorTemplate	定义组项之间的显示模板
EmptyItemTemplate	定义在使用 GroupTemplate 模板时为空项呈现的内容
EmptyDataTemlate	定义在数据源未返回数据时呈现的内容
SelectedItemTemplate	定义选中数据项呈现的内容
AlternatingItemTemplate	定义交替项呈现的内容
EditItemTemplate	定义在编辑时所呈现的内容
InsertItemTemplate	定义插入数据时所呈现的内容

LayoutTemplate 模板是 ListView 控件用来显示数据的布局模板,ItemTemplate 模板则是每一条数据的显示模板,通过将 ItemTemplate 模板放置到 LayoutTemplate 模板就可以实现定制的布局。

例 7-15　本实例演示如何使用 ListView 控件,从 Sample 数据库的 StuInfo 数据表中提取数据进行显示。其步骤如下。

(1) 新建一个网站,其名称为 Ch7-15,默认主页为 Default.aspx,在主页的设计视图中拖动一个 ListView 控件和一个 SqlDataSource 控件。

(2) 将 SqlDataSource 控件的数据源设定为 Sample 数据库的 StuInfo 数据表,然后将 ListView 控件的数据源指定为刚刚绑定好 StuInfo 数据表的 SqlDataSource 控件。

(3) 将数据绑定到 ListView 控件后,Visual Studio 2010 并没有自动生成任何的创建呈现的代码,开发人员需要用手工定义显示模板,当然也可使用 Visual Studio 2010 提供的另一个设计菜单项"配置 ListView"。在这里为了方便操作使用配置菜单进行布局设计。

(4) 单击"配置 ListView"菜单后,将弹出如图 7-63 所示的窗口。

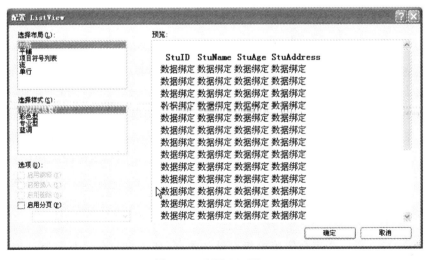

图 7-63　配置 ListView

　　在选择布局列表框中，提供了 5 种预定义的布局模板，对于不同的布局在选择样式列表框中又有不同的样式可供选择，读者可以通过这里进行简单的布局选择。如本实例中采用默认项。

　　当选定布局后，系统会为 ListView 生成非常多的布局代码，如下所示：

```
< asp:ListView ID = "ListView1" runat = "server" DataKeyNames = "StuID"
            DataSourceID = "SqlDataSource1">
            < AlternatingItemTemplate >
                    交替项的声明代码
            </AlternatingItemTemplate >
            < LayoutTemplate >
                < table runat = "server">
                    < tr runat = "server">
                        < td runat = "server">
            < table ID = "itemPlaceholderContainer" runat = "server" border = "0" style = "">
                            < tr runat = "server" style = "">
                                < th runat = "server"> StuID </th >
                                < th runat = "server"> StuName </th >
                                < th runat = "server"> StuAge </th >
                                < th runat = "server"> StuAddress </th >
                            </tr >
                < tr ID = "itemPlaceholder" runat = "server"></tr >
            </table >
         </td >
        </tr >
        < tr runat = "server">
            < td runat = "server" style = ""></td ></tr ></table >
    </LayoutTemplate >
< InsertItemTemplate >插入项的声明代码</InsertItemTemplate >
            < SelectedItemTemplate >选择项的声明代码</SelectedItemTemplate >
            < EmptyDataTemplate >
                < table runat = "server" style = "">
                    < tr >
                        < td >未返回数据.</td >
                    </tr >
                </table >
            </EmptyDataTemplate >
            < EditItemTemplate >
                编辑项的声明代码
            </EditItemTemplate >
            < ItemTemplate >
                < tr style = "">
< td >< asp:Label ID = "StuIDLabel" runat = "server" Text = '<% # Eval("StuID") %>' /></td >
< td >< asp:Label ID = "StuNameLabel" runat = "server" Text = '<% # Eval("StuName") %>' /></td >
< td >< asp:Label ID = "StuAgeLabel" runat = "server" Text = '<% # Eval("StuAge") %>' /></td >
< td >< asp:Label ID = "StuAddressLabel" runat = "server" Text = '<% # Eval("StuAddress") %>'/>
</td >
</tr ></ItemTemplate ></asp:ListView >
```

　　在整个布局中，最重要的是 LayoutTemplate 模板。该模板是一个布局容器模板，其他的模板都是放到该模板中进行布局显示。所以在该模板中放置有两个嵌套的表格，且它们的声明中都添加有 runat＝server 的属性，以便于把其他控件放置到这里进行显示。为了做到这一点，需要为 ItemTemplate 内容指定其显示的容器，指定显示容器是通过 ListView 的 ItemPlaceholderID 属性进行指定的，如图 7-64 所示。

在本实例中，ItemPlaceholderID 属性指定为 itemPlaceholder，则显示的内容就要插入到布局代码中 ID 为 itemPlaceholder 的位置，而在布局代码中其中有这样一行代码：

```
< tr ID = "itemPlaceholder" runat = "server"></tr>
```

其中<tr>…</tr>表示表格的一行，该行的 ID 为 itemPlaceholder，则表示要把显示的内容插入到该行进行显示。

当然显示的位置，读者可以自己任意指定，但是需要注意的是指定的位置需要有 runat＝ server 属性，否则将不能把显示的内容动态插入到指定地点。

（5）运行结果如图 7-65 所示。

图 7-64　ListView 控件属性窗口

图 7-65　ListView 运行结果

7.4.2　DataPager 控件

DataPager 控件是一个专门用于分页的服务器控件，当把 DataPager 控件和 ListView 控件放置到一起使用时，DataPager 控件就自动为 ListView 控件进行分页显示。

下面演示该控件的使用，在 7.4.1 节的网站主页上放置一个 DataPager 控件，将会自动显示 DataPager 任务面板，如图 7-66 所示。

图 7-66　DataPager 任务面板

在任务面板中选择"页导航样式"选项，如图 7-67 所示。

在此选择"下一页，上一页"样式，则 DataPager 控件就自动变为指定样式，如图 7-68 所示。

图 7-67 DataPager 导航样式

图 7-68 DataPager 样式

由于 DataPager 控件可以自动绑定显示的控件，但到底它会和哪个 ListView 控件结合起来使用，需要设置 DataPager 控件的一个属性 PagedControlID，将该属性设置为要绑定显示分页的控件。在本实例中由于要对 ListView1 进行增加分页显示，所以在该属性中选择 ListView1。设置 DataPager 控件的 PageSize 属性为 2（其用于设定一页显示的数据项数），则运行程序，其结果如图 7-69 所示。

图 7-69 DataPager 与 ListView 结合运行结果

7.5 小结

本章讨论了 ASP.NET 4.0 中几个非常重要的数据控件，首先讨论了 GridView 控件，该控件提供了网格式的数据显示功能。讨论了如何使用该控件的选择功能、分页与排序、编辑与删除等操作；在讨论 DataList 控件中通过其自定义模板绑定数据源、自定义分页显示（通过 PagedDataSource 类来操作）、编辑与删除数据操作以及 DataList 控件的嵌套等；通过可视化操作，介绍两个显示单行记录的 DetailsView 控件和 FormView 控件。最后，讨论了两个新增的 ListView 与 DataPager 控件。DataList 控件功能较强大，给程序员的创造空间多，但其实现较为复杂。需要指出的是，微软公司在 ASP.NET 框架中想用 ListView 控件来替代 DataList 控件。

7.6 课后习题

7.6.1 作业题

1. 采用 GridView 控件和 SqlDataSource 控件显示 IPAddress 数据库，要求改变列标题的名字，具有分页功能、列排序功能、行编辑和删除功能，如图 7-70 所示。

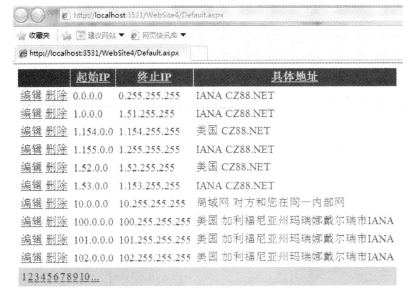

图 7-70　GridView 控件显示 IP 地址数据库信息

2. 在第 1 题的基础上，增加一个 DetailsView 控件和一个 SqlDataSource 控件。为 GridView1 启用选定内容，当选中 GridView 中的某条记录时，在 DetailsView 中显示该记录的详细信息，并且可以编辑、删除和新建记录，如图 7-71 所示。

图 7-71　DetailsView 控件显示选中的记录的详细信息

7.6.2 思考题

ASP.NET 有哪些主要的数据绑定控件,它们之间有哪些区别?

7.7 上机实践题

编写公共类,查询列车信息表的数据。可以根据车次,如果不提供车次信息查询所有的列车信息,将查询结果绑定到 GridView 控件。其中车次信息使用模板列 ItemTemplate 显示为超链接,当单击某车次的超链接是跳转到一个新的页面显示此车次的详细信息,包括始发车站,终到车站,途径车站以及到达和发车时间。没有到达和发车时间的以"——"代替。

第 **8** 章

数据验证技术

接受用户输入是网站的基本功能之一，然而用户输入往往也是破坏网站安全性的罪魁祸首。Writing Secure Code 一书的作者提出了一个观点：All input is evil—until proved otherwise(所有的输入都是不安全的，除非能证明它是安全的)。因此对待用户输入有两条宗旨：一要尽量减少，二要怀疑一切。所以，在不得不接受用户输入的情况下，为了提高网站的安全性，必须对该输入进行数据验证。本章即讨论 .NET Framework 提供的一组对用户输入进行数据验证的控件。

本章主要学习目标如下：

- 了解数据验证的两种不同方式；
- 掌握 6 种验证控件的使用方法；
- 掌握采用图片或声音作为验证提示信息的方法；
- 掌握与验证相关的常用属性的使用方法。

8.1 数据验证的两种方式

由于用户提交的数据通过客户端(浏览器)发送到服务器端，所以数据验证可分为客户端验证和服务器端验证两种方式。

客户端数据验证：通过 JavaScript 等脚本语言编写，在数据提交到服务器之前在客户端进行验证。

服务器端数据验证：通过 C♯ 等高级语言编写，在数据提交到服务器之后在服务器端进行验证。

这两种验证方式各有优劣，下面从 5 个方面加以比较：

(1) 从代码编写的角度：同样的验证逻辑，客户端采用 JavaScript 编写代码较复杂，而服务器端采用 C♯ 编写代码较容易。

(2) 从安全性角度：客户端的验证代码任何用户都可以通过浏览器查看，所以验证逻辑容易被恶意用户跳过，导致安全性较差；而服务器端验证代码用户不易查看，所以安全性较好。此外采用客户端数据验证时，若客户端浏览器不支持 JavaScript 或浏览器禁用了客户端脚本，将会导致验证失效，网站安全性也会大打折扣。

(3) 从资源利用的角度：客户端验证时用户只需使用各自的客户机资源，而采用服务器端验证时所有用户都要占用服务器资源，这就大大增加了服务器的运行压力。

（4）从验证时间的角度：客户端验证用户可立刻得到验证结果，而服务器端验证时，数据需要往返于服务器和客户机之间，这就增加了网络流量和验证时间，在网络状况较差时尤其明显。

（5）从访问数据库的角度：客户端验证无法直接访问数据库，因此不能验证用户是否合法，所以此类需要访问数据库来进行的验证只能交给服务器端验证来解决。

下面的两个实例，分别采用客户端和服务器端数据验证技术，来验证用户输入的用户名是否为空。

例 8-1 客户端数据验证实例。新建一个网站，命名为 Ch8-1，默认主页为 Default.aspx。在设计视图中拖曳两个 Label、一个 TextBox 和一个 Button 控件，页面布局如图 8-1 所示。

各控件属性设置如表 8-1 所示。

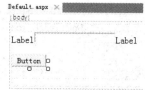

图 8-1 客户端数据验证的页面布局

表 8-1 各控件属性设置

控 件 名 称	属　　性	值
Label1	Text	用户名：
Label2	Text	清空
	ForeColor	Red
Button	Text	提交

在 Default.aspx 的设计视图中双击“提交”按钮，编写该按钮的 Click 事件代码如下：

```
protected void Button1_Click(object sender, EventArgs e)
{
Response.Write("<script>alert('验证通过后才执行后台的功能代码')</script>");
}
```

切换到 Default.aspx 的源视图，编写客户端的 JavaScript 代码来验证用户输入是否为空。代码如下：

```
<html xmlns = "http://www.w3.org/1999/xhtml">
<head id = "Head1" runat = "server">
    <title>客户端数据验证</title>
    <script language = "javascript" type = "text/javascript">
        //只有该方法返回 true 时，才向服务器提交数据
        function notNull()
        {
            //如果没有填写任何数据
            if (document.getElementById('<% = TextBox1.ClientID %>').value == "")
            {
                document.getElementById('<% = Label2.ClientID %>').innerText = "用户名不
能为空";
                return false;
            }
            return true;
        }
```

```
    </script>
</head>
<body>
    <form id="form1" runat="server">
    <asp:Label ID="Label1" runat="server" Text="用户名:"></asp:Label>
    <asp:TextBox ID="TextBox1" runat="server"></asp:TextBox>
    <asp:Label ID="Label2" runat="server" ForeColor="Red"></asp:Label>
    <p>
    <asp:Button ID="Button1" runat="server" Text="提交"
            OnClientClick="javascript:return notNull();" onclick="Button1_Click"/>
    </p>
    </form>
</body>
</html>
```

按 Ctrl+F5 组合键运行,验证失败和验证成功的运行结果分别如图 8-2 和图 8-3 所示。

图 8-2　验证失败的界面　　　　　　图 8-3　验证成功的界面

注意以下两点:

(1) 不要忘记在 Button 控件标签中添加代码 OnClientClick="javascript:return notNull();"。

(2) 双击 Button 时,该控件标签中会自动添加代码 onclick="Button1_Click"。

例 8-2 服务器端数据验证实例。新建一个网站,命名为 Ch8-2,默认主页为 Default. aspx。控件的添加与设置同例 8-1。

双击 Button 控件,编写服务器端的 C# 代码来验证用户输入是否为空。代码如下:

```csharp
protected void Button1_Click(object sender, EventArgs e)
{
    Label2.Text = "";
    if (TextBox1.Text == "")
    {
        Label2.Text = "用户名不能为空";
    }
    else
    {
        Response.Write("<script>alert('验证通过后才执行后台的功能代码')</script>");
    }
}
```

运行,验证失败和验证成功的结果分别如图 8-4 和图 8-5 所示。

图 8-4 验证失败的界面　　　　　　　图 8-5 验证成功的界面

　　需要注意的是:以上两个实例分别演示了纯客户端验证和纯服务器端验证,两种方式各有优缺点,那么到底采用哪一种方式更好呢? 为了提高网站整体的安全性,一般采用客户端验证和服务器端验证相结合的方式。

　　请读者结合例 8-1 和例 8-2 的代码,编写客户端和服务器端同时验证用户名是否为空的程序。那么,是否表示客户端的验证代码和服务器端的验证代码都要执行呢? 答案是:不一定。首先执行的是客户端的验证代码,只有验证函数 notNull() 返回 true 时(即客户端验证通过时),才会执行服务器端的验证代码。

8.2 验证控件

　　从 8.1 节的例子可以看出,开发人员自行编写验证代码是比较麻烦的。为了提高开发效率,ASP.NET 提供了一组验证控件,用于在客户端和服务器端对用户输入的信息同时进行验证。验证控件共有 6 个,如图 8-6 所示。

图 8-6 验证控件位置示意图

8.2.1 RequiredFieldValidator——必填验证控件

RequiredFieldValidator 用于检查控件的值是否与初始值不同。该控件可应用于 TextBox、DropDownList、ListBox、RadioButtonList 等控件。

当 RequiredFieldValidator 应用于 TextBox 时,用来保证 TextBox 非空。

例 8-3 RequiredFieldValidator 验证文本框是否为空。新建一个网站,命名为 Ch8-3,默认主页为 Default.aspx。在 Default.aspx 的设计视图中拖曳一个 Label、一个 TextBox、一个 RequiredFieldValidator 和一个 Button 控件。页面布局如图 8-7 所示。

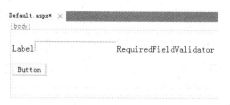

图 8-7 应用 RequiredFieldValidator 控件的页面布局图

各控件属性设置如表 8-2 所示。

表 8-2 各控件属性设置

控 件 名 称	属 性	值
Label1	Text	用户名:
RequiredFieldValidator	ControlToValidate	TextBox1
	ErrorMessage	用户名不能为空
	ForeColor	Red
Button	Text	提交

双击"提交"按钮,编写该按钮的 Click 事件代码如下:

```
protected void Button1_Click(object sender, EventArgs e)
{
    Response.Write("<script>alert('验证通过后才执行后台的功能代码')</script>");
}
```

验证失败和验证成功的结果分别如图 8-8 和图 8-9 所示。

图 8-8 验证失败的界面

图 8-9 验证成功的界面

可以看出，例 8-3 很容易地实现了例 8-1 和例 8-2 相结合才能实现的功能，所以说验证控件大大减轻了开发人员的工作量，使开发人员将注意力集中在网站功能代码的编写上，而不必分散精力去写那些验证代码。

当 RequiredFieldValidator 应用于 DropDownList 等控件时，要设置其 InitialValue 属性，用来保证必须选择一个列表项。

例 8-4 新建一个网站，命名为 Ch8-4，默认主页为 Default.aspx。在 Default.aspx 的设计视图中拖曳一个 DropDownList、一个 RequiredFieldValidator 和一个 Button 控件。页面布局如图 8-10 所示。

图 8-10 页面布局(例 8-4)

为 DropDownList 控件添加 4 个列表项：“选择国籍”、“中国”、“美国”、“法国”。其中“选择国籍”的 Selected 属性设为 True。

RequiredFieldValidator 和 Button 的属性设置如表 8-3 所示。

表 8-3 各控件属性设置(例 8-4)

控件名称	属性	值
RequiredFieldValidator	ControlToValidate	DropDownList1
	ErrorMessage	国籍必须选择
	ForeColor	Red
	InitialValue	选择国籍
Button	Text	提交

验证失败和验证成功的结果分别如图 8-11 和图 8-12 所示。

图 8-11 验证失败的界面    图 8-12 验证成功的界面

8.2.2 CompareValidator ——比较验证控件

CompareValidator 控件将两个值进行比较，以验证是否与 Operator 属性指定的运算符相匹配。

Operator 包括 Equal、NotEqaual、GreaterThan、GreaterThanEqual、LessThan、LessThanEqual(即等于、不等于、大于、大于等于、小于、小于等于)，默认为 Equal。

(1) 比较两个控件的值，需要设置 ControlToCompare 属性和 ControlToValidate 属性。

例 8-5 对输入的密码进行二次验证。新建一个网站，命名为 Ch8-5，默认主页为 Default.aspx。在 Default.aspx 的设计视图中拖曳两个 Label、两个 TextBox、一个 CompareValidator 控件，页面布局如图 8-13 所示。

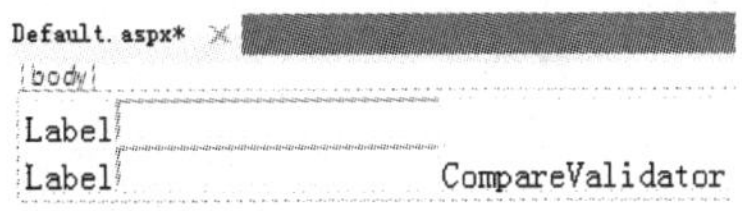

图 8-13 应用 CompareValidator 控件页面布局图

属性设置如表 8-4 所示。

表 8-4　各控件属性设置

控 件 名 称	属　　性	值
Label1	Text	密码：
Label2	Text	确认密码：
CompareValidator	ControlToCompare	TextBox1
	ControlToValidate	TextBox2
	ErrorMessage	两次密码输入不一致
	ForeColor	Red

按 Ctrl＋F5 组合键运行，输入两个密码后，鼠标单击页面的空白处即开始验证。

验证失败和验证成功的结果分别如图 8-14 和图 8-15 所示。

图 8-14　验证失败的界面　　　　　　图 8-15　验证成功的界面

（2）比较控件的值与一个给定的具体值，需要设置 ValueToCompare 属性和 ControlToValidate 属性。

例 8-6　验证竞拍过程中竞拍人的出价，使之不低于 500 元。新建一个网站，命名为 Ch8-6，默认主页为 Default. aspx。在 Default. aspx 的设计视图中拖曳一个 Label、一个 TextBox、一个 CompareValidator 控件，属性设置如表 8-5 所示。

表 8-5　各控件的属性设置

控 件 名 称	属　　性	值
Label	Text	请出价：
CompareValidator	ControlToValidate	TextBox1
	ErrorMessage	出价不得低于 500 元
	ForeColor	Red
	Operator	GreaterThanEqual
	Type	Integer
	ValueToCompare	500

验证失败和验证成功的结果分别如图 8-16 和图 8-17 所示。

图 8-16　验证失败的界面　　　　　　图 8-17　验证成功的界面

（3）检查输入数据是否匹配某一数据类型

例 8-7　验证用户填写的出生日期是否为 Date 类型。新建一个网站，命名为 Ch8-7，默认主页为 Default. aspx。在 Default. aspx 的设计视图中拖曳一个 Label、一个 TextBox、一个 CompareValidator 控件，属性设置如表 8-6 所示。

表 8-6　各控件属性设置

控 件 名 称	属　　性	值
Label	Text	出生日期：
CompareValidator	ControlToValidate	TextBox1
	ErrorMessage	日期格式不正确
	ForeColor	Red
	Operator	DataTypeCheck
	Type	Date

验证失败和验证成功的结果分别如图 8-18 和图 8-19 所示。

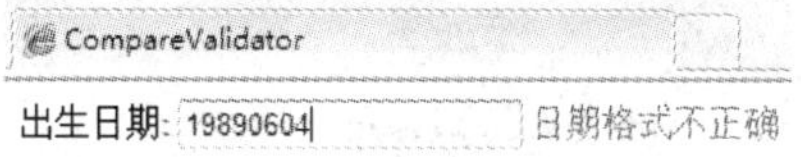

图 8-18　验证失败的界面 　　　　　　　图 8-19　验证成功的界面

此外，1989-6-4、1989/6/4、1989/06/04、1989.6.4、1989.06.04 都可以通过验证。

8.2.3　RangeValidator ——范围验证控件

RangeValidator 控件用于验证输入的值是否在指定的范围内。

例 8-8　验证教师输入的成绩是否在 0～100 范围之内。新建一个网站，命名为 Ch8-8，默认主页为 Default.aspx。在 Default.aspx 的设计视图中拖曳一个 Label、一个 TextBox、一个 RangeValidator 控件，属性设置如表 8-7 所示。

表 8-7　各控件属性设置

控 件 名 称	属　　性	值
Label	Text	成绩：
RangeValidator	ControlToValidate	TextBox1
	ErrorMessage	成绩必须在 0～100 之间
	ForeColor	Red
	MaximumValue	100
	MinimumValue	0
	Type	Double

Type 为 Double，表示接受 90.5 这样带小数的成绩。

验证失败和验证成功的结果分别如图 8-20 和图 8-21 所示。

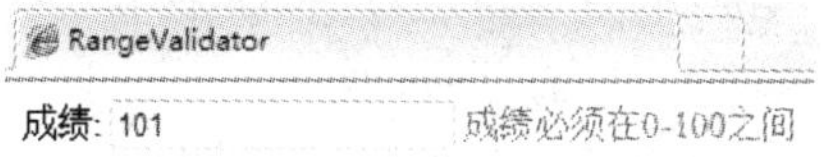

图 8-20　验证失败的界面 　　　　　　　图 8-21　验证成功的界面

8.2.4　RegularExpressionValidator——正则表达式验证控件

RegularExpressionValidator 控件验证用户输入的内容是否与 ValidationExpression 属性中的正则表达式相匹配。

选中 RegularExpressionValidator 控件的 ValidationExpression 属性,单击该属性最右边的小按钮⎕,会打开正则表达式编辑器,里面有 Visual Studio 2010 提供的常用正则表达式列表,如图 8-22 所示。

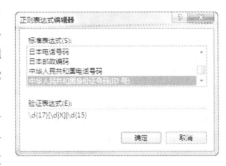

例 8-9　验证用户输入的身份证号码是否符合中华人民共和国身份证号码的标准格式。新建一个网站,命名为 Ch8-9,默认主页为 Default. aspx。在 Default. aspx 的设计视图中拖曳一个 Label、一个 TextBox、一个 RegularExpressionValidator 控件,属性设置如表 8-8 所示。

图 8-22　Visual Studio 自带的正则表达式编辑器

表 8-8　各控件属性设置

控 件 名 称	属 性	值
Label	Text	身份证号码:
RegularExpressionValidator	ControlToValidate	TextBox1
	ErrorMessage	请输入正确的身份证号码(15 位或 18 位)
	ForeColor	Red
	ValidationExpression	\d{17}[\d|X]|\d{15}

其中正则表达式的选择按照图 8-22,选择"中华人民共和国身份证号码(ID 号)",或按照表 8-8,直接输入"\d{17}[\d|X]|\d{15}"。

验证失败和验证成功的结果分别如图 8-23、图 8-24 和图 8-25 所示。

图 8-23　验证失败的界面

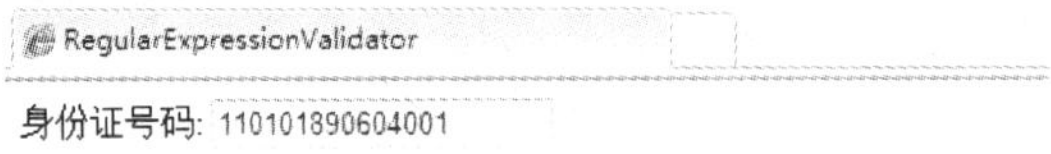

图 8-24　15 位身份证号码验证成功的界面

图 8-25　18 位身份证号码验证成功的界面

8.2.5 CustomValidator——自定义验证控件

当现有的验证控件无法满足开发人员的需求时,可以通过 CustomValidator 控件自行编写验证函数。

例 8-10 验证输入的字符或汉字数不少于 10 个。新建一个网站,命名为 Ch8-10,默认主页为 Default. aspx。在 Default. aspx 的设计视图中拖曳一个 Label、一个 TextBox、一个 CustomValidator 和一个 Button 控件,页面布局如图 8-26 所示。

图 8-26 应用 CustomValidator 控件的页面布局图

各控件属性设置如表 8-9 所示。

表 8-9 各控件属性设置

控 件 名 称	属 性	值
Label	Text	个人简介:
TextBox	TextMode	MultiLine
CustomValidator	ClientValidationFunction	validate_length
	ControlToValidate	TextBox1
	ErrorMessage	不少于 10 个字符或汉字
	ForeColor	Red
Button	Text	提交

首先编写服务器端验证函数,双击 CustomValidator 控件,编写 ServerValidate 事件代码如下:

```
protected void CustomValidator1_ServerValidate(object source, ServerValidateEventArgs args)
{
    //args.Value 为文本框中输入的文本
    args.IsValid = false;
    if (args.Value.Length >= 10)
    args.IsValid = true;
}
```

同时采用 JavaScript 语言编写客户端验证函数 validate_length,代码如下所示:

```
<script language = "javascript" type = "text/javascript">
        function validate_length(source, args) {
            args.IsValid = false;
            if (document.getElementById("<% = TextBox1.ClientID %>").value.length >= 10)
                args.IsValid = true;
        }
</script>
```

验证失败和验证成功的结果分别如图 8-27 和图 8-28 所示。

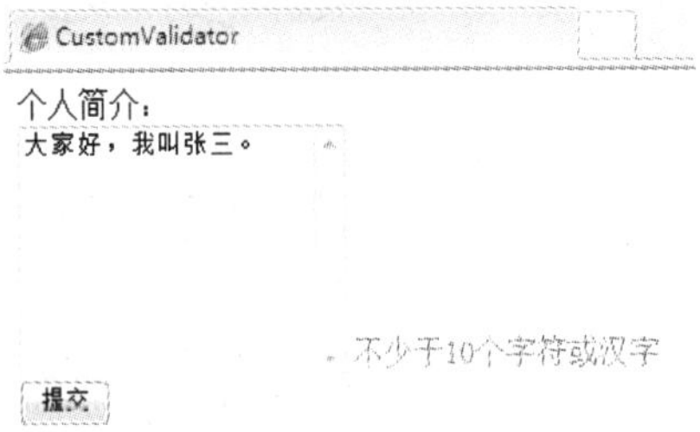

图 8-27 验证失败的界面

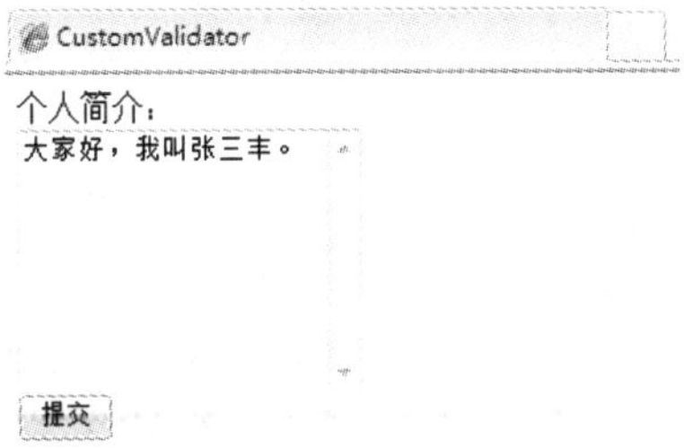

图 8-28 验证成功的界面

8.2.6 ValidationSummary——验证信息汇总控件

ValidationSummary 控件用于显示页面中所有的验证控件验证失败的信息。

例 8-11 结合例 8-3、例 8-5、例 8-7,显示所有验证控件的验证失败信息。相关控件的添加及属性设置不再赘述。此外,将三个验证控件的 Text 属性都设置为"＊",再拖曳一个 ValidationSummary 控件,将其 ForeColor 属性设为 Red。网站设计视图布局如图 8-29 所示。

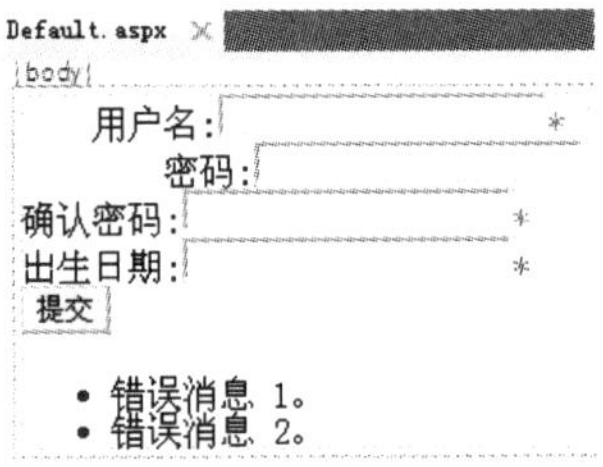

图 8-29 应用 ValidationSummary
控件的页面布局图

在网站源视图中,编写的代码如下所示:

```
< form id = "form1" runat = "server">
    < div >
           
        < asp:Label ID = "Label1" runat = "server" Text = "用户名:"></asp:Label >
        < asp:TextBox ID = "TextBox1" runat = "server"></asp:TextBox >
        < asp:RequiredFieldValidator ID = "RequiredFieldValidator1" runat = "server"
ControlToValidate = "TextBox1" ErrorMessage = "用户名不能为空" ForeColor = "Red"> ＊
</asp:RequiredFieldValidator >
        < br />
               
        < asp:Label ID = "Label2" runat = "server" Text = "密码:"></asp:Label >
        < asp:TextBox ID = "TextBox2" runat = "server"></asp:TextBox >
        < br />
        < asp:Label ID = "Label3" runat = "server" Text = "确认密码:"></asp:Label >
        < asp:TextBox ID = "TextBox3" runat = "server"></asp:TextBox >
        < asp:CompareValidator ID = "CompareValidator1" runat = "server"
ErrorMessage = "两次输入的密码不一致" ControlToCompare = "TextBox2"
ControlToValidate = "TextBox3" ForeColor = "Red"> ＊ </asp:CompareValidator >
        < br />
        < asp:Label ID = "Label4" runat = "server" Text = "出生日期:"></asp:Label >
        < asp:TextBox ID = "TextBox4" runat = "server"></asp:TextBox >
        < asp:CompareValidator ID = "CompareValidator2" runat = "server"
ControlToValidate = "TextBox4" ErrorMessage = "日期格式不正确" ForeColor = "Red"
Operator = "DataTypeCheck" Type = "Date"> ＊ </asp:CompareValidator >
        < br />
        < asp:Button ID = "Button1" runat = "server" Text = "提交" />
        < asp:ValidationSummary ID = "ValidationSummary1" runat = "server" />
    </div>
</form >
```

运行,单击"提交"按钮后,验证失败和验证成功的结果分别如图 8-30 和图 8-31 所示。

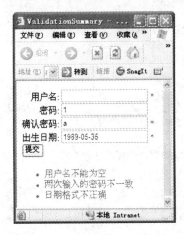

图 8-30 验证失败的界面

图 8-31 验证成功的界面

注意:若验证控件同时设置了 ErrorMessage 属性和 Text 属性,ValidationSummary 控件汇总的错误提示信息为 ErrorMessage 的值,而其他验证控件显示的错误提示信息为 Text 的值。

8.3 图片或声音用作验证提示信息

上述例题都是以文本方式通知用户验证失败,而有些场合需要采用图片或声音提示。

例 8-12 采用图片提示验证失败。打开例 8-3 创建的网站,将 error. gif 图片文件复制到网站的解决方案资源管理器中。

选中 RequiredFieldValidator,在属性窗口中将其 Text 属性设置为<img src="error. gif">,如图 8-32 所示。

按 Ctrl+ F5 组合键运行,当验证失败时,结果如图 8-33 所示。

例 8-13 采用声音提示验证失败。打开例 8-3 创建的网站,将 error. wav 声音文件复制到网站的解决方案资源管理器中。

选中 RequiredFieldValidator,在属性窗口中将其 Text 属性设置为<embed hidden="true" src="error. wav">,同时将 EnableClientScript 属性设置为 False,如图 8 34 所示。

按 Ctrl+ F5 组合键运行,当验证失败时即播放错误提示声音。

注意:

(1) EnableClientScript 属性设置为 False 表示不启用客户端脚本验证,如果未设置此属性,验证通过时也会播放提示声音。

(2) 由于 W3C 标准不支持<embed>标签,所以在有的浏览器上运行无声音提示,请读者采用 IE、Chrome 等支持该标签的浏览器。

同理,例 8-4~例 8-11 中的其他验证控件也可按照同样的方法设置图片或声音作为验证失败的提示信息。

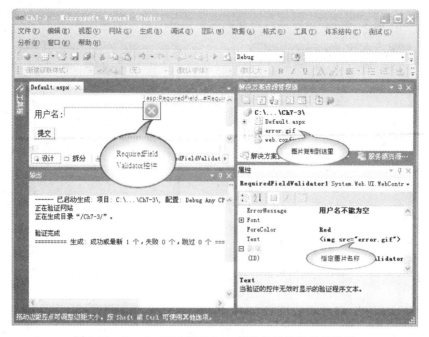

图 8-32　RequiredFieldValidator 控件的属性设置示意图

图 8-33　验证失败的界面

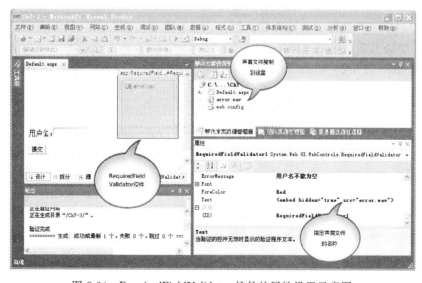

图 8-34　RequiredFieldValidator 控件的属性设置示意图

8.4 验证相关的常用属性

8.4.1 SetFocusOnError 属性

验证控件的 SetFocusOnError 属性是一个 Boolean 类型,默认值为 False。如果设置为 True,表示若此验证控件验证失败,则该验证控件的 ControlToValidate 属性设置的被验证控件将自动获得焦点。

以例 8-5 创建的网站为例,将 CompareValidator 控件的 SetFocusOnError 属性设置为 True。当验证失败时,TextBox2 自动获得焦点,如图 8-35 所示。

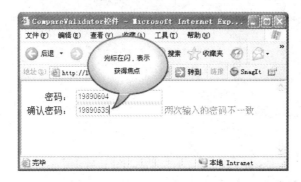

图 8-35 验证失败时自动获得焦点

8.4.2 CausesValidation 属性

Button 控件的 CausesValidation 属性是一个 Boolean 类型,默认值为 True,表示执行验证。若页面有多个 Button,在默认情况下,单击任何一个 Button 都将执行验证。若某 Button 的 CausesValidation 属性设置为 False,表示单击该 Button 不执行验证。

在例 8-11 的基础上,添加一个"取消"按钮,将该按钮的 CausesValidation 属性设置为 False。运行后,单击"取消"按钮,结果如图 8-36 所示。

图 8-36 CausesValidation 属性为 False 则 Button 不执行验证

8.4.3 ValidationGroup 属性

该属性可以让同一个网页上的不同功能模块分别进行验证而互不干扰。方法是将同一功能模块内的验证控件和 Button 控件设置同样的 ValidationGroup 属性。

例 8-14 使用 ValidationGroup 属性创建验证组。新建一个网站,命名为 Ch8-14,默认主页为 Default.aspx。在 Default.aspx 的设计视图中拖曳四个 Label、三个 TextBox、两个 Button、三个 RequiredFieldValidator 和一个 RegularExpressionValidator 控件。页面布局如图 8-37 所示。

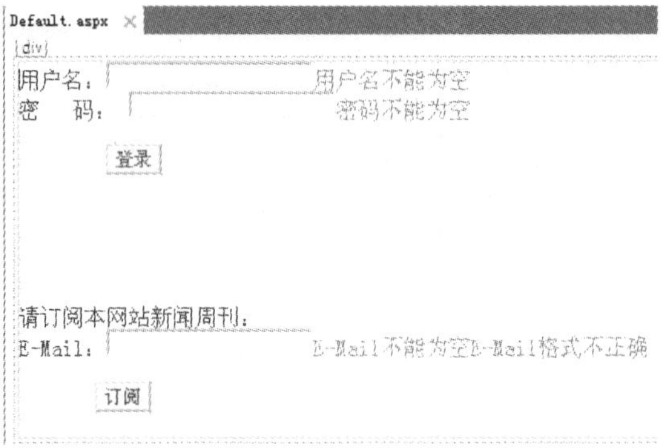

图 8-37 应用 ValidationGroup 属性的页面布局图

各验证控件属性设置如表 8-10 所示。

表 8-10 属性设置表

控 件 名 称	属　　性	值
RequiredFieldValidator1	ControlToValidate	TextBox1
	ErrorMessage	用户名不能为空
	ForeColor	Red
RequiredFieldValidator2	ControlToValidate	TextBox2
	ErrorMessage	密码不能为空
	ForeColor	Red
RequiredFieldValidator3	ControlToValidate	TextBox3
	ErrorMessage	E-Mail 不能为空
	ForeColor	Red
RegularExpressionValidator1	ControlToValidate	TextBox3
	ErrorMessage	E-Mail 格式不正确
	ForeColor	Red

此外,RegularExpressionValidator1 控件的 ValidationExpression 属性设置为 \w+([-+.']\w+)*@\w+([-.]\w+)*\.\w+([-.]\w+)* (按图 8-22 在正则表达式编辑器中选择"Internet 电子邮件地址"即可)。

运行后,不输入任何内容,直接单击"登录"按钮,此时居然连 E-Mail 也一起验证了,如图 8-38 所示。

图 8-38 不设置 ValidationGroup 属性的结果

因为登录和订阅是互不相关的两个功能模块，如何让两个模块单独进行验证呢？这就需要用到 ValidationGroup 属性。

将 RequiredFieldValidator1、RequiredFieldValidator2 和"登录"按钮的 ValidationGroup 属性设置为"login"。

将 RequiredFieldValidator3、RegularExpressionValidator1 和"订阅"按钮的 ValidationGroup 属性设置为"subscribe"。

即创建了"login"和"subscribe"两个验证组，分别单独进行验证。再次运行，不输入任何内容，分别单击"登录"按钮和"订阅"按钮，结果如图 8-39 和图 8-40 所示。

图 8-39 登录模块单独验证   图 8-40 订阅模块单独验证

8.4.4 Display 属性

该属性可设置当验证通过时验证控件是否占用页面位置。Static 表示占用,Dynamic 表示不占用,默认值为 Static。

打开例 8-14 创建的网站,当输入错误的 E-mail 格式时,运行结果如图 8-41 所示。验证失败信息左边的空位是留给 RequiredFieldValidator3 控件的。

此时,将 RequiredFieldValidator3 控件的 Display 属性设置为 Dynamic,运行结果如图 8-42 所示。

图 8-41 Display 属性为 Static   图 8-42 Display 属性为 Dynamic

8.5 小结

俗话说病从口入,而网站的不安全因素也多来自用户输入。本章着重介绍了用来验证用户输入的 6 个验证控件:RequiredFieldValidator、CompareValidator、RangeValidator、RegularExpressionValidator、CustomValidator、ValidationSummary。通过本章的学习,读者应能学会如何从对用户输入进行验证的角度提高网站的安全性。

8.6 课后习题

8.6.1 作业题

1. 验证用户输入的真实姓名必须是 2~4 个汉字,如图 8-43 和图 8-44 所示。已知验证汉字的正则表达式是:([\u4e00-\u9fa5]{2,4})。

图 8-43 姓名验证失败 　　　　　　　　　图 8-44 姓名验证成功

2. 验证用户输入的零售价必须大于等于批发价（如图 8-45 和图 8-46 所示）。

图 8-45 比较验证失败 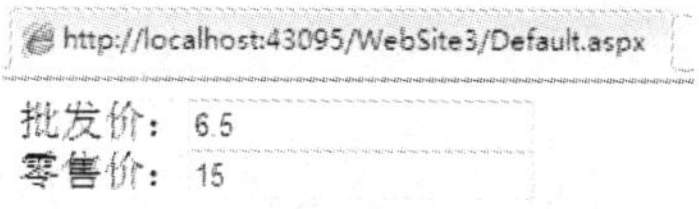　　　　　　　　　图 8-46 比较验证成功

8.6.2　思考题

客户端数据验证与服务器端数据验证的区别是什么？

8.7　上机实践题

验证列车车次是否合法，车次编码规则有两种，一种是以字母 C、D、G、Z、T、K、L、A、Y 开头后接 1～4 位数字，另外一种是以四位数字组成并且在 1000～7999 之间，如果不符合以上两种编码规则提示"输入车次不符合要求，请核对后重新输入！"。

第9章

用户控件、主题和CSS样式

随着 Internet 的高速发展,网站的数量不断增多,网站的美观程度越来越受到重视,这直接影响着网站的受欢迎程度。因此在网站开发过程中,设计美观实用的用户界面变得越来越重要。用户控件、主题与 CSS 样式都是设置网站外观的技术,使用这些技术可以使网站外观风格统一。主题与 CSS 两种技术经常结合起来使用。

本章主要学习目标如下:

- 掌握用户控件的创建和使用方法。
- 掌握主题的定义和应用方法;
- 掌握 CSS 样式表的定义和应用方法,特别是独立样式表文件的创建;
- 理解皮肤文件与 CSS 样式表的区别与联系。

9.1 用户控件

9.1.1 用户控件的定义

用户控件是一种用户自定义的控件,通常由多个控件组合而成。如果在多个页面中,有部分区域要显示相同的页面内容,就应该考虑将这些页面元素包装在用户控件中。一个用户控件可以在一个或多个页面中重用,一个页面文件中可以放置多个不同的用户控件。利用用户控件可以使网站的开发和维护更容易。

用户控件和网页非常相似,就相当于一个小型网页。但与网页之间又存在着一些区别:

- 用户控件文件的扩展名为.ascx,代码文件的扩展名为.ascx.cs。
- 用户控件中不能包含<HTML>、<BODY>和<FORM>等 HTML 语言标记。
- 用户控件可以单独编译,但不能单独运行,只有将用户控件嵌入到.aspx 文件中,才能和该网页文件一起运行。

9.1.2 创建和使用用户控件

下面通过一个例题演示创建用户控件的基本步骤。

例 9-1 创建一个用来填写详细地址的用户控件,命名为 Address。该用户控件可以用来输入省、市、区/县、乡/街、邮编,并对邮编字段使用了 RegularExpressionValidator 控件进行格式匹配校验。

（1）新建网站 Ch9-1，右击站点根目录，在快捷菜单中选择"添加新项"，打开"添加新项"对话框，如图 9-1 所示。选择"Web 用户控件"，名称框填写"Address.ascx"，单击"添加"按钮。

图 9-1 "添加新项"对话框

（2）设计用户控件。在 Address.ascx 文件的设计视图下放置 5 个 Label 控件和 5 个 TextBox 控件，最后再放置一个 RegularExpressionValidator 控件，设计视图如图 9-2 所示。设置 RegularExpressionValidator 控件的 ControlToValidate 属性值为 TextBox5；设置 ValidationExpress 属性，使之能够校验中国邮政编码的格式；设置 ErrorMessage 属性值为"不符合邮编格式"。

图 9-2 用户控件设计视图

（3）执行"生成"菜单"生成页"命令，以编译此用户控件。

（4）在页面中使用用户控件。将用户控件 Address 从"解决方案资源管理器"面板拖曳到 Default.aspx 页面的设计视图中，即应用了该用户控件。在 Web 浏览器中预览网页 Default.aspx，效果如图 9-3 所示。

查看 Default.aspx 的源视图，发现注册用户控件的代码为：

```
<%@ Register src = "Address.ascx" tagname = "Address" tagprefix = "uc1" %>
```

使用用户控件的代码为：

```
< uc1:Address ID = "Address1" runat = "server" />
```

使用用户控件的页面要先通过＜%@Register＞语句注册用户控件。tagprefix 用来指明用户控件的命名空间(此例是 uc1)。如果在一个页面中使用了多个用户控件，而不同用户控件又出现了重名，命名空间就是区别它们的标志；tagname 用来指明用户控件的名称，它与命名空间一起唯一标识一个用户控件(此例是 uc1:Address)；src 用来指明用户控件文件的相对路径(此例表示与 Default.aspx 同目录下的文件 Address.ascx)。

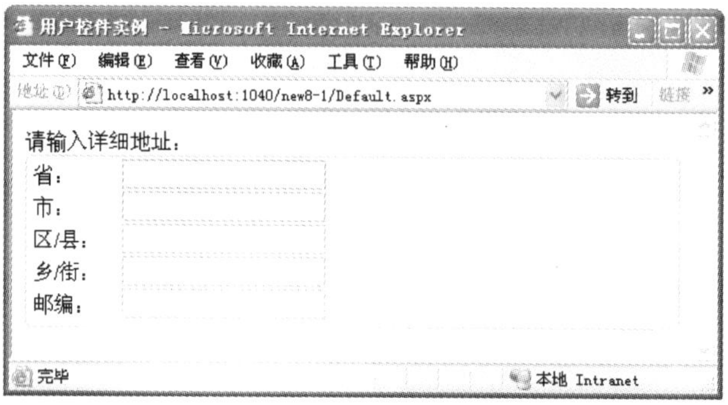

图 9-3 预览效果图

9.1.3 提供用户控件的属性接口

系统提供的控件都具有一些属性供编程者使用。但通过例 9-1 我们发现，在使用用户控件的页面上，用户控件被当作一个封闭的整体，其内部属性是不可使用的。可否根据需要让用户控件提供一些属性接口，使得开发人员可以更加灵活地使用这些用户控件属性呢？当然可以。比如要提供出 Address 中每个 TextBox 的 Text 属性，则在 Address.ascx 源代码中编写代码如下：

```
< script runat = "server">
    public string sheng
    {
        get { return TextBox1.Text; }
        set { TextBox1.Text = value; }
    }
    public string shi
    {
        get { return TextBox2.Text; }
        set { TextBox2.Text = value; }
    }
    public string qu
    {
        get { return TextBox3.Text; }
        set { TextBox3.Text = value; }
    }
    public string jie
    {
        get { return TextBox4.Text; }
```

```
        set { TextBox4.Text = value; }
    }
    public string youbian
    {
        get { return TextBox5.Text; }
        set { TextBox5.Text = value; }
    }
</script>
```

图9-4 用户控件 Address1 的属性面板

这样,在应用用户控件 Address 时,它的"属性"面板上就多出了 sheng、shi、qu、jie、youbian 属性,如图 9-4 所示。编程者既可以设置也可以获取其值,就像使用普通控件的属性一样。

9.2 主题

9.2.1 主题的定义

控件几乎都具有 style 对象模型,用于设置字体、背景颜色、高度、宽度等样式属性。所谓"主题"就是页面和控件样式属性设置的集合。主题是自 ASP.NET 2.0 以后提供的一种技术。它将 CSS、服务器控件的外观以及各种网站资源的管理有机地组织在一起,为开发者设计统一的页面样式提供了更方便的手段。利用主题为控件定义外观,可以一次定义、多处应用,使整个网站风格统一。利用主题还可以动态实现网站的不同外观切换。

主题由 组文件构成,其中可以包括皮肤文件、级联样式表(CSS)文件和图片等资源文件,至少要包含皮肤文件。
- 皮肤文件是定义服务器控件外观的地方,扩展名为.skin,主题中可以包含一个或多个皮肤文件。
- 主题中的级联样式表文件一般用来定义普通 HTML 控件的外观,主题中可以包含一个或多个级联样式表文件。
- 主题中可以包含图片、脚本、声音等文件,一般是当前主题用到的资源文件。

9.2.2 创建、应用和禁用主题

创建主题必须遵守如下一些规则:
- 在站点根目录下创建目录 App_Themes,专门用来存放应用程序主题;
- 在目录 App_Themes 下创建至少一个主题目录,默认名称为 Theme1;
- 在"主题目录"下创建至少一个皮肤文件;
- 每个皮肤文件都可以定义一个或多个控件的外观属性。

下面通过一个例题详细说明如何创建并应用主题。

例 9-2 创建一个主题 Theme1,设置控件 Panel、Button 和 Text 的外观,并在网页文件 Default.aspx 中应用该主题。

(1)创建主题目录。新建网站 Ch9-2,在"解决方案资源管理器"中,右击网站根目录,执

行快捷菜单命令"添加 ASP.NET 文件夹"→"主题"。在当前网站根目录下自动生成一个专用目录 App_Themes,并且在这个专用目录下生成一个主题目录,命名为"主题 1"。

(2)创建并编辑皮肤文件。右击主题目录"主题 1",在弹出的快捷菜单中执行"添加新项"命令,打开"添加新项"对话框,在列表框中选择"外观文件",创建默认名为 SkinFile.skin 的皮肤文件,如图 9-5 所示。专用目录、主题目录、皮肤文件三者之间的关系如图 9-6 所示。

图 9-5 "添加新项"对话框

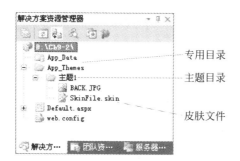

图 9-6 专用目录、主题目录、皮肤文件的关系

在皮肤文件 SkinFile.skin 中,输入如下代码:

```
< asp:Button runat = "server"   BackColor = "#CCCCCC"   BorderColor = "Blue"
BorderStyle = "Solid"   BorderWidth = "1px"   ForeColor = "Blue"   Height = "20px" />
< asp:TextBox runat = "server"   BackColor = "#CCCCCC"   BorderColor = "Blue" BorderStyle =
"Solid"
BorderWidth = "1px"   ForeColor = "Blue"   Height = "20px"/>
< asp:Panel runat = "server"   style = "background - image: url(App_Themes/Theme1/back.jpg);
background - repeat: repeat - x"   BorderColor = "blue"   BorderStyle = "dashed" BorderWidth = "1px"/>
```

提示:在皮肤文件中输入的代码较多,完全可以在页面中利用"属性"面板设置好控件的属性,再将生成的 HTML 代码粘贴到皮肤文件中。需要注意的是,用皮肤文件只能定义控件的外观属性(如 BackColor 等),不能定义行为属性(如 AutoPostBack 等)。

(3) 应用主题。打开 Default.aspx 文件,在页面中插入一个"面板"控件、一个"文本框"控件和一个"按钮"控件。

应用主题有两种方式:一种是将主题应用于单个网页文件中,另一种是将主题应用于整个网站的全部文件。

- 主题"主题 1"仅应用于 Default.aspx 文件,可以设置 Default.aspx 文档的 Theme 属性为"主题 1"。查看文档 Default.aspx 生成的相关代码如下:

```
<%@ Page Language = "C♯" AutoEventWireup = "true" CodeFile = "Default.aspx.cs" Inherits =
"Default" Theme = "主题 1"%>
```

- 主题"主题 1"应用于整个网站内的所有文件,可以在网站根目录下的 Web.config 文件中进行定义,代码如下:

```
<configuration>
    <system.web>
        <pages theme = "主题 1"></pages>
        ……
    </system.web>
    ……
</configuration>
```

若既对网站应用了主题又对文件应用了主题,在文件中应用的主题优先级高于在网站中应用的主题。

(4) 在 Web 浏览器中预览网页效果,如图 9-7 所示。

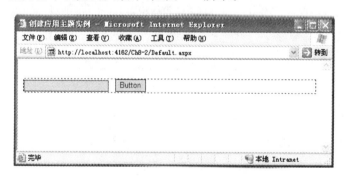

图 9-7　网页预览效果

以上例题中提到了两种应用主题的方法,相应地如何禁用主题呢?要禁用页面主题,只要在页头<%@ Page %>语句中设置 EnableTheming="false"即可;要禁用整个网站的主题,只要在 Web.config 文件中将<pages>配置的 Theme 属性值设为空(" ")即可。

9.2.3　同一控件定义多种外观

有时需要对同一种控件定义多种显示风格,可以利用控件的 skinid 属性来区别,具体使用方法通过下面实例阐述。

例9-3   创建一个主题 TextTheme，为文本框及按钮控件设置三种颜色外观"红色"、"橙色"和"黑色"，并在网页文件 Default. aspx 中应用该主题。

（1）创建主题。新建网站 Ch9-3，在专用目录"App_Themes"下新建主题目录 TextTheme，创建皮肤文件 SkinFile. skin，编辑代码如下：

```
< asp:TextBox runat = "server" BorderColor = "red" BorderStyle = "Solid" BorderWidth = "1px"
skinid = "red"/>
< asp:Button    runat = "server" BackColor = "White" BorderColor = "Red" BorderStyle = "Solid"
ForeColor = "Red" skinid = "red"/>
< asp:TextBox runat = "server" BorderColor = "orange" BorderStyle = "Solid" BorderWidth = "1px"
skinid = "orange"/>
< asp:Button    runat = "server" BackColor = "White" BorderColor = "orange" BorderStyle = "Solid"
ForeColor = "orange"    skinid = "orange"/>
< asp:TextBox runat = "server" BorderColor = "black" BorderStyle = "Solid" BorderWidth = "1px"/>
< asp:Button    runat = "server"    BackColor = "White" BorderColor = "black" BorderStyle = "Solid"
ForeColor = "black"/>
```

（2）应用主题。打开网页文件 Default. aspx，设置文档的 Theme 属性为 TextTheme，创建三个文本框控件和三个按钮控件，如图 9-8 所示放置。设置第一行文本框和按钮控件的 skinid 属性值为 red，设置第二行文本框和按钮控件的 skinid 属性值为 orange，设置第三行文本框和按钮控件的 skinid 属性值为 black。在网页中预览效果如图 9-8 所示。

图 9-8   网页预览效果

提示：当应用程序主题较多，页面内容较复杂时，存在如何组织多个皮肤文件的问题，如果不能解决好这个问题，可能给开发带来混乱。表 9-1 列举了三种常见的皮肤文件组织方式。

表 9-1   皮肤文件的组织方式

组织依据	文件夹示意图	说　　明
根据 SkinID	App_Themes 主题1 Default. skin Orange. skin Red. skin	每个皮肤文件中包含具有相同 SkinID 的多个控件外观定义
根据控件类型	App_Themes 主题1 GridView. skin Login. skin TreeView. skin	每个皮肤文件定义一种控件的外观
根据页面	App_Themes 主题1 DataReport. skin DetailPage. skin HomePage. skin	每个皮肤文件定义一个页面的控件外观

9.2.4　动态加载主题——网页换肤

一些网站提供了"换肤"功能,用户可以根据自己的喜好选择外观。这一技术的实现思路是:首先定义多个主题,在不同的主题下分别定义页面外观;然后在网页中提供选择控件,让用户选择使用哪种主题;最后在合适的事件处理代码中重写页面的 StyleSheetTheme 属性。这里使用的页面 StyleSheetTheme(样式表主题)属性与上文提到的 Theme(主题)属性相似,都是用来让网页应用主题的,它们之间的区别在于应用主题时的优先级不同。StyleSheetTheme 属性定义的控件外观、直接在控件上定义的外观、Theme 属性定义的控件外观,三者优先级依次提高。因此,若使用 Theme 属性实现换肤功能,很可能覆盖掉直接定义在控件上的一些外观。下面实例详细说明了网页换肤功能的实现方法。

图 9-9　主题目录和皮肤文件

例 9-4　在网站中设置"红色"和"蓝色"两种主题,网页中添加一个下拉列表框,允许用户选择不同的皮肤,实现换肤功能。

(1)新建网站 Ch9-4。创建两个主题,设置两个主题目录 BlueTheme 和 RedTheme,分别在其中定义皮肤文件 BlueSkin.skin 和 RedSkin.skin。在两个主题目录下分别放置图片文件 blue.jpg 和 red.jpg,如图 9-9 所示。

(2)编辑皮肤文件。编辑 BlueSkin.skin 文件代码如下:

```
< asp:Panel   runat = "server" BorderColor = "Blue" BorderStyle = "Dashed" BorderWidth = "2px"
ForeColor = "blue"/>
< asp:BulletedList runat = "server" BulletImageUrl = "blue.jpg" BulletStyle = "CustomImage"
DisplayMode = "HyperLink" ForeColor = "Blue"/>
```

编辑 RedSkin.skin 文件代码如下:

```
< asp:Panel   runat = "server" BorderColor = "red" BorderStyle = "Dashed" BorderWidth = "2px"
ForeColor = "red" />
< asp:BulletedList runat = "server" BulletImageUrl = "red.jpg" BulletStyle = "CustomImage"
DisplayMode = "HyperLink" ForeColor = "red"/>
```

(3)编辑页面 Default.aspx。打开文档 Default.aspx,插入 DropDownList 控件,并添加两个列表项:第一项的 text 属性为"蓝色",value 属性为 BlueTheme;第二项的 text 属性为"红色",value 属性为 RedTheme。DropDownList 控件的 AutoPostBack 属性设为 True。在页面中插入一个 Panel 控件,Width 属性设为 300px;在 Panel 中插入 BulletedList 控件,配置数据源 SqlDataSource1,并绑定到 BulletedList 控件,具体配置和绑定过程本例不再赘述。页面设计视图如图 9-10 所示。

(4)编写后台代码。编辑 Default.aspx.cs 文件的代码,如下所示:

```
using System;
using System.Data;
using System.Configuration;
using System.Collections;
```

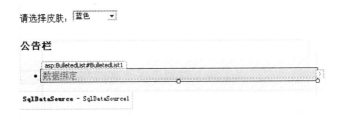

图 9-10　页面中的控件

```
using System.Web;
using System.Web.Security;
using System.Web.UI;
using System.Web.UI.WebControls;
using System.Web.UI.WebControls.WebParts;
using System.Web.UI.HtmlControls;
public partial class _Default : System.Web.UI.Page
{
    protected void DropDownList1_SelectedIndexChanged(object sender, EventArgs e)
    {
        //保存该客户选择的主题
        Session["StyleSheetTheme"] = DropDownList1.SelectedValue;
        //重新加载当前页
        Server.Transfer("Default.aspx");
    }
    //重载页面的 StyleSheetTheme 属性,该函数在页面装载之前,先于 DropDownList1_Init()函数
    //被调用
    public override String StyleSheetTheme
    {
        get
        {
            if (Session["StyleSheetTheme"] != null)
                return Session["StyleSheetTheme"].ToString();
            else
                return "BlueTheme";
        }
    }
    protected void DropDownList1_Init(object sender, EventArgs e)
    {
        //保存该客户的默认主题 BlueTheme
        Session["StyleSheetTheme"] = Page.StyleSheetTheme;
        //初始化 DropDownList1 的选项
        DropDownList1.SelectedValue = Session["StyleSheetTheme"].ToString();
    }
}
```

代码中利用 Session 对象保存了用户前次选择的皮肤,以便下次来到该页面时自动显示该用户喜爱的外观。

(5) 在 Web 浏览器中预览网页效果,如图 9-11 所示。

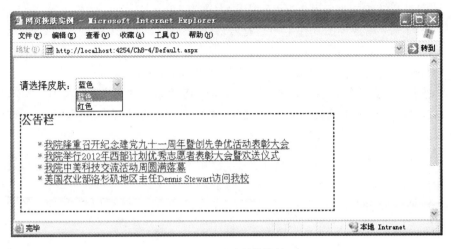

图 9-11　网页预览效果

9.3　CSS 样式

9.3.1　CSS 样式的定义

CSS(Cascading Style Sheet)译为层叠样式表。所谓样式,就是一组格式;所谓层叠,是指当若干样式间所定义的格式发生冲突时,将依据层次顺序进行处理。

在 CSS 产生以前,页面元素的编辑和格式定义共同交错在网页文件中。这使得格式的定义、修改、查看都很不方便。使用 CSS 样式表就是将格式的定义与内容的编辑分离开来。我们可以单独定义一个 CSS 样式表,并在网页中应用该样式表中的样式。一个样式可以被应用于多处,代码得到高度共享。通常,一个站点的所有网页具有统一的外观风格,因此只需定义一个 CSS 样式表,站点中所有页面文件都应用该样式表中的样式。

在 Web 页面中,定义控件的样式有三种方式:设置控件的 Style 属性、在网页文件中定义 CSS 样式表、创建独立的 CSS 样式表文件(.css 文件)。若一个控件同时应用了多种样式规则,直接定义在控件上的 style 属性优先级最高,而独立 CSS 文件中的样式规则优先级最低。在实际开发过程中,把样式表定义在单独的样式表文件中是最为常用的一种方式。

9.3.2　创建并应用 CSS 样式表文件

利用 CSS 样式表定义网页中普通文字和超链接文字的格式,是 CSS 样式最基础而重要的应用。例 9-5 运用 CSS 样式表定义文本格式,并说明在网站中创建独立 CSS 样式表文件的步骤,以及应用 CSS 样式的方法。

例 9-5　在网站中,通过定义样式表 StyleSheet.css,实现下列外观样式:

- 普通文本:红色、倾斜。
- 超链接文本:蓝色,无下划线,大小为 12px。
- 鼠标经过超链接:深黄色、带下划线、加粗、大小为 12px。

- 访问过超链接文本：黑色，无下划线，大小为 12px。
- 列表样式：用指定图片作为项目符号。

最后，将样式应用到网页 Default.aspx 文件中。

(1) 新建一个网站，名称为 Ch9-5，默认主页为 Default.aspx。

(2) 创建样式表文件。右击网站根目录，在快捷菜单中执行"添加新项"命令，打开"添加新项"对话框，在列表中选择"样式表"，便创建了一个默认命名为 StyleSheet.css 的文件，如图 9-12 所示。

图 9-12　"添加新项"对话框

(3) 添加样式规则。一个样式表由若干样式规则组成，样式规则定义的语法格式如下：

```
选择符{    属性 1：值 1；
          属性 2：值 2；
          ……}
```

样式规则中的选择符有以下三种类型：

- 任意 HTML 元素可以作为选择符。如：body、p、div、a 等。这类样式规则只对相应的网页元素生效。
- 自定义类名作为选择符，格式为".类名"，如：.myhead。这类样式规则可对任何网页元素生效。
- 自定义 ID 作为选择符，格式为"#ID"。如：#mytext。在同一网页文件中，只能有一个网页元素应用某 ID 作为选择符的样式规则。

打开样式表文件 StyleSheet.css，执行"样式/添加样式规则"命令，弹出"添加样式规则"对话框，如图 9-13 所示。

在对话框中选择"类名"方式作为选择符，输入类名".text"，单击"确定"按钮，即创建了第一条样式规则。用同样的方法可以创建类名为".list"的样式规则。再次打开"添加样式

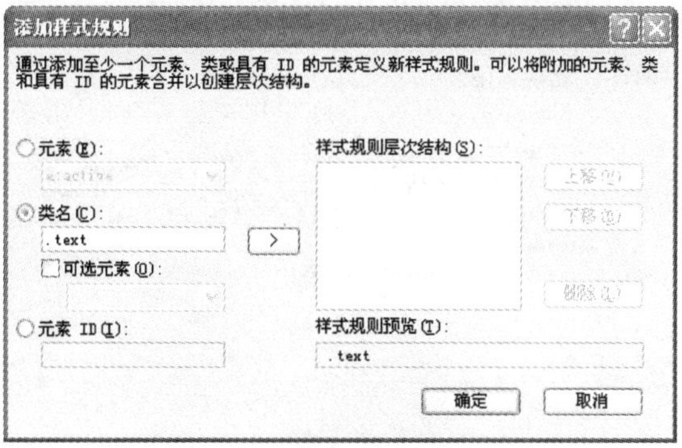

图 9-13　"添加样式规则"对话框

规则"对话框,选择"元素"方式作为选择符,并从列表中选择"a：link"元素,可创建超链接文本的样式规则。以同样方法可以继续创建元素"a：visited"和"a：hover"样式规则。完成以上操作后,生成了 5 个空样式规则,StyleSheet.css 文件代码如下所示:

```
body {
}
.text
{
}
.list
{
}
a:link
{
}
a:visited
{
}
a:hover
{
}
```

　　(4) 编辑样式规则。打开样式表文件 StyleSheet.css,将光标停留在".text"规则前,执行"样式/生成样式"命令,弹出"修改样式"对话框,如图 9-14 所示。在"类别"列表框中选择"字体",设置字体颜色为"红色",样式为"倾斜",随即在"预览"项中,显示了该字体的效果,在"描述"项中显示了该样式规则的源代码。按图 9-15 所示,设置类名为".list"的样式规则。其中,用到图片"listbutton.jpg"已事先存放到该网站根目录下。

　　如上方法继续设置样式规则"a：link"、"a：visited"和"a：hover",最终 StyleSheet.css 文件代码如下:

```
.text
{
color: #FF0000;
font-style: italic;
}
```

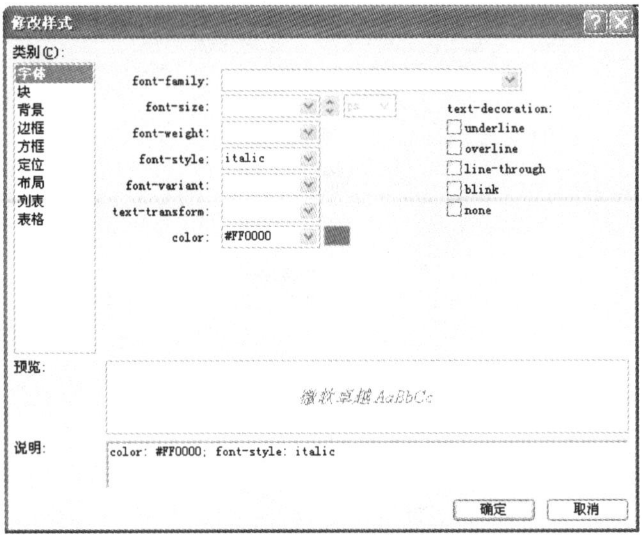

图 9-14 "修改样式"对话框

图 9-15 设置".list"样式规则

```
.list
{
list - style - position: outside;
list - style - image: url( 'listbutton.jpg' );
}
a:link
{
text - decoration: none;
color: #0000FF;
font - size: 12px;
}
a:visited
```

```
{
text – decoration: none;
color: #000000;
font – size: 12px;
}
a:hover
{
color: #808000;
text – decoration: underline;
font – weight: bold;
font – size: 12px;
}
```

（5）应用样式规则。打开网页 Default.aspx，执行"格式/附加样式表"命令，弹出"选择样式表"对话框，如图 9-16 所示，选择 StyleSheet.css 文件后，单击"确定"按钮。该操作在＜head＞和＜/head＞标签之间生成代码如下：

```
< link href = "StyleSheet.css" rel = "stylesheet" type = "text/css" />
```

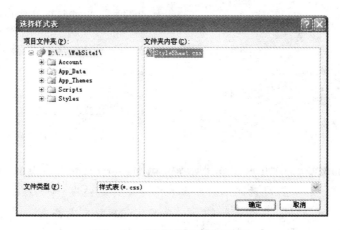

图 9-16 "选择样式表"对话框

在 Default.aspx 文件中添加控件 Label，设置其 Text 属性为"今日要闻"，CssClass 属性为 text。在页面中添加 BulletedList 控件，设置其 DisplayMode 属性为 HyperLink，CssClass 属性为 list。查看页面 Default.aspx 源视图的代码如下：

```
< % @ Page Language = "C # " AutoEventWireup = "true"  CodeFile = "Default.aspx.cs" Inherits =
"_Default" % >
<! DOCTYPE html PUBLIC " – //W3C//DTD XHTML 1.0 Transitional//EN" " http://www.w3.org/TR/
xhtml1/DTD/xhtml1 – transitional.dtd">
< html xmlns = "http://www.w3.org/1999/xhtml">
< head runat = "server">
    < title > CSS 设置文本格式</title>
    < link href = "App_Themes/Theme1/StyleSheet.css" rel = "stylesheet" type = "text/css" />
</head >
< body >
    < form id = "form1" runat = "server">
    < div >
```

```
            < asp:Label ID = "Label1" runat = "server" CssClass = "text" Text = "今日要闻"></asp:
Label >
            < br />
            < asp:BulletedList ID = "BulletedList1" runat = "server" CssClass = "list" DisplayMode =
"HyperLink" Width = "272px">
                < asp:ListItem Value = "♯">农业部关于贯彻实施《食品安全法》的通知</asp:ListItem>
                < asp:ListItem Value = "♯">三类人群禁止接种甲型 H1N1 流感疫苗</asp:ListItem>
                < asp:ListItem Value = "♯"> 抽检原料乳均未发现三聚氰胺
</asp:ListItem >
            </asp:BulletedList >
            < br />
    </div >
    </form >
</body >
</html >
```

页面设置如图 9-17 所示,在 Web 浏览器中预览该网页,效果如图 9-18 所示。

图 9-17　页面元素　　　　　　　　图 9-18　页面预览效果

提示：读者会发现,例 9-5 中如果用主题控制 BulletedList 控件格式,则无法控制其中的超链接文本格式。很多控件的文本显示方式都可以是超链接(即具有 DisplayMode 属性,值可以是 HyperLink)此时,只能采用 CSS 样式定义超链接文本格式。

在 Visual Studio.NET 2010 版中,新建的网站就已存在一个 Styles 文件夹,其下放置了名为 Site.css 的样式表文件。该文件定义了一套默认的样式,包括网页头部、主体、菜单、超链接、表单元素、基本布局等方面的样式。开发者也可以对该文件修改,增加一些样式定义,获得自己需要的样式表。

9.3.3　利用 CSS 布局网页

在设计网页时,经常把 CSS 样式应用到"层(div)"控件上,实现网页布局。下面介绍与 CSS 页面布局相关的几个关键概念。

- 外边距(margin)：用于设定 HTML 元素与其外部元素之间的距离,它由上、右、下、左 4 个边距值组成。例如,要设置与右侧页面元素的距离为 10px,则 CSS 代码为：

```
margin:0px 10px 0px 0px;
```

或写成

```
margin - right:10px;
```

- 内边距（padding）：用于设定 HTML 元素与其内容之间的距离，也由上、右、下、左 4 个值组成，用法与外边距类似。例如，要设置内容与四边框距离均为 10px，则 CSS 代码为：

```
padding:10px;
```

- 边框（border）：用于设定容器的边框线，由线形（border-style）、粗细（border-width）和颜色（border-color）组成。例如，要设置边框线为黑色、实线、下框线为 2px，上、右、左框线均为 1px，则 CSS 代码为：

```
border-style:solid;
border-color:black;
border-width:1px 1px 2px 1px;
```

- 浮动（float）：使 HTML 元素可以在一个页面中不遵守元素流的线性特性布局。也就是，如果不使用浮动，元素将一个接一个地从上排到下。使用浮动，两元素才可以左右并排。
- 清理浮动（clear）：在浮动元素之后的元素将环绕在浮动元素周围，如果不希望这种环绕，而是希望后面的元素出现在下方，那就用 clear。
- 布局类型：最为简单常用的两种布局是固定宽度布局和流体布局。固定宽度布局一般用"像素"来设定总宽度和每一列的宽度。这种布局方式不会拉伸以填充整个浏览器窗口。流体布局的列宽度是用百分比定义的，因此，会自动扩展或压缩宽度以填满整个浏览器。

下面通过实例 9-6 初步应用 CSS 布局技术实现流体两列布局。

例 9-6 新建网站 Ch9-6，默认主页为 Default.aspx。在文件 Default.aspx 中定义一个样式表，该样式表定义了关于当前页面布局的样式规则。将这些样式规则应用于当前页面的"层（div）"控件上。

（1）创建样式表并设置样式规则。打开 Default.aspx 文件，执行"格式"→"新建样式"命令，打开"新建样式"对话框，如图 9-19 所示。

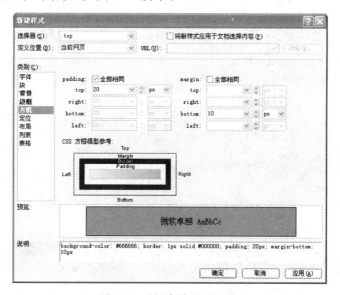

图 9-19 "新建样式"对话框

- 在"选择器"项中输入类名". top"。
- 在"定义位置"项中选择"当前网页"。
- 在"类别"列表框中选择"背景",设置背景颜色为"灰色"。
- 在"类别"列表框中选择"边框",设置线型为 solid,宽度为 1px,颜色为"黑色",勾选 "全部相同"复选框。
- 在"种类"列表框中选择"方框",设置 padding(内边距)项的值为 20px,勾选"全部相同"复选框。设置 margin(外距离)项的 bottom 值为 10px。
- 单击"确定"按钮,完成设置。

(2) 依照同样的方法再定义三个样式规则,类名分别为". left"、". right"和". bottom",详细代码如下:

```
< style type = "text/css">
    .top
    {
        padding:20px;
        margin:0 0 10px 0;
        background:gray;
        border:1px solid black;
    }
    .left
    {
        padding:10px 15px 20px 25px;
        float:left;
        width:65 % ;
        margin - bottom:10px;
        background: yellow;
        border:dotted 1px black;
    }
    .right
    {
        padding:10px;
        float:right;
        width:26 % ;
        margin - bottom:10px;
        background:yellow;
        border:1px solid black;
    }
    .bottom
    {
        clear:both;
        padding:10px;
        border:1px solid black;
    }
</style>
```

(3) 应用样式规则。在文档 Default. aspx 中放置 4 个"层(div)"控件,并按图 9-20 所示输入文字,设置各层的 class 属性值依次为". top"、". left"、". right"、"bottom"。在 Web 浏览器中预览网页的效果如图 9-20 所示。

提示：在 Visual Studio.NET 2010 环境下，提供了"CSS 属性"面板。执行"视图"→"CSS 属性"命令，打开"CSS 属性"面板，如图 9-21 所示。在该面板上操作，比利用"编辑样式"对话框（图 9-19）操作更简洁，适合对 CSS 样式属性较熟悉的用户。

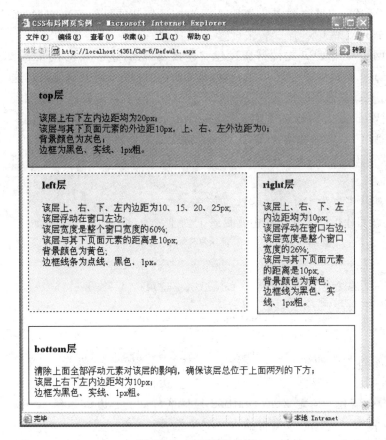

图 9-20　页面预览效果

图 9-21　"CSS 属性"面板

在 Visual Studio.NET 2010 环境下操作样式表，除了可以使用以上例题中提到的菜单命令，还可以通过"应用样式"面板编辑和管理样式。执行"视图"→"应用样式"命令，打开"应用样式"面板，如图 9-22 所示。该面板中不仅有"新建样式"按钮和"附加样式表"按钮，还列出了已定义的样式规则。若要应用某条样式规则，则在页面文件中选中某网页元素，单击"应用样式"面板上的该条样式规则。

图 9-22　"应用样式"面板

9.4　综合运用皮肤文件和 CSS 文件

皮肤文件和 CSS 文件都是用来定义网页文件外观格式的，但两者之间是有区别的。皮肤文件只能用来定义服务器端控件的外观样式，不能定义普通 HTML 控件的外观。而

CSS 样式表虽然可以设置服务器端控件和普通 HTML 控件的样式,但用 CSS 样式表设置服务器端控件的外观存在一些局限性:由于服务器控件在浏览器端呈现时会被转换成 HTML 代码,因此不同的浏览器转换方式不同,就会导致同一个服务器控件,在不同的浏览器下显示不同的外观。综上所述:皮肤文件是设置服务器端控件外观的最佳解决方案,而普通 HTML 控件的外观样式还要靠 CSS 样式表来设置。

在主题功能出现之前,网页应用 CSS 文件是通过建立连接实现的,这一点已在 9.3.2 节中详细说明了。ASP.NET 4.0 提供了主题功能,可以把 CSS 文件添加到主题目录。这样,页面应用了主题,就应用了该主题下的皮肤文件和 CSS 样式文件,不再需要连接样式表的语句。需要注意的是,在 Web 文档头部必须定义<head runat="server" />标记。实例 9-7 具体说明了皮肤文件和 CSS 文件在定义 Web 页面外观中是怎样各显其能的。

例 9-7 在主题中定义 CSS 文件和皮肤文件,设置网页外观样式,并在 Web 文档 Default.aspx 中应用该主题。

(1) 新建网站 Ch9-7。默认主页为 Default.aspx。

(2) 创建主题。新建主题目录"主题 1"。在主题目录下创建名为 SkinFile.skin 的皮肤文件,编辑代码如下:

```
< asp:Label runat = "server" Font - Names = "宋体" ForeColor = "Blue"/>
< asp:Button runat = "server" BackColor = "♯CCCCCC" BorderColor = "Blue" BorderStyle = "Solid"
BorderWidth = "1px" ForeColor = "Blue"/>
< asp:TextBox runat = "server" BorderColor = "Blue" BorderStyle = "Solid" BorderWidth = "1px"
ForeColor = "Blue"/>
```

该皮肤文件中定义了 Label 控件的样式为:字体——宋体、文字颜色——蓝色;定义了 Button 控件的样式为:背景颜色——灰色、边框颜色——蓝色、边框样式——实线、边框粗细——1px、按钮文字颜色——蓝色;还定义了 TextBox 控件的样式为:边框颜色——蓝色、边框样式——实线、边框粗细——1px、文本框输入文字颜色——蓝色。

(3) 添加 CSS 文件。在主题目录"主题 1"下创建名为 StyleSheet.css 的样式表文件。9.2.3 节已详细讲述了编辑样式规则的可视化方法,这里不再赘述,CSS 文件代码如下:

```
#left_top
{
text - align: center;
width:189px;
height: 144px;
border: 1px solid ♯0000FF;
padding - top: 56px;
background - image: url(bg_left_top.jpg);
background - repeat: no - repeat;
}
a:link, a:visited, a:active
{
text - decoration: none;
color: ♯0000FF;
}
a:hover
{
color: ♯FF0000;
```

```
text-decoration: underline;
}
```

该样式表中定义了 id 号为#left_top 的样式规则,准备应用到 HTML 控件"层(div)":文字对齐方式——居中、宽度——189px、高度——144px、边框样式——实线,蓝色,1px 粗、内容与上边框间距——56px、背景图像——事先存放在 Theme1 目录下的图片 bg_left_top.jpg、图片不重复显示;CSS 文件还定义了超链接在悬停状态下的样式规则:文字颜色——红色、带下划线;超链接在其他状态下的样式规则:文字颜色——蓝色、无特殊格式。

(4)应用主题。打开网页文件 Default.aspx,设置文档的 Theme 属性为"主题 1"。在文档中添加两个服务器控件 Label、两个服务器控件 TextBox、两个服务器控件 Button,添加超链接文字"忘记密码",如图 9-23 所示。设置 div 控件的 id 属性为 left_top。在 Web 浏览器中预览页面效果如图 9-24 所示。

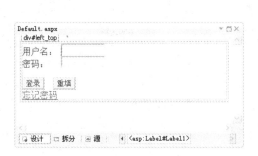

图 9-23　在设计视图下编辑网页

图 9-24　页面预览效果

通过实例 9-7 可以总结,CSS 文件和皮肤文件结合使用时,CSS 文件一般负责页面的布局和超链接文字颜色,皮肤文件一般负责各种服务器控件的外观样式。

9.5　小结

本章讲述了为页面及其元素设置外观样式的三种技术:用户控件、主题和 CSS 样式,并演示了大量控制页面外观的实例。主题和 CSS 两种技术既有区别又有共同之处,既可以单独使用又可以相互结合。主题技术,使得开发人员能够将皮肤和 CSS 技术融合到一个应用方便的软件包中。

9.6　课后习题

9.6.1　作业题

1. 什么是用户控件? 用户控件文件的扩展名是什么? 其代码文件的扩展名是什么?
2. 什么是主题? 放置皮肤文件的目录结构是怎样的?

3. 应用主题有哪两种方式？

4. 有时需要对同一种控件定义多种显示风格，利用哪个属性来区别？

5. 什么是 CSS 样式？

6. 定义 CSS 样式有哪三种方式？若一个控件同时应用了多种样式规则，它们的优先级顺序是怎样的？

7. 在 CSS 样式规则中，外边距、内边距、边框、浮动、清理浮动的含义是什么？

9.6.2　思考题

1. 创建用户控件的一般步骤。

2. 提供用户控件属性接口的必要性。

3. 当应用程序主题较多，页面内容较复杂时，该如何组织皮肤文件？

4. 在网页中使用 CSS 样式的一般方法。

5. 如何为超链接文本设置 CSS 样式？

6. 主题、CSS 样式的用法上有何区别与联系？

9.7　上机实践题

使用 CSS 对列车查询网站进行美化。

第10章

站点导航

网站是由许多页面组成的,网站导航是通过超链接的方式,让浏览者能够快速找到需要的页面。随着网站规模日趋庞大,完善的站点导航功能越来越重要。为了避免用户进入你的网站就像走进迷宫,网站开发者应该为自己的网站设计完善的导航功能。

在.NET 出现以前,人们不得不手动创建超链接,为用户导航,这项工作既烦琐又容易出错。ASP.NET 4.0 提供了十分便捷的站点导航解决方案。基于 XML 格式的站点地图文件、TreeView 控件、SiteMapPath 控件和 Menu 控件,使网站开发者不必编写代码就可以非常方便地实现站点导航。

本章主要学习目标如下:

- 掌握站点地图文件的结构和编写方法;
- 了解 TreeView 控件、Menu 控件和 SiteMapPath 控件的一般使用方法;
- 掌握 TreeView 控件、Menu 控件和 SiteMapPath 控件与站点地图文件结合使用的方法;
- 掌握 TreeView 控件、Menu 控件和 SiteMapPath 控件的常用属性。

10.1 站点地图

在实现站点导航的过程中,首先需要创建一个站点地图文件,其他导航控件要依据站点地图文件才能实现导航。在添加或删除站点中的网页时,我们可以通过修改站点地图(而不需要逐个修改网页上的超链接)来管理页面导航。站点地图文件是一个 XML 文件,描述了站点的逻辑结构,例如网站分为哪些模块,每个模块又包含哪些子模块,每个模块入口页面的 URL 地址等。站点地图文件必须存放在应用程序的根目录下,且命名为 Web. sitemap。这个文件名是不能随意改动的,否则与它绑定的 SiteMapDataSource 控件就无法找到数据源了。

例 10-1 为某网站创建站点地图文件,该网站的页面关系如图 10-1 所示。

(1) 新建一个网站,名称为 Ch10-1,默认主页为 Default. aspx。

(2) 创建站点地图文件 Web. sitemap。在"解决方案资源管理器"中,右击网站根目录,在快捷菜单中选择"添加新项"命令,弹出"添加新项"对话框,如图 10-2 所示。在列表中选择"站点地图"项,即在站点根目录下创建了一个名为 Web. sitemap 的站点地图文件。

(3) 编辑站点地图文件。打开 Web. sitemap 文件,代码中有两级标签＜SiteMap＞和

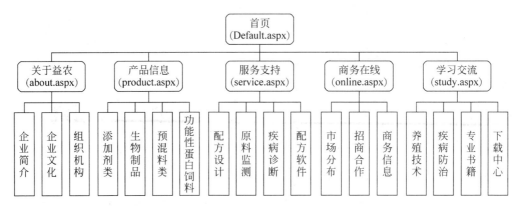

图 10-1　网站的层次结构

图 10-2　"添加新项"对话框

<SiteMapNode>,每个<SiteMapNode>标签就是网站中的一个网页。<SiteMapNode>有三个属性:url(网页的 url 地址)、title(网页标题)和 description(内容描述)。我们要做的就是根据网站的结构组织好各个<SiteMapNode>标签的嵌套关系,并填写标签属性。根据本网站的层次关系,编辑 Web.sitemap 文件代码如下:

```
< siteMap xmlns = "http://schemas.microsoft.com/AspNet/SiteMap - File - 1.0" >
  < siteMapNode url = "Default.aspx" title = "首页"  description = "首页">
    < siteMapNode url = "pages/about.aspx" title = "关于益农"  description = "关于益农">
      < siteMapNode url = "pages/about.aspx?title = 企业简介" title = "企业简介"  description
= "企业简介" />
        < siteMapNode url = "pages/about.aspx?title = 企业文化" title = "企业文化"  description
= "企业文化" />
        < siteMapNode url = "pages/about.aspx?title = 组织机构" title = "组织机构"  description
= "组织机构" />
```

```
    </siteMapNode>
    < siteMapNode url = "pages/product.aspx" title = "产品信息" description = "产品信息">
        < siteMapNode url = "pages/product.aspx?title = 添加剂类" title = "添加剂类"
description = "添加剂类" />
        < siteMapNode url = "pages/product.aspx?title = 生物制品" title = "生物制品"
description = "生物制品" />
        < siteMapNode url = "pages/product.aspx?title = 预混料类" title = "预混料类"
description = "预混料类" />
        < siteMapNode url = "pages/product.aspx?title = 功能性蛋白饲料" title = "功能性蛋白饲
料" description = "功能性蛋白饲料" />
    </siteMapNode>
    < siteMapNode url = "pages/service.aspx" title = "服务支持" description = "服务支持">
        < siteMapNode url = "pages/service.aspx?title = 配方设计" title = "配方设计"
description = "配方设计" />
        < siteMapNode url = "pages/service.aspx?title = 原料检测" title = "原料检测"
description = "原料检测" />
        < siteMapNode url = "pages/service.aspx?title = 疾病诊断" title = "疾病诊断"
description = "疾病诊断" />
        < siteMapNode url = "pages/service.aspx?title = 配方软件" title = "配方软件"
description = "配方软件" />
    </siteMapNode>
    < siteMapNode url = "pages/online.aspx" title = "商务在线" description = "商务在线">
        < siteMapNode url = "pages/online.aspx?title = 市场分布" title = "市场分布"
description = "市场分布" />
        < siteMapNode url = "pages/online.aspx?title = 招商合作" title = "招商合作"
description = "招商合作" />
        < siteMapNode url = "pages/online.aspx?title = 商务信息" title = "商务信息"
description = "商务信息" />
    </siteMapNode>
    < siteMapNode url = "pages/study.aspx" title = "学习交流" description = "学习交流">
        < siteMapNode url = "pages/study.aspx?title = 养殖技术" title = "养殖技术" description =
"养殖技术" />
        < siteMapNode url = "pages/stydy.aspx?title = 疾病防治" title = "疾病防治" description =
"疾病防治" />
        < siteMapNode url = "pages/study.aspx?title = 专业书籍" title = "专业书籍" description =
"专业书籍" />
        < siteMapNode url = "pages/study.aspx?title = 下载中心" title = "下载中心" description =
"下载中心" />
    </siteMapNode>
  </siteMapNode>
</siteMap>
```

10.2 TreeView 控件

10.2.1 使用 TreeView 控件

1. TreeView 控件的功能

TreeView 控件在 Web 浏览器中会显示一个树状结构,就像 Windows 资源管理器中的
树状目录视图。该控件主要用来显示分级数据,例如目录结构数据,多层表结构数据等。

TreeView 具有以下功能：

- 支持数据绑定。即允许通过数据绑定方式，使得控件节点与 XML、表格、关系型数据等结构化数据联系起来。
- 支持站点导航功能。即通过集成 SiteMapDataSource 控件，实现站点导航功能。
- 节点文字可显示为普通文本或超链接文本。
- 支持动态构建功能。通过编程访问 TreeView 对象模型，完成动态创建树状结构、构建节点和设置属性等任务。
- 在 Web 浏览器支持的情况下，支持由客户端构建节点，以此减少与服务器端的数据往返。
- 节点可以显示 CheckBox 控件。
- 可自定义树状和节点的样式、主题等外观特征。
- 可根据不同类型浏览器自适应地完成控件呈现。

2．编辑节点

在"工具箱"面板的"导航"类别中，提供了 TreeView 控件。将控件拖曳到页面中，控件出现的同时，弹出一个"TreeView 任务"小窗口，如图 10-3 所示。在这个窗口中可以设置 TreeView 控件的"自动套用格式"，可以选择要绑定的数据源，还可以编辑控件的各个节点。

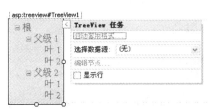

图 10-3　"TreeView 任务"窗口

在"TreeView 任务"小窗口中选择"编辑节点"项，打开"TreeView 节点编辑器"对话框，如图 10-4 所示，利用功能按钮可以增加或删除节点，移动节点的位置及改变节点的层次关系。选中某节点，可以设置该节点的属性。

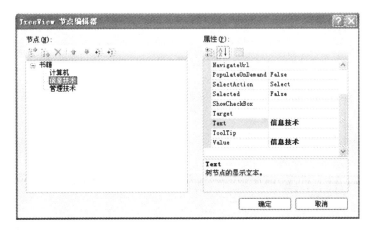

图 10-4　"TreeView 节点编辑器"对话框

TreeView 控件有如下常用的属性。

- Text——节点的显示文本。
- Value——节点的值。

- SelectAction——在网页运行期间节点被单击的响应方式。

TreeView 控件的单击事件可以有两种响应方式：一种是展开或折叠节点；另一种是引发其他的操作，比如打开一个新网页。节点的 SelectAction 属性值如下。

- Select：引发 SelectNodeChanged 事件，在服务器端处理。
- Expand：引发 TreeNodeExpanded 事件以展开树节点，在浏览器端处理。
- SelectExpand：既引发 TreeNodeExpanded 事件，又引发 SelectNodeChanged 事件。
- None：不引发任何事件。

选项中的默认项是 Select。如果仅仅为了展开或折叠节点，选用 Expand 选项比较合适，因为该选项将自动在浏览器端执行，运行效率高。

若选择 Select 或者 SelectExpand 方式还需要设置以下两个属性。

- NavigateUrl——被调用网页的 URL。
- Target——网页打开的目标窗口。

3. TreeView 控件的常用属性

TreeView 控件属性很多，常用的属性如下。

（1）EnableClientScript 属性：这是一个重要的属性，默认为 True。表明允许用客户端脚本来处理展开和折叠节点的事件，从而避免在展开和折叠节点时与服务器之间进行代价昂贵的信息往返。

（2）ShowLines 属性：默认情况下各节点之间没有用线条连接。如果希望在节点之间用线条连接时，可以将 ShowLines 属性设为 True。

（3）ShowCheckBoxes 属性：获取或设置是否在节点上显示复选框。默认为 None，代表不显示复选框。如果需要显示复选框，在该属性的下拉列表中还包括多种选择：

- Root：在根节点上加复选框。
- Parent：在父节点上加复选框。
- Leaf：在叶子节点上加复选框。
- All：在所有节点上加复选框。

（4）ShowExpandCollapse 属性：是否显示展开（＋）/折叠（－）指示符，默认值为 False。

（5）ExpendDepth 属性：初始时节点显示的深度。默认为 FullyExpand，即显示全部节点。可以将该属性设置为一数值（例如 2），以表示初始时刻显示的层次数。

（6）SelectedNode 属性：用户选中节点的 TreeNode 对象。当节点显示为超链接文本时，该属性返回值为 NULL，不可用。

（7）SelectedValue 属性：用户选中节点的值，也就是 TreeNode 对象的 Value 属性值。若无节点被选中则返回空字符串。

（8）CollapseImageUrl 属性：获取或设置可折叠节点指示符（无图像时为"－"）的图像。

（9）ExpandImageUrl 属性：获取或设置可展开节点指示符（无图像时为"＋"）的图像。

4. TreeView 控件的常用事件

（1）CheckChanged 事件：当 TreeView 控件中的 CheckBox 选项状态发生变化时触发。

（2）SelectedNodeChanged 事件：当 TreeView 控件中的节点被选中时触发。

（3）TreeNodeCollapsed 事件：当 TreeView 控件中的节点折叠时触发。

（4）TreeNodeExpanded 事件：当 TreeView 控件中的节点展开时触发。

10.2.2　TreeView 与站点地图结合实现导航

TreeView 控件用来表示层次结构，而网站地图中各网页之间的关系也被表示成一种层次关系，因此很适合用 TreeView 控件来显示站点地图的逻辑结构。

例 10-2　在网页中利用一个 TreeView 控件与例 10-1 的站点地图文件绑定，实现网站导航。

新建一个网站，名称为 Ch10-2，默认主页为 Default.aspx。将例 10-1 的站点地图文件 Web.sitemap 复制到当前站点根目录下。将 TreeView 控件拖曳到窗体中，在"TreeView 任务"菜单中选择"新建数据源"，如图 10-5 所示，弹出"数据源配置向导"对话框，如图 10-6 所示。在该对话框中选择"站点地图"项，单击"确定"按钮，在页面中生成了一个数据源控件 SiteMapDataSource1。这个数据源控件自动与网站中唯一的站点地图文件 Web.sitemap 连接。此时 TreeView 控件上的各节点已经与站点地图文件中的各个＜SiteMapNode＞标签相对应了。设置这个 TreeView 控件的自动套用格式为"箭头 2"，在浏览器中预览网页效果如图 10-7 所示。

图 10-5　新建数据源

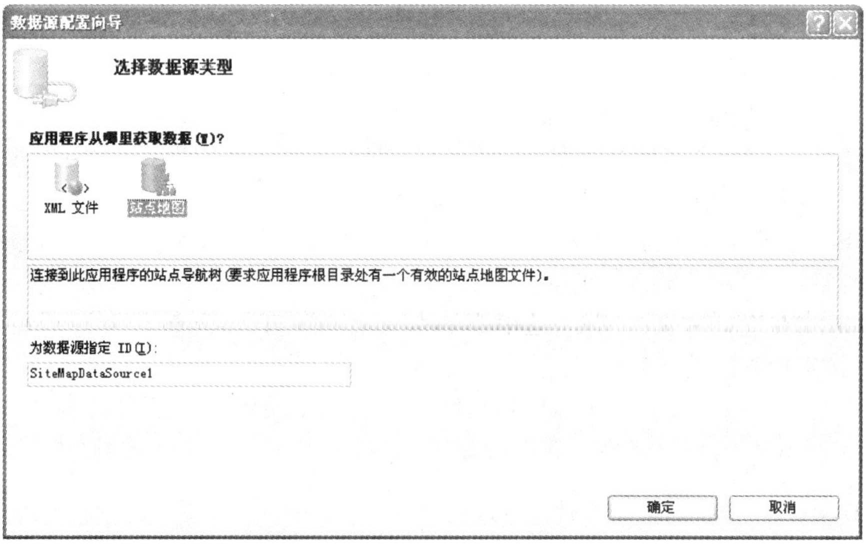

图 10-6　"数据源配置向导"对话框

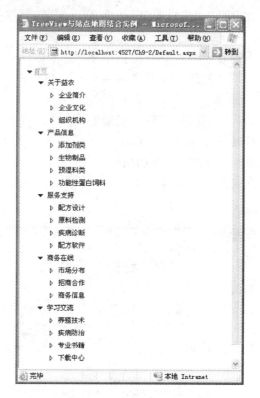

图 10-7　网页预览效果

10.3　Menu

10.3.1　使用 Menu 控件

1. Menu 控件的功能

"菜单"是 Windows 应用程序中应用得非常成功的界面元素。在网站中,人们也希望借助菜单实现对整个网站的导航。在出现 Menu 控件之前,人们利用 JavaScript、CSS、DHTML 等技术构建菜单,但存在构建难度大、灵活性差等缺点。利用 Menu 控件可以解决这一问题。

Menu 控件的基本功能是实现站点导航,在此基础上,该控件还支持以下高级功能:

- 支持数据绑定。
- 支持动态构建功能。
- 可使用主题、样式属性定义控件外观。
- 可根据不同类型浏览器自适应地完成控件呈现。

2. 创建 Menu 控件

从"工具箱"中将 Menu 控件拖入窗体页中,在弹出的"Menu 任务"小窗口中,提供了

"自动套用格式"、"选择数据源"、"编辑菜单项"等命令,如图 10-8 所示。

菜单有静态和动态两种显示模式。静态显示模式是指菜单始终完全显示,动态显示模式是指用户将鼠标停留在菜单项上时才显示子菜单。若菜单有两层,一般情况下设置第一层静态显示,第二层动态显示。若菜单是更多层级联的,可以通过 Menu 控件的 StaticDisplayLevels 属性设置静态显示的层数。

图 10-8　选择数据源

Menu 控件编辑菜单项的方法与 TreeView 控件编辑节点的方法类似,这里不再详细叙述。

3. Menu 控件的常用属性

(1) DisappearAfter 属性:当鼠标光标离开 Menu 控件后,菜单的延迟显示时间默认属性值为 500 毫秒。当属性值为-1 时,菜单不会自动消失。

(2) DynamicHorizontalOffset 属性:动态菜单项与父菜单项在水平方向上的偏移值。默认属性值为 0px。

(3) DynamicVerticalOffset 属性:动态菜单项与父菜单项在垂直方向上的偏移值。默认属性值为 0px。

(4) MaximumDynamicDisplay 属性:动态菜单中显示的最大级数,默认值是 3。

(5) StaticDisplayLevels 属性:静态菜单的显示级数,默认值是 1,该级以下菜单项均显示为动态菜单。

(6) Orientation 属性:菜单的显示方向,可以选择 Horizontal(水平)或 Vertical(垂直)。

(7) SelectedItem 属性:选中菜单选项。

(8) SelectedValue 属性:选中菜单项的值,也就是选中菜单项的 Text 属性。

(9) DynamicHoverStyle 属性:当鼠标悬停于 Menu 控件上时,动态菜单项的外观样式。

(10) StaticHoverStyle 属性:当鼠标停留于 Menu 控件上时,静态菜单项的外观样式。

(11) DynamicMenuItemStyle 属性:动态菜单项的外观样式。

(12) StaticMenuItemStyle 属性:静态菜单项的外观样式。

(13) DynamicMenuStyle 属性:动态菜单的外观样式。

(14) StaticMenuStyle 属性:静态菜单的外观样式。

(15) DynamicSelectedStyle 属性:动态菜单中用户选中菜单项的外观样式。

(16) StaticSelectedStyle 属性:静态菜单中用户选中菜单项的外观样式。

4. Menu 控件的常用事件

(1) MenuItemClick 事件:当单击 Menu 控件中某个菜单项时触发。

(2) MenuItemDataBound 事件:当 Menu 控件中某个菜单项绑定数据时触发。

10.3.2 Menu 控件与站点地图结合实现导航

例 10-3 利用例 10-1 的站点地图文件，在网页 Default. aspx 中创建菜单，并设置该菜单的外观样式。

（1）新建一个网站，名称为 Ch10-3，默认主页为 Default. aspx。将例 10-1 的站点地图文件 Web. sitemap 复制到当前站点根目录下。在网页 Default. aspx 中拖入一个 SiteMapDataSource 控件，再拖入一个 Menu 控件。在"Menu 任务"窗口中选择数据源为 SiteMapDataSource1。

（2）设置 Menu 控件的属性。该菜单静态显示层数是 2。静态菜单部分的样式为：菜单背景色为 #FFFBD6（浅黄）；菜单项字体为 Verdana，10pt，#990000（枣红）；菜单项距离边框的水平距离为 5px，垂直边距为 2px；鼠标光标停留时，菜单项背景颜色为"枣红"，文字颜色为"白色"；选中菜单项的背景颜色为"橘色"。动态菜单部分的显示效果为：菜单背景颜色为浅黄，边框颜色为 #00C0C0（青绿色），1px 粗，实线，水平边距 10px，垂直边距 2px；菜单项 Font-Names="Verdana"，10pt，"枣红色"；鼠标光标停留时，菜单项背景颜色为"枣红"，文字颜色为"白色"。对应代码片段如下：

```
< asp:Menu ID = "Menu1" runat = "server"
                EnableViewState = "False"
                DynamicHorizontalOffset = "3"
                DynamicVerticalOffset = "5" Target = "_blank"
                Orientation = "Horizontal"
                StaticSubMenuIndent = "10px"
        StaticDisplayLevels = "2" DataSourceID = "SiteMapDataSource1">
                < StaticMenuStyle BackColor = "#FFFBD6" />
                < StaticMenuItemStyle HorizontalPadding = "5px" VerticalPadding = "2px" Font -
Names = "Verdana" Font - Size = "10pt" ForeColor = "#990000" />
< StaticHoverStyle BackColor = "#990000" ForeColor = "White" />
< StaticSelectedStyle BackColor = "orange" />
                < DynamicMenuStyle BackColor = "#FFFBD6" BorderColor = "#00C0C0"
                BorderStyle = "Solid" BorderWidth = "1px" HorizontalPadding = "10px"
VerticalPadding = "2px" />
                < DynamicMenuItemStyle Font - Names = "Verdana" Font - Size = "10pt" ForeColor
 = "#990000" />
< DynamicHoverStyle BackColor = "#990000" ForeColor = "White" />
    </asp:Menu>
        < asp:SiteMapDataSource ID = "SiteMapDataSource1" runat = "server" />
```

在网页中预览菜单效果如图 10-9 所示。

图 10-9　网页预览效果

10.3.3 Menu 控件与数据库绑定

Menu 控件并不能与数据库数据直接绑定,不管是 SqlDataSource 控件还是 ObjectDataSource 控件都不存在现成的绑定接口,因此,必须通过编写代码实现 Menu 控件与数据库的连接。例 10-4 详细阐述了这一过程。

例 10-4 在网页中创建菜单,其内容按照数据库中表 Categories 的数据显示。

(1) 新建网站,名称为 Ch10-4,默认首页为 Default.aspx。利用系统自带的 SqlServer Express 程序创建一个数据库文件 Database.mdf。其中新建表 Categories,表中数据如表 10-1 所示。

表 10-1 Categories 表数据

CategoryId	ParentId	Name
1	NULL	计算机
2	NULL	信息技术
3	NULL	管理技术
4	1	软件
5	1	硬件
6	4	编程技术
7	4	办公自动化
8	2	地理信息系统
9	2	遥感技术
10	3	企业管理
11	3	公共事业管理

(2) 在网页 Default.aspx 中拖入一个 Menu 控件,设置其自动套用格式为"简明型"。该页面代码如下:

```
<%@ Page Language = "C#" AutoEventWireup = "true" CodeFile = "Default.aspx.cs" Inherits =
"_Default" %>
<!DOCTYPE html PUBLIC " - //W3C//DTD XHTML 1.0 Transitional//EN"
"http://www.w3.org/TR/xhtml1/DTD/xhtml1 - transitional.dtd">
<html xmlns = "http://www.w3.org/1999/xhtml" >
<head id = "Head1" runat = "server">
</head>
<body>
    <form id = "form1" runat = "server">
    <div>
    <asp:Menu
        id = "Menu1"
        Orientation = "Horizontal"
        Runat = "server" BackColor = "#F7F6F3" DynamicHorizontalOffset = "2"
            Font - Names = "Verdana" Font - Size = "0.8em" ForeColor = "#7C6F57"
            StaticSubMenuIndent = "10px" >
    <DynamicHoverStyle BackColor = "#7C6F57" ForeColor = "White" />
    <DynamicMenuItemStyle HorizontalPadding = "5px" VerticalPadding = "2px" />
    <DynamicMenuStyle BackColor = "#F7F6F3" />
```

```
            < DynamicSelectedStyle BackColor = " #5D7B9D" />
            < StaticHoverStyle BackColor = " #7C6F57" ForeColor = "White" />
            < StaticMenuItemStyle HorizontalPadding = "5px" VerticalPadding = "2px" />
            < StaticSelectedStyle BackColor = " #5D7B9D" />
            </asp:Menu>
        </div>
        </form>
    </body>
    </html>
```

（3）打开文件 MenuDatabase. aspx. cs 编写后台代码如下，网页预览效果如图 10-10 所示。

```
using System;
using System. Data;
using System. Configuration;
using System. Collections;
using System. Web;
using System. Web. Security;
using System. Web. UI;
using System. Web. UI. WebControls;
using System. Web. UI. WebControls. WebParts;
using System. Web. UI. HtmlControls;
using System. Data. SqlClient;
public partial class _Default : System. Web. UI. Page
{
    protected void Page_Load(object sender, EventArgs e)
    {
        if (!Page. IsPostBack)
            PopulateMenu();
    }
private void PopulateMenu()
    {
        DataTable menuData = GetMenuData();
        AddTopMenuItems(menuData);
    }
private DataTable GetMenuData()
    {
        //Get Categories table
        string selectCommand = "SELECT CategoryId, ParentId, Name FROM Categories";
            string conString = ConfigurationManager. ConnectionStrings [ " Categories "].
ConnectionString;
        SqlDataAdapter dad = new SqlDataAdapter(selectCommand, conString);
        DataTable dtblCategories = new DataTable();
        dad. Fill(dtblCategories);
        return dtblCategories;
    }
private void AddTopMenuItems(DataTable menuData)
    {
        DataView view = new DataView(menuData);
        view. RowFilter = "ParentID IS NULL";
```

```
        foreach (DataRowView row in view)
        {
            MenuItem newMenuItem = new MenuItem(row["Name"].ToString(), row["CategoryId"].
ToString());
            Menu1.Items.Add(newMenuItem);
            AddChildMenuItems(menuData, newMenuItem);
        }
    }
private void AddChildMenuItems(DataTable menuData, MenuItem parentMenuItem)
    {
        DataView view = new DataView(menuData);
        view.RowFilter = "ParentID = " + parentMenuItem.Value;
        foreach (DataRowView row in view)
        {
            MenuItem newMenuItem = new MenuItem(row["Name"].ToString(), row["CategoryId"].
ToString());
            parentMenuItem.ChildItems.Add(newMenuItem);
            AddChildMenuItems(menuData, newMenuItem);
        }
    }
}
```

图 10-10　网页预览效果

10.4　SiteMapPath

10.4.1　使用 SiteMapPath 控件

SiteMapPath 控件用来显示从根节点到当前节点之间的路径,还能利用它返回到某个上级页面。该控件必须与网站地图相结合,不需要为它编写代码,只要应用程序中有站点地图文件,将 SiteMapPath 控件拖入窗体时,它就会自动与站点文件结合。例如:在例 10-1 的网站中,将 SiteMapPath 控件放置在网页"/pages/product. aspx"中。当在浏览器中通过首页上的菜单链接到网页"添加剂类"时,页面显示的路径如图 10-11 所示。

首页 > 产品信息 >添加剂类

图 10-11　网页路径

10.4.2 SiteMapPath 控件的常用属性

在 SiteMapPath 控件中,除有一些通用的属性以外,还有一些特殊的属性可以用来改变控件的显示方式。

(1) PathDirection 属性:节点显示的方向,可以是 RootToCurrent——从根到当前网页,CurrentToRoot——从当前网页到根。

(2) PathSeparator 属性:网页之间的分隔符。

(3) RenderCurrentNodeAsLink 属性:这是一个逻辑值(True 或 False),确定是否使当前网页和其他网页一样以超链接方式显示。

(4) ParentLevelsdisplayed 属性:相对于当前节点,所显示父节点的级数。默认值为—1,表示所有节点完全展开。

(5) NodeStyle 属性:所有节点的样式外观。

(6) CurrentNodeStyle 属性:当前节点的样式外观。

(7) RootNodeStyle 属性:根节点的样式外观。

CurrentNodeStyle 和 RootNodeStyle 设置的外观将会覆盖 NodeStyle 属性所设置的外观。

10.5 小结

站点导航控件是 ASP.NET 4.0 中值得关注的一个特性。本章就站点导航控件进行了详细介绍,内容涉及站点地图文件、TreeView 控件、Menu 控件和 SiteMapPath 控件,这些内容将帮助开发人员摆脱过去复杂而冗繁的工作,为快速创建应用程序的站点导航功能奠定坚实的基础。

10.6 课后习题

10.6.1 作业题

1. 什么是站点地图?
2. TreeView 控件常用属性及含义。
3. TreeView 控件可与哪些类型的数据绑定?
4. Menu 控件的常用属性和事件有哪些?
5. SiteMapPath 控件的常用属性有哪些?

10.6.2 思考题

网站页面结构如下:

主页(Default.aspx)

产品(Product.aspx)
      硬件(Hardware.aspx)
      软件(Software.aspx)
服务(Service.aspx)
      培训(Training.aspx)
      顾问(Consulting.aspx)
      技术支持(Support.aspx)

请思考如何创建该网站的站点地图？

10.7　上机实践题

利用 TreeView，SiteMapPath 实现列车查询网站后台管理的导航。

第11章

ASP.NET项目开发实例

在前面几章中,我们系统介绍了 ASP.NET 的基础知识,包括 ASP.NET 基础、ASP.NET 服务器控件、主题与 CSS、站点导航、ADO.NET 技术、ASP.NET 数据显示技术等知识。本章里,我们将综合运用所学的 ASP.NET 知识建立一个高校学生考勤管理与预警系统。

11.1 开发背景

在课堂教学中,学生的考勤检查是一项很重要的内容。它能够实时地检查每一位学生的到课情况和听课情况,是学生平时成绩的客观公正的参考依据。传统的学生考勤检查往往是教师拿着一张纸质名单逐一点名,或让学生上交课堂作业以便课后核对出勤情况。这些方法往往造成统计结果不及时,数据容易遗漏,对学生的教育难以及时到位,甚至容易出现无法处分学生的现象(学生从未得到批评教育,也未受到警告、严重警告、记过等处分,却要面临留校察看的尴尬局面),班主任、辅导员、教师、学生本人无法及时了解考勤的准确状况,监控失效。

针对以上问题,开发一套基于 ASP.NET 的学生考勤管理与预警系统,任课教师可以在课堂上直接登录系统进行学生考勤检查并记录考勤信息。可以根据实际情况设置课程的缺勤预警条件,当某个学生的缺勤达到预警条件的时候,系统将列出学生的姓名等相关信息,使教师能够及时、直观地掌握准确情况,对此类学生进行帮助说教。此外,在课余,任课教师、班主任、辅导员及学校各级领导也可以登录该系统查询学生的出勤情况。

11.2 系统需求

用户是系统的最终使用者,通过对实际情况调查分析,本系统应当包括学生、任课老师、教学秘书、辅导员、系统管理员五类用户,这五类用户对系统的需求简要概括如下。

11.2.1 学生用户需求描述

查看出勤信息需求:学生可以查看上课出勤的详细信息,如具体某个学期请假、旷课、迟到、早退的次数,以及具体的时间、任课老师姓名、课程名称等详细信息。

其他需求：修改个人用户密码,查看本班课表安排。

11.2.2 任课老师用户需求描述

学生上课考勤需求：根据学校安排的课表,随着时间的变化,自动列出需要考勤的学生信息、课程信息、上课时间等信息,提交学生上课出勤情况。

查看学生出勤信息需求：查看所教班级学生出勤统计信息及详细信息。

设置考勤预警条件：对自己所教授课程设置预警条件,如：可以设置缺课预警条件为 4 次,系统将会显示缺勤次数达到 4 次的学生的详细信息。

其他需求：修改个人用户密码,查看本人课表安排。

11.2.3 教学秘书用户需求描述

用户信息维护需求：维护所属院系学生信息,维护所属院系任课教师信息,维护所属院系课程信息,维护所属院系任课教师课程表,维护所属院系辅导员信息。

查看学生出勤信息需求：查看所属院系班级学生的出勤统计信息及详细信息。

其他需求：修改个人用户密码。

11.2.4 辅导员用户需求描述

查看学生出勤信息需求：查看所属院系班级学生的出勤统计信息及详细信息。

设置考勤预警条件：对所属院系课程单一课程以及全部课程的预警条件,如：可以设置单一课程预警条件为 4 次,或全部课程的预警条件为 10 次,系统将会显示单一课程缺勤次数达到 4 次,或全部课程缺勤次数达到 10 次的学生的详细信息。

其他需求：修改个人用户密码。

11.2.5 系统管理员用户需求描述

系统管理员拥有系统的最高权限,负责系统运行以及数据维护,基本功能需求如下：

(1) 维护教学秘书信息。

(2) 维护上课教室的信息。

(3) 设置学期的开始时间、结束时间、持续周数。

(4) 设计教师检查考勤的有效时间段,如：如果设置有效时间为 10 分钟,则考勤有效时间为课程开始 10 分钟之内。

(5) 设置数据可用性,如：设置 2009—2010 年第一学期,2009—2010 年第二学期的数据可用,表示这两个学期的数据可用,其他学期的数据暂时不可用。

(6) 修改个人用户密码。

根据以上描述,学生、任课老师、教学秘书、辅导员、系统管理员各系统角色的用例图如图 11-1 所示。

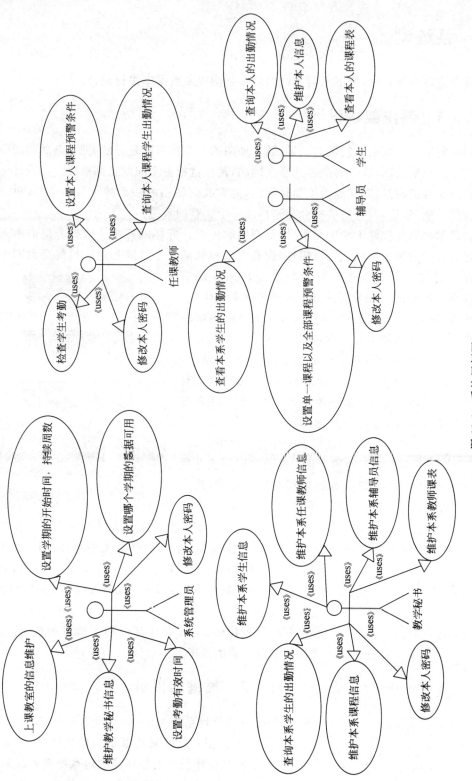

图 11-1 系统用例图

11.3   系统设计

对需求进行分析之后,接下来对系统的整体架构以及数据库进行设计。

11.3.1   系统架构设计

我们在解决一个复杂的问题的时候,通常使用的一个技巧就是分解,把复杂的问题分解成为若干个简单的问题,逐一解决这几个小问题,最后就把整个问题全部解决。在设计一个复杂的软件系统的时候,同样地为了简化问题,通常我们使用的一个技术就是分层,每个层完成自身的功能,最后,所有的层整合起来构成一个完整的系统。

高内聚低耦合是软件工程中的概念,是判断软件设计好坏的标准。软件分层的本来目的就是提高软件的可维护性和可重用性,而高内聚和低耦合正是满足这一目标必须遵循的原则。在应用软件的开发模型中,比较典型的有 N 层应用软件模型。N 层的应用软件系统,由于其众多的优点,已经成为典型的软件系统架构,为广大开发人员所熟知。

应用软件开发通用的做法是将应用程序的实现分布在从低向高的三个层:数据访问层,业务逻辑层,表示层,如图 11-2 所示。数据访问层实现对数据库的操作,这对于特定 DBMS 是固定的,不需更改;业务逻辑层利用数据访问层实现业务逻辑,这层是关键,如果用户的业务需求改了,可以在这层中修改,因为这层有很多独立的方法,而且,改某个功能不会影响到别的功能;表示层调用业务逻辑层实现用户的功能,只要业务逻辑层有这个功能,就可以调用,表示层只需提供输入输出和提示等。

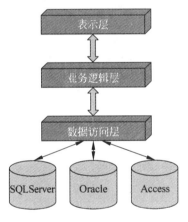

图 11-2   三层架构原理图

本系统遵循三层架构,数据访问层的类,直接访问数据库,实现基本记录操作;业务逻辑层的类,调用相关的数据访问类,实现用户所需功能;表示层部署控件后,调用业务逻辑层的类,实现具体功能。将应用程序的功能分层后,对于固定的 DBMS,数据访问层基本可以不变,一旦用户的需求改变,修改业务逻辑层,表示层稍做改动即可。这种做法使程序的可复用性、可修改性都得到了很好的改善,大大提高了软件工程的效率。

图 11-3   数据表的树状结构

11.3.2   数据库设计

一个成功的管理系统是由 50% 的业务 + 50% 的软件组成的,而 50% 的成功软件又是由 25% 的数据库 + 25% 的程序所组成的,数据库设计的好坏是决定系统成败的关键。

网站采用 SQL Server 2008 数据库,名称为 db_KQGL,包含表如图 11-3 所示。

1. 命名规则

数据库命名以字母 db 开头(小写)。后面加数据库相关英文单词。本网站数据库名为db_KQGL。

数据表命名以 tb 开头(小写)。后面加数据表的相关英文单词,如 tb_teacher。

字段一律采用英文单词命名,例如:数据表 tb_teacher 包含字段 teacherID、teacherName 等。

2. E-R 图设计

系统的实体关系(E-R)的设计是建立在需求分析、系统分析基础之上的。在本系统中实体模型包括系统管理员表(tb_manager)、系别表(tb_department)、专业班级表(tb_professional)、教学年度学期表(tb_annual)、学生信息表(tb_student)、教师信息表(tb_teacher)、课程表(tb_course)、班级课程表(tb_professionalCourse)、教师课程表(tb_teacherCourse)、教室信息表(tb_classroom)、教学秘书信息表(tb_dean)、辅导员信息表(tb_assistant)、各系学生考勤表(tb_checkOnWorking_*_*)、预警信息表(tb_alert)、预警条件表(tb_alertSet)、考勤有效时间表(tb_validTime)、课程安排信息表(tb_courseDetail)。我们只以 tb_teacher 表为例进行分析,画出 E-R 图,如图 11-4 所示。

图 11-4　教师信息表 E-R 图

3. 数据表结构

1) 系统管理员表(tb_manager)(表 11-1)

表 11-1　系统管理员表

字 段 名 称	数 据 类 型	字 段 意 义	说　明
CMID	nvarchar(7)	系统管理员 ID	主键
CMPwd	nvarchar(32)	系统管理员密码	非空
CMName	nvarchar(30)	系统管理员姓名	非空
CMPhone	nvarchar(15)	系统管理员电话	可空
CMEmail	nvarchar(30)	系统管理员邮箱	可空

2）系别表（tb_department）（表11-2）

表 11-2　系别表

字 段 名 称	数 据 类 型	字 段 意 义	说　　明
departmentID	int	系别编号	主键（自增）
departmentName	nvarchar(20)	系别名称	非空

3）专业班级表（tb_professional）（表11-3）

表 11-3　专业班级表

字 段 名 称	数 据 类 型	字 段 意 义	说　　明
professionalID	int	专业班级编号	主键（自增）
professionalName	nvarchar(20)	专业班级名称	非空
departmentID	int	所属系别编号	外键

4）教学年度学期表（tb_annual）（表11-4）

表 11-4　教学年度学期表

字 段 名 称	数 据 类 型	字 段 意 义	说　　明
annualID	int	教学年度学期编号	主键（自增）
annualName	nvarchar(30)	教学年度学期名称	非空
annualStart	datetime	教学年度学期开始时间	非空
annualEnd	datetime	教学年度学期结束时间	非空
annualWeeks	int	教学年度学期持续周数	非空
isPresentAnnual	Bit	是否为当前学期	非空

5）学生信息表（tb_student）（表11-5）

表 11-5　学生信息表

字 段 名 称	数 据 类 型	字 段 意 义	说　　明
studentID	nvarchar(10)	学生编号	主键
studentName	nvarchar(30)	学生姓名	非空
studentPwd	nvarchar(32)	学生密码	非空
professionalID	int	所属专业班级编号	外键
studentSex	char(2)	学生性别	非空
studentBirthday	datetime	学生出生日期	可空
studentPhone	nvarchar(15)	学生电话	可空

6）任课教师信息表（tb_teacher）（表11-6）

表 11-6　任课教师信息表

字 段 名 称	数 据 类 型	字 段 意 义	说　　明
teacherID	nvarchar(7)	教师编号	主键
teacherName	nvarchar(30)	教师姓名	非空
teacherPwd	nvarchar(32)	教师密码	非空

字 段 名 称	数 据 类 型	字 段 意 义	说　　明
departmentID	int	所属系别编号	外键
teacherTitleName	nvarchar(15)	教师职称	非空
teacherPhone	nvarchar(15)	教师电话	可空
teacherEmail	nvarchar(30)	教师邮箱	可空

7）课程表（tb_course）（表11-7）

表 11-7　课程表

字 段 名 称	数 据 类 型	字 段 意 义	说　　明
courseID	int	课程编号	主键（自增）
courseName	nvarchar(15)	课程名称	非空
departmentID	int	所属系别	外键
annualID	int	所属学年编号	外键
courseTotalPeriod	int	课程总学时	非空
courseType	nvarchar(15)	课程类型	非空
courseTuitionPeriod	int	课程讲授学时	非空
courseEXPPeriod	int	课程实验学时	非空

8）专业班级课程表（tb_professionalCourse）（表11-8）

表 11-8　专业班级课程表

字 段 名 称	数 据 类 型	字 段 意 义	说　　明
professionalID	int	专业班级编号	联合主键、外键
week	nvarchar(2)	上课周次	联合主键、非空
section	nvarchar(3)	上课节次	联合主键、非空
classroomID	int	教室编号	外键
TeachingMethod	nvarchar(10)	授课方式	非空
CourseCycle	nvarchar(15)	课程周期	非空
annualID	int	所属学年编号	外键

专业班级编号、上课周次及上课节次建立联合主键。

9）教师课程表（tb_teacherCourse）（表11-9）

表 11-9　教师课程表

字 段 名 称	数 据 类 型	字 段 意 义	说　　明
teacherID	nvarchar(7)	教师编号	联合主键、外键
week	nvarchar(2)	上课周次	联合主键
section	nvarchar(3)	上课节次	联合主键
classroomID	int	教室编号	联合主键、外键
courseID	int	课程编号	外键
TeachingMethod	nvarchar(10)	授课方式	非空
CourseCycle	nvarchar(15)	课程周期	非空
annualID	int	所属学年编号	外键

授课方式可以分为：讲授，上机，实验等。课程周期（1～5，7，9～14——表示 1～5 周，7 周和 9～14 周有课）。教师编号、上课周次、上课节次和教室编号建立联合主键。

10）教室信息表(tb_classroom)（表 11-10）

表 11-10　教室信息表

字 段 名 称	数 据 类 型	字 段 意 义	说　明
classroomID	int	教室编号	主键（自增）
classroom	nvarchar(15)	教室名称	非空
classroomType	nvarchar(15)	教室类型	非空
classroomIP	nvarchar(15)	教室 IP	可空

11）教学秘书信息表(tb_dean)（表 11-11）

表 11-11　教学秘书信息表

字 段 名 称	数 据 类 型	字 段 意 义	说　明
deanID	nvarchar(7)	教学秘书编号	主键
deanName	nvarchar(15)	教学秘书姓名	非空
deanPwd	nvarchar(15)	教学秘书密码	非空
departmentID	int	系别编号	外键
deanPhone	nvarchar(15)	教学秘书电话	可空
deanEmail	nvarchar(30)	教学秘书邮箱	可空

12）辅导员信息表(tb_assistant)（表 11-12）

表 11-12　辅导员信息表

字 段 名 称	数 据 类 型	字 段 意 义	说　明
assistantID	nvarchar(7)	辅导员编号	主键
assistantName	nvarchar(15)	辅导员姓名	非空
assistantPwd	nvarchar(15)	辅导员密码	非空
departmentID	int	系别编号	外键
assistantPhone	nvarchar(15)	辅导员电话	可空
assistantEmail	nvarchar(30)	辅导员邮箱	可空

13）各系学生考勤表(tb_checkOnWorking_ * _ *)（表 11-13）

表 11-13　各系学生考勤表

字 段 名 称	数 据 类 型	字 段 意 义	说　明
studentID	courseID	学号	联合主键,外键
courseID	int	课程编号	联合主键,外键
teacherID	string	教师编号	外键
Date	datetime	日期	非空
attendance	nvarchar(10)	出勤情况	非空
annualID	int	所属学年编号	外键
week	nvarchar(2)	上课周次	联合主键
section	nvarchar(3)	上课节次	联合主键

　　由于考勤信息量比较大，所以为每个院系按年度学期动态创建此表，表名称中的第一个"＊"表示院系编号，第二个"＊"表示年度学期编号。学号、课程编号、上课周次及上课节次建立联合主键。

　　14）预警信息表（tb_alert）（表 11-14）

表 11-14　预警信息表

字 段 名 称	数 据 类 型	字 段 意 义	说　　明
studentID	nvarchar(10)	学号	联合主键，外键
courseID	int	课程编号	联合主键，外键
absentCount	int	缺课次数	非空
annualID	int	所属学年编号	外键
Alert	bit	是否预警	非空

　　是否预警字段，1（true）为已预警，0（false）为未预警。学号、课程编号建立联合主键。

　　15）预警条件表（tb_alertSet）（表 11-15）

表 11-15　预警条件表

字 段 名 称	数 据 类 型	字 段 意 义	说　　明
ID	int	编号	主键（自增）
UserID	nvarchar(7)	设置预警条件的用户编号	非空
alertType	bit	预警类型	非空
alertNum	int	缺课多少次预警	非空
role	nvarchar(10)	设置者的身份	非空
courseID	int	课程编号	非空
annualID	int	学年编号	外键

　　预警类型包括累计和单门两种，以 1（true）代表单门，0（false）代表累计。

　　16）考勤有效时间表（tb_validTime）（表 11-16）

表 11-16　考勤有效时间表

字 段 名 称	数 据 类 型	字 段 意 义	说　　明
id	int	编号	主键（自增）
oneTwo	datetime	一二节开始时间	非空
threeFour	datetime	三四节开始时间	非空
fiveSix	datetime	五六节开始时间	非空
sevenEight	datetime	七八节开始时间	非空
validTime	int	考勤有效时间段	非空

17) 课程安排信息表(tb_courseDetail)(表 11-17)

表 11-17　课程安排信息表

字 段 名 称	数 据 类 型	字 段 意 义	说　　明
cdID	int	编号	主键
teacherID	nvarchar(10)	教师编号	外键
section	nvarchar(3)	上课节次	(星期和第几节课)
weekCycle	nvarchar(20)	课程周期	非空
classroomID	int	教室编号	外键
courseID	int	课程编号	外键
teachMethod	nvarchar(10)	教授方式	外键
professionalID	nvarchar(10)	专业班级编号	非空
annualID	int	所属学年编号	外键

专业班级编号用 1,2,3 表示,专业班级编号分别为 1,2,3 的班级一起上课。

11.4　系统实现

11.4.1　开发环境

网站开发环境:Microsoft Visual Studio 2010。

网站开发语言:C♯。

数据库服务器:Microsoft SQL Server 2008。

操作系统:Microsoft Windows XP。

11.4.2　系统存储过程说明

系统存储过程说明如表 11-18 所示。

表 11-18　教师功能主要存储过程及说明

序号	名　　称	说　　明
1	GetCheckedProfessional	得到按系别的已经考勤完毕的专业,教师考勤一般退出系统再次登录时考勤完毕的专业不再写入缓存
2	teacherLogin	教师登录
3	teacherInsert	添加教师信息
4	teacherSelectByDepartmentId	得到某系的全部教师
5	teacherUpdate	更新教师信息
6	teacherDeleteById	删除教师信息
7	teacherChangePwd	教师更改登录密码
8	teacherSelectById	按教师编号选择教师
9	teacherGetIdByname	按教师的姓名得到 ID
10	teacherSelectAll	得到全部教师信息
11	teacherCourseSelectCourseNameById	查询某教师在该学期所授的全部课程

续表

序号	名　称	说　明
12	professionalGetByWeekSecAndRoom	得到该课程的学生的全部专业（当进行考勤时，首先执行它，以得到本次考勤的全部专业班级，再进行下一步的取具体学生）
		教师可以教授同一门课程，面向不同学生，分班上课，所以不可以根据教师号和课程号得到专业来进行考勤，应该根据周次节次和班级得到专业号的集合
13	getStudentsByProfessionalCourse	考勤准备完毕，按专业班级号得到具体学生进行考勤
14	CheckOnWorkInsert	添加考勤信息
15	alertSetGetByTeacherUserID	得到教师的预警设置表
16	getAlertByProIdAndCourseID	教师查询出勤情况时，按照专业班级号和课程号得到该教师某课程的预警信息
17	getProfessionalByTeaAndCourseID	得到某教师教授某课程的全部专业号
18	CourseDetailGetByTeacherAndCourse	教师的课程表，由教师号及课程号得到
19	alertSetUpdeate	预警信息表的更新
20	alertSetGetNumByType	得到预警设置信息，按照类型（单科，总体）

考勤管理数据库主要存储过程说明如表 11-19 所示。

表 11-19　考勤管理数据库主要存储过程说明

序号	名　称	说　明
1	GetStudentAlert	学生登录时显示其是否被预警
2	CreateTable	新建学期时，增加按系别及学年号命名的考勤表，例如 tb_checkOnWorking_1_1 表的创建
3	managerLogin	用于管理员登录系统
4	managerChangePwd	管理员修改密码
5	getDepartmentByTeacherAndCourse	教师查询学生出勤情况时，因其从多个表中查询，故得到该教师该课程的所有学生的系别号（departmentID），用以拼接数据表名（tb_checkOnWorking_系别_学年），根据教师及课程号得到系别的集合，用以教师查询学生的出勤情况
6	studentSelectByProessionalId	得到某专业班级的学生
7	teacherCourseSelectByKey	按照主键查询教师课表，主要用在验证某要插入的数据是否在原表中重复
8	professionalCourseSelectByKey	按照主键查询学生课表，主要用在验证某要插入的数据是否在原表中重复
9	getAlertByDepartmentTotal	得到系的考勤信息
10	getAlertByStudentIdNEW	学生查询自己的出勤情况（各个课程的统计情况）
11	getAlertDetailByStudentAndCourse	得到某一课程的具体出勤情况，在具体时间地点的出勤情况
12	alertSetInsert	添加预警信息
13	alertSetGetByAssistantId	得到辅导员的预警设置表
14	validTimeSelect	考勤有效时间段及上课开始时间或者说考勤开始时间设置表
15	validTimeUpdate	更新考勤有效时间段及上课时间

续表

序号	名　　称	说　　明
16	annualGetPresent	得到当前进行的学期
17	getProfessionalCourseNameByProId	得到某一专业班级的全部课程
18	CourseDetailGetByDepartment	得到某系的教师课程情况
19	CourseDetailDelete	删除课程信息
20	CourseDetailInsert	添加课程信息
21	courseDetailGetByProfessional AndCourse	专业班级的课程表,由专业号和课程号得到

11.4.3　系统架构实现

高校学生考勤系统是采用三层架构实现的,系统包含 8 个项目,如图 11-5 所示。BusinessLogicLayer 是业务逻辑层;DALFactory 是数据访问层的抽象工厂;DBHelper 是数据访问基础类;IDAL 是数据访问层的接口定义;E:\CheckOnWork\WebSite3 是表示层,是系统的 UI 部分,负责使用者与整个系统的交互;Model 是实体层;SQLServerDAL 是数据访问层,操作 SQL Server 数据库;WebConfig 系统配置层。系统各项目的依赖关系如图 11-6 所示。

图 11-5　系统架构图

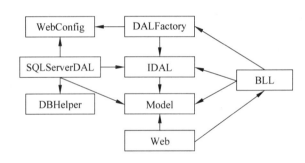

图 11-6　系统各项目的依赖关系图

系统各项目的创建次序依次是:Model,DBHelper,IDAL,WebConfig,SQLServerDAL,DALFactory,BusinessLogicLayer,E:\CheckOnWork\WebSite3 网站的用户界面。下面以任课教师信息的维护为例,讲解各项目的创建方法,其他功能的实现方法相同,不再赘述。

1. Model 实体层的创建

实体层是一个数据库表、视图等的逻辑映射,在系统中起一个数据传输的作用。实体层中包含系统的实体类,实体类是用于对必须存储的信息和相关行为建模的类。实体对象(实体类的实例)用于保存和更新一些现象的有关信息,例如:事件、人员或者一些现实生活中的对象。实体类通常都是永久性的,它们所具有的属性和关系是长期需要的,有时甚至在系统的整个生存期都需要。

打开 Visual Studio 2010,依次选择"文件"→"新建"→"项目",弹出如图 11-7 所示的对话框。选择"类库"项目,按照图中提示输入类库名称 Model,解决方案名称 CheckOnWork

后,单击"确定"按钮,进入图 11-8 所示的窗体。

图 11-7　创建 Model 图(1)

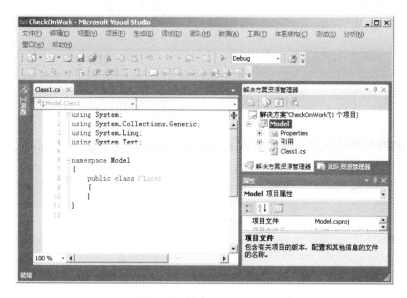

图 11-8　创建 Model 图(2)

在图 11-8 中右击 Model 项目,选择"属性",将"程序集名称"和"默认命名空间"按照图 11-9 所示修改,程序集名称是解决方案生成后 DLL 文件的名称。在图 11-9 中将 Class1.cs 删除,右击 Model 项目,选择"添加"→"新建项",弹出如图 11-10 所示的对话框,选择"代码"→"类",将"名称"改为 Teacher.cs,单击"添加"后,输入下面的代码,此实体类对应数据库中的任课教师信息表。

```
namespace CheckOnWork.Model
{
    public class Teacher
```

```csharp
        {
            private string _teacherID;
            private string _teacherName;
            private string _teacherPwd;
            private int _departmentID;
            private string _teacherTitleName;
            private string _teacherPhone;
            private string _teacherEmail;
            public string teacherID
            {
                get {return _teacherID;}
                set{_teacherID = value;}
            }
            public string teacherName
            {
                get{return _teacherName;}
                set{_teacherName = value;}
            }
            public string teacherPwd
            {
                get{return _teacherPwd;}
                set{_teacherPwd = value;}
            }
            public int departmentID
            {
                get{return _departmentID;}
                set{_departmentID = value;}
            }
            public string teacherTitleName
            {
                get{return _teacherTitleName;}
                set{_teacherTitleName = value;}
            }
            public string teacherPhone
            {
                get{return _teacherPhone;}
                set{_teacherPhone = value;}
            }
            public string teacherEmail
            {
                get { return _teacherEmail; }
                set { _teacherEmail = value; }
            }
            public Teacher(string id, string name, string pwd, int departmentId, string title, string
        phone, string email)
            {
                    this._teacherID = id;
                    this._teacherName = name;
                    this._teacherPwd = pwd;
                    this._departmentID = departmentId;
                    this._teacherTitleName = title;
```

```
                this._teacherPhone = phone;
                this._teacherEmail = email;
            }
        }
    }
```

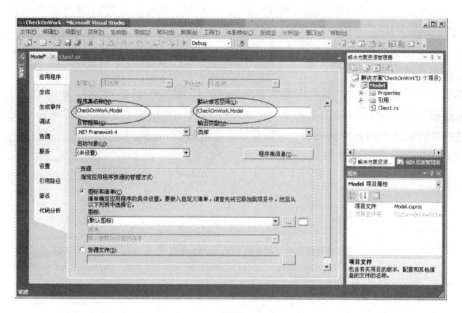

图 11-9 创建 Model 图(3)

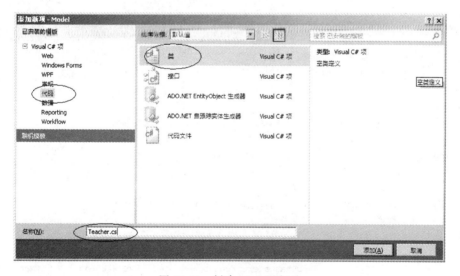

图 11-10 创建 Model 图(4)

2．DBHelper 数据访问基础类的创建

DBHelper 项目可以包含操作各种数据库的 Helper 类,不同数据库的 Helper 类的方法基本相同,本系统采用的是 SQLServer 数据库,所以 DBHelper 项目只有一个类

SQLHelper。如果还需要操作其他数据库,例如 Oracle 数据库,可以添加 OracleHelper 类。

SQLHelper 类通过一组静态方法封装了数据访问功能,这些方法调用起来非常方便。该类是抽象类不能被继承或实例化。在 SQLHelper 类中实现的方法包括:ExecuteNonQuery 方法用于执行不返回任何行或值的命令,通常用于执行数据库的添加和更新;ExecuteReader 方法用于返回 SqlDataReader 对象,该对象包含由某一命令返回的结果集;GetDataSet 方法返回 DataSet 对象,该对象包含由某一命令返回的结果集;ExecuteScalar 方法返回一个值,该值始终是该命令返回的第一行的第一列;PrepareCommand 方法用于为执行命令准备参数。

如图 11-11 所示,右击"解决方案",依次选择"添加"→"新建项目",弹出如图 11-12 所示的对话框,选择"类库",输入类库名称 DBHelper,单击"确定"按钮,然后添加 SQLHelper 类,方法与 Model 相同。SQLHelper 类的方法重载较多,代码量较大,所以摘选了部分代码如下:

```
namespace CheckOnWork.DBHelper
{
    public abstract class SQLHelper
    {
        //执行一个不需要返回值的 SqlCommand 命令,通过指定专用的连接字符串
        public static int ExecuteNonQuery(string connString, CommandType cmdType, string cmdText, params SqlParameter[] cmdParms)
        {
            SqlCommand cmd = new SqlCommand();
            using (SqlConnection conn = new SqlConnection(connString))
            {
                PrepareCommand(cmd, conn, null, cmdType, cmdText, cmdParms);
                int val = cmd.ExecuteNonQuery();
                cmd.Parameters.Clear();
                return val;
            }
        }
        //执行一条返回结果集的 SqlCommand 命令,通过专用的连接字符串
        public static SqlDataReader ExecuteReader(string connString, CommandType cmdType, string cmdText, params SqlParameter[] cmdParms)
        {
            SqlCommand cmd = new SqlCommand();
            SqlConnection conn = new SqlConnection(connString);
            try
            {
                PrepareCommand(cmd, conn, null, cmdType, cmdText, cmdParms);
                SqlDataReader reader = cmd.ExecuteReader(CommandBehavior.CloseConnection);
                cmd.Parameters.Clear();
                return reader;
            }
            catch
            {
                conn.Close();
```

```
                throw;
            }
        }
    //执行一条返回第一条记录第一列的SqlCommand命令,通过专用的连接字符串
        public static object ExecuteScalar(string connString, CommandType cmdType, string
cmdText, params SqlParameter[] cmdParms)
        {

            SqlCommand cmd = new SqlCommand();
            using (SqlConnection conn = new SqlConnection(connString))
            {
                PrepareCommand(cmd, conn, null, cmdType, cmdText, cmdParms);
                object val = cmd.ExecuteScalar();
                cmd.Parameters.Clear();
                return val;
            }
        }
    //返回数据集集合,可返回多个表,通过专用的连接字符串
        public static DataSet GetDataSet(string connString, CommandType cmdType, string
cmdText, params SqlParameter[] cmdParms)
        {
            SqlCommand cmd = new SqlCommand();
            using(SqlConnection conn = new SqlConnection(connString))
            {
                PrepareCommand(cmd, conn, null, cmdType, cmdText, cmdParms);
                SqlDataAdapter adapter = new SqlDataAdapter();
                adapter.SelectCommand = cmd;
                DataSet ds = new DataSet();
                adapter.Fill(ds);
                cmd.Parameters.Clear();
                return ds;
            }
        }
    //为执行命令准备参数
        private static void PrepareCommand(SqlCommand cmd, SqlConnection conn, SqlTransaction
trans, CommandType cmdType, string cmdText, SqlParameter[] cmdParms)
        {
            if (conn.State != ConnectionState.Open)
                conn.Open();
            cmd.CommandText = cmdText;
            cmd.Connection = conn;
            if (trans != null)
                cmd.Transaction = trans;
            cmd.CommandType = cmdType;
            if (cmdParms != null)
            {
                foreach (SqlParameter parm in cmdParms)
                    cmd.Parameters.Add(parm);
            }
        }
    }
}
```

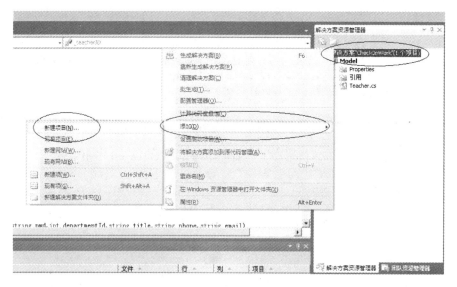

图 11-11 创建 DBhelper(1)

图 11-12 创建 DBhelper(2)

3. IDAL 数据访问层接口的创建

IDAL 是数据访问层的类要实现的一组接口。数据访问层的各类需要完成对数据库的访问,但是不同的数据库需要使用不同的数据访问对象,这样对于业务逻辑层来说,就无法实现数据库无关性。为了实现数据库无关性,可以将数据访问层对象转化为它所实现的接口类型,这样就和具体的数据库访问对象无关了,也就是说数据访问层对象实现 IDAL 接口,上层程序在使用时不直接使用数据访问层对象,而是使用 IDAL 接口,从而使得整个数据访问层有利于数据库迁移。IDAL 要达到的目的是:实现业务逻辑与数据库访问层的完全分离。IDAL 的创建方式与 Model 类似,不同之处在于 Model 最后一步创建的是类,而

IDAL 创建的是接口,如图 11-13 所示,接口名称为 ITeacher.cs,代码如下：

```
using CheckOnWork.Model;
namespace CheckOnWork.IDAL
{
    public interface ITeacher
    {
        //得到某系的教师
        IList < Model.Teacher > GetTeachersByDepartment(int departmentId);
        //添加教师信息
        int Insert(Teacher teacher);
        //更新教师信息
        int Update(Teacher teacher);
        //删除教师信息
        int Delete(string id);
        //教师修改密码
        int ChangePwd(string id, string pwd);
        //检查此教师编号是否存在
        bool CheckTeacher(string id);
        //按编号查找教师
        CheckOnWork.Model.Teacher GetTeacherById(string teacherId);
        //按教师名查找教师
        IList < Model.Teacher > GetTeacherIdByName(string name);
        //查询全部教师
        IList < Model.Teacher > GetTeacherAll();
    }
}
```

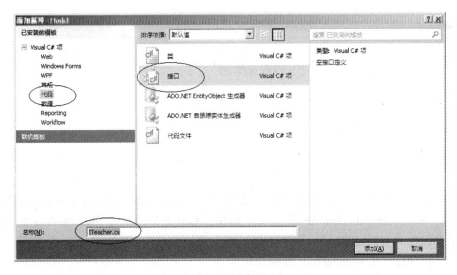

图 11-13　创建 IDAL

4．WebConfig 系统配置层

WebConfig 项目只有一个类 Config,这个类用来读取表示层中 Web.config 配置文件中

的配置信息,其中 SQLServerConString 是 SQL Server 数据库的链接字符串,在 SQLServerDAL 项目中使用。WebDal 是数据访问层的程序集名称,在 DALFactory 项目中使用。如果数据库更换为 Oracle,只需更换为 Oracle 数据库的链接字符串,OracleDAL 数据访问层的程序集名称即可。Config 类的代码如下:

```
using System.Web.Configuration;
namespace CheckOnWork.WebConfig
{
    public class Config
    {
    //读取数据库连接字符串
        public static readonly string SQLServerConString = WebConfigurationManager.
ConnectionStrings["SQLServerConStr"].ConnectionString;
    //如果数据库更换为Oracle,更换为此串
        //public static readonly string OracleConString = WebConfigurationManager.
ConnectionStrings["OracleCon"].ConnectionString;
        //读取数据访问层数据集名称
public static readonly string WebDal = WebConfigurationManager.AppSettings["WebDal"];
    }
}
```

表示层中 Web.config 配置文件配置信息如下:

```
<connectionStrings>
    <add name="SQLServerConStr" connectionString="Data Source=(local);Initial Catalog=
db_KQGL;Integrated Security=True" providerName="System.Data.SqlClient" />
</connectionStrings>
<appSettings>
  <add key="WebDal" value="CheckOnWork.SQLServerDAL"/>
  <!--
```

如果使用 Oracle 数据库,使用下列程序集名

```
<add key="WebDal" value="CheckOnWork.OracleDAL"/>
  -->
</appSettings>
```

5. SQLServerDAL 数据访问层

SQLServerDAL 项目中的类要实现 IDAL 项目中相对应的接口,其中包含的逻辑就是对数据库的 Select、Insert、Update 和 Delete 操作。本系统采用的是 SQL Server 数据库,所以创建了 SQLServerDAL 项目。如果还需要操作其他数据库,例如 Oracle 数据库,可以创建 OracleDAL 项目。TeacherDAL 类的代码如下:

```
using CheckOnWork.Model;
using CheckOnWork.IDAL;
namespace CheckOnWork.SQLServerDAL
{
    public class TeacherDAL:DBAccess,ITeacher
    {
```

```
//得到某系的教师返回一个集合
  public IList<Teacher> GetTeachersByDepartment(int departmentId)
  {
      SqlParameter param = new SqlParameter("@departmentId", departmentId);
      IList<Teacher> list = new List<Teacher>();

              using ( SqlDataReader read = ExecuteReader ( StoredProcedureName.
teacherSelectByDepartmentId,param))
      {
          while (read.Read())
          {
              Teacher teac = new Teacher(read.GetString(0),read.GetString(1),read.
GetString(2),read.GetInt32(3),read.GetString(4),read.GetString(5),read.GetString(6));

              list.Add(teac);
          }
      }
      return list;
  }
//添加教师信息 添加失败则返回-1
  public int Insert(Teacher teacher)
  {
      SqlParameter[] param = {
                              new SqlParameter("@teacherID",teacher.teacherID),
                              new SqlParameter("@teacherName",teacher.teacherName),
                              new SqlParameter("@teacherPwd",teacher.teacherPwd),
                              new SqlParameter("@departmentID",teacher.departmentID),
                              new SqlParameter ( "@teacherTitleName", teacher.
                              teacherTitleName),
                              new SqlParameter("@teacherPhone",teacher.teacherPhone),
                              new SqlParameter("@teacherEmail",teacher.teacherEmail)
                              };
      if (CheckTeacher(teacher.teacherID))
      {
          return -1;
      }
      else
          return ExecuteNonQuery(StoredProcedureName.teacherInsert,param);
  }
//更新教师信息
  public int Update(Teacher teacher)
  {
      SqlParameter[] param = {
                              new SqlParameter("@teacherID",teacher.teacherID),
                              new SqlParameter("@teacherName",teacher.teacherName),
                              new SqlParameter("@teacherPwd",teacher.teacherPwd),
                              new SqlParameter("@departmentID",teacher.departmentID),
                              new SqlParameter ( "@teacherTitleName", teacher.
                              teacherTitleName),
                              new SqlParameter("@teacherPhone",teacher.teacherPhone),
                              new SqlParameter("@teacherEmail",teacher.teacherEmail)
```

```
                                       };
               return ExecuteNonQuery(StoredProcedureName.teacherUpdate,param);
        }
    //删除教师信息
    public int Delete(string id)
    {
          SqlParameter param = new SqlParameter("@teacherID", id);

          return ExecuteNonQuery(StoredProcedureName.teacherDeleteById,param);
    }
    //更改密码
    public int ChangePwd(string id, string pwd)
    {
          SqlParameter[] param = {
                                   new SqlParameter("@teacherID", id),
                                   new SqlParameter("@teacherPwd",pwd),
                                   };

          return ExecuteNonQuery(StoredProcedureName.teacherChangePwd,param);
    }
    //检查该教师编号是否已经存在
    public bool CheckTeacher(string id)
    {
          SqlParameter param = new SqlParameter("@teacherID", id);

           using (SqlDataReader read = ExecuteReader(StoredProcedureName.teacherSelectById,
           param))
          {
              if (read.Read())
              {
                  return true;
              }
              else
                  return false;
          }
    }
    //按编号查找教师
    public Teacher GetTeacherById(string teacherId)
    {
          SqlParameter param = new SqlParameter("@teacherID", teacherId);
          CheckOnWork.Model.Teacher teacher = new Teacher();

           using (SqlDataReader read = ExecuteReader(StoredProcedureName.teacherSelectById,
           param))
          {
              if (read.Read())
              {
                    teacher = new Teacher(read.GetString(0), read.GetString(1), read.
GetString(2),read.GetInt32(3),read.GetString(4),read.GetString(5),read.GetString(6));
              }
              return teacher;
```

```
            }
        }
//按教师名查找教师
        public IList < Model. Teacher > GetTeacherIdByName(string name)
        {
            IList < Model. Teacher > teacherList = new List < Teacher >();
            SqlParameter param = new SqlParameter("@teacherName", name);

            using (SqlDataReader read = ExecuteReader(StoredProcedureName. teacherGetIdByname,
            param))
            {
                while(read. Read())
                {
                    Model. Teacher teacher = new Teacher(read. GetString(0), read. GetString
(1), read. GetString(2), read. GetInt32(3), read. GetString(4), read. GetString(5), read.
GetString(6));
                    teacherList. Add(teacher);
                }
                return teacherList;
            }
        }
//查询全部教师
        public IList < Teacher > GetTeacherAll()
        {
            IList < Model. Teacher > teacherList = new List < Teacher >();
                using ( SqlDataReader read = ExecuteReader ( StoredProcedureName.
teacherSelectAll, null))
            {
                while (read. Read())
                {
                    Model. Teacher teacher = new Teacher(read. GetString(0), read. GetString(1),
read. GetString(2), read. GetInt32(3), read. GetString(4), read. GetString(5), read. GetString(6));
                    teacherList. Add(teacher);
                }
                return teacherList;
            }
        }
    }
}
```

在这个类中继承了 DBAccess 类，使用到了 StoredProcedureName 枚举。DBAccess 类
的代码如下：

```
using CheckOnWork. Model;
using CheckOnWork. WebConfig;
using CheckOnWork. DBHelper;
namespace CheckOnWork. SQLServerDAL
{
    public abstract class DBAccess
    {
            public int ExecuteNonQuery ( StoredProcedureName storedProcedureName, params
```

```
SqlParameter[] cmdParms)
        {
                return SQLHelper.ExecuteNonQuery(Config.SQLServerConString, CommandType.
StoredProcedure, storedProcedureName.ToString(), cmdParms);
        }
        public SqlDataReader ExecuteReader(StoredProcedureName storedProcedureName, params
SqlParameter[] cmdParms)
        {
                return SQLHelper.ExecuteReader(Config.SQLServerConString, CommandType.
StoredProcedure, storedProcedureName.ToString(), cmdParms);
        }
    }
}
```

StoredProcedureName 枚举代码如下：

```
public enum StoredProcedureName
{
        teacherLogin,
        teacherInsert,
        teacherSelectByDepartmentId,
        teacherUpdate,
        teacherDeleteById,
        teacherChangePwd,
        teacherSelectById,
}
```

6. DALFactory 数据访问层的抽象工厂

前面提到的数据库的更换，实现的关键就在于此项目。DALFactory 项目中我们使用反射和抽象工厂来实例化数据访问层的类对象。实现方法是：通过 WebConfig 项目的 Config 类读取表示层中 Web.config 配置文件中程序集名称信息，然后使用反射来实例化数据访问层的类对象，ITeacher dal = (ITeacher) Assembly.Load("程序集名称").CreateInstance("程序集名称"."要实例化的类名")。此方法可以根据程序集名称和类名动态实例化数据访问层的类对象，实现数据库的无缝切换。此项目中只有一个 DataAccess 类，代码如下：

```
using System.Reflection;
using CheckOnWork.IDAL;
using CheckOnWork.WebConfig;
namespace CheckOnWork.DALFactory
{
    public sealed class DataAccess
    {
        private static readonly string path = WebConfig.Config.WebDal;
        public static ILogin CreateLogin()
        {
            string className = path + ".LoginDAL";
            return (ILogin)Assembly.Load(path).CreateInstance(className);
```

```
}
public static  IManager CreateManager()
{
    string className = path + ".ManagerDAL";
    return (IManager)Assembly.Load(path).CreateInstance(className);
}
public static IDepartment CreateDepartment()
{
    string classname = path + ".DepartmentDAL";
    return (IDepartment)Assembly.Load(path).CreateInstance(classname);
}
public static IDean CreateDean()
{
    string className = path+ ".DeanDAL";
    return (IDean)Assembly.Load(path).CreateInstance(className);
}
public static IStudent CreateStudent()
{
    string classname = path + ".StudentDAL";
    return (IStudent)Assembly.Load(path).CreateInstance(classname);
}
public static ITeacher CreateTeacher()
{
    string className = path + ".TeacherDAL";
    return (ITeacher)Assembly.Load(path).CreateInstance(className);
}
public static IAssistant CreateAssistant()
{
    string className = path + ".AssistantDAL";
    return (IAssistant)Assembly.Load(path).CreateInstance(className);
}
public static ICourse CreateCourse()
{
    string className = path + ".CourseDAL";
    return (ICourse)Assembly.Load(path).CreateInstance(className);
}
public static ITeacherCourse CreateTeacherCourse()
{
    string className = path + ".TeacherCourseDAL";
    return (ITeacherCourse)Assembly.Load(path).CreateInstance(className);
}
public static IProfessionalCourse CreateProfessionalCourse()
{
    string classname = path + ".ProfessionalCourseDAL";
    return (IProfessionalCourse)Assembly.Load(path).CreateInstance(classname);
}
public static IAlert CreateAlert()
{
    string classname = path + ".AlertDAL";
    return (IAlert)Assembly.Load(path).CreateInstance(classname);
}
```

```
        public static ICheckOnWorking CreateCheckOnWorking()
        {
            string classname = path + ".CheckOnWorkingDAL";
            return (ICheckOnWorking)Assembly.Load(path).CreateInstance(classname);
        }
        public static IValidTime CreateValidTime()
        {
            string classname = path + ".ValidTimeDAL";
            return (IValidTime)Assembly.Load(path).CreateInstance(classname);
        }
        public static IClassroom CreateClassroom()
        {
            string classname = path + ".ClassroomDAL";
            return (IClassroom)Assembly.Load(path).CreateInstance(classname);
        }
        public static IAnnual CreateAnnual()
        {
            string classname = path + ".AnnualDAL";
            return (IAnnual)Assembly.Load(path).CreateInstance(classname);
        }
        public static IProfessional CreateProfessional()
        {
            string className = path + ".ProfessionalDAL";
            return (IProfessional)Assembly.Load(path).CreateInstance(className);
        }
        public static IAlertSet CreateAlertSet()
        {
            string classname = path + ".AlertSetDAL";
            return (IAlertSet)Assembly.Load(path).CreateInstance(classname);
        }
        public static ICourseDetail CreateCourseDetail()
        {
            string classname = path + ".CourseDetailDAL";
            return (ICourseDetail)Assembly.Load(path).CreateInstance(classname);
        }
    }
}
```

7. BusinessLogicLayer 业务逻辑层

BusinessLogicLayer 业务逻辑层包含了整个系统的核心业务,它处于数据访问层与表示层中间,起到了数据交换中承上启下的作用。在业务逻辑层中,不能直接访问数据库,而必须通过数据访问层。对数据访问业务的调用,是通过接口项目 IDAL 来完成的。既然与具体的数据访问逻辑无关,则层与层之间的关系就是松散耦合的。如果此时需要修改数据访问层的具体实现,只要不涉及 IDAL 的接口定义,那么业务逻辑层就不会受到任何影响,SQLServerDAL 或 OracleDAL 根本就与业务逻辑层没有关系。TeacherBLL 的代码如下:

```
using CheckOnWork.IDAL;
using CheckOnWork.Model;
```

```
using CheckOnWork.DALFactory;
namespace CheckOnWork.BusinessLogicLayer
{
    public class TeacherBLL
    {
        private static readonly ITeacher dal = DALFactory.DataAccess.CreateTeacher();
        //得到某系的教师返回一个集合
        public IList < Teacher > GetTeachersByDepartment(int departmentId)
        {
            return dal.GetTeachersByDepartment(departmentId);
        }
        //添加教师信息 添加失败则返回 - 1
        public int Insert(Teacher teacher)
        {
            return dal.Insert(teacher);
        }
        //更新教师信息
        public int Update(Teacher teacher)
        {
            return dal.Update(teacher);
        }
        //删除教师信息
        public int Delete(string id)
        {
            return dal.Delete(id);
        }
        //更改密码
        public int ChangePwd(string id, string pwd)
        {
            return dal.ChangePwd(id, pwd);
        }
        //按编号查找教师
        public Teacher GetTeacherById(string teacherId)
        {
            return dal.GetTeacherById(teacherId);
        }
        //根据教师姓名得到 ID
        public IList < Model.Teacher > GetTeacherIdByName(string name)
        {
            return dal.GetTeacherIdByName(name);
        }
        //得到该校的全部教师
        public IList < Teacher > GetTeacherAll()
        {
            return dal.GetTeacherAll();
        }
    }
}
```

8. E:\CheckOnWork\WebSite3 表示层

表示层负责直接和用户交互。一般就是指系统的界面,用于数据的录入、显示等功能。

我们以添加任课教师信息为例讲解,运行界面如图 11-14 所示。

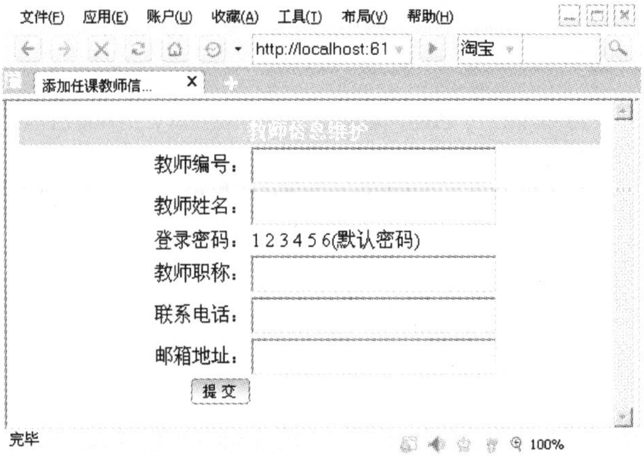

图 11-14　添加任课教师信息页面

1) 源视图代码

```
< html xmlns = "http://www.w3.org/1999/xhtml">
< head runat = "server">
    <title>添加任课教师信息</title>
</head>
< body>
    < form id = "form1" runat = "server">
    < div>
        < table border = "0" cellpadding = "0" cellspacing = "1" width = "100 % " >
            < tr>
                < td align = "center" bgcolor = " # a3c5ce" colspan = "2" height = "20" >
                    < font color = " # FFFFFF"><b>教师信息维护</b></font></td></tr>
            < tr>
                < td align = "right" class = "Back">教师编号:</td><td class = "Back2">
                < asp:TextBox ID = "txtId" runat = "server" Width = "200px" Height = "25px">
</asp:TextBox>
                </td></tr>
            < tr>
                < td align = "right" class = "Back">教师姓名:</td><td class = "Back2">
                < asp:TextBox ID = "txtName" runat = "server" Width = "200px" Height = "25px">
</asp:TextBox>
                </td></tr>
            < tr>
                < td align = "right" class = "Back">登录密码:</td><td class = "Back2">
                < asp:Label ID = "lblPwd" runat = "server" Text = "1 2 3 4 5 6(默认密码)">
</asp:Label>
                </td></tr>
            < tr>
                < td align = "right" class = "Back">教师职称:</td><td class = "Back2">
                < asp:TextBox ID = "txtTitle" runat = "server" Width = "200px" Height = "25px">
</asp:TextBox>
                </td></tr>
```

```
    < tr >
        < td align = "right" class = "Back">联系电话: </td>< td class = "Back2">
        < asp:TextBox ID = "txtPhone" runat = "server" Width = "200px" Height = "25px">
</asp:TextBox >
        </td ></tr >
    < tr >
        < td align = "right" class = "Back">邮箱地址: </td>< td class = "Back2">
        < asp:TextBox ID = "txtEmail" runat = "server" Width = "200px" Height = "25px">
</asp:TextBox >
        </td ></tr >
    < tr >< td align = "right" class = "Back">
        < asp:ImageButton ID = "ImageButton1" runat = "server"
            ImageUrl = "~/image/tijiao an niu.gif" onclick = "ImageButton1_Click" />
</td >< td align = "left" class = "Back2">
            </td ></tr >
        </table >
    </div >
    </form >
</body >
</html >
```

2) 后台功能代码

```
using CheckOnWork.Model;
using CheckOnWork.BusinessLogicLayer;
public partial class dean_teacherInsert : System.Web.UI.Page
{
    TeacherBLL tBll = new TeacherBLL();
    protected void ImageButton1_Click(object sender, ImageClickEventArgs e)
    {
        Teacher teacher = new Teacher(txtId.Text, txtName.Text, "123456", Convert.ToInt32
(Session["departmentId"]), txtTitle.Text, txtPhone.Text, txtEmail.Text);
        int sign = tBll.Insert(teacher);
        if (sign == 1)
        {
            Response.Write("< script type = 'text/javascript'> alert('添加成功')</script >");
            //添加成功则清空数据
            txtEmail.Text = "";
            txtId.Text = "";
            txtName.Text = "";
            txtPhone.Text = "";
            txtEmail.Text = "";
        }
        else Response.Write("< script type = 'text/javascript'> alert('添加失败')</script >");
    }
}
```

11.4.4　功能模块的实现

网站的文件组织结构如图 11-15 所示,assistant 文件
夹中是辅导员的操作界面,dean 文件夹中是教学秘书的操
作界面,image 文件夹中存储网站用到的一些图片,Login
文件夹中是系统登录界面,manager 文件夹是系统管理员
的操作界面,student 文件夹是学生的操作界面,Styles 文
件夹存储网站中用到的 CSS 文件,teacher 文件夹是任课
教师的操作界面,UserControl 文件夹存储用户控件。

图 11-15　网站的文件组织结构图

1. 系统登录模块

系统登录通过网站的 Login/login.aspx 实现。界面如图 11-16 所示。

图 11-16　系统登录界面

1) 登录界面源代码

```
< html xmlns = "http://www.w3.org/1999/xhtml">
< head runat = "server">
    < title>登录页面</title>
</head>
< body >
    < form id = "form1" runat = "server">
    < div style = "background - image:url(../image/起始页面.jpg); width:100 % ; height:700px;
background - repeat:no - repeat ">
                    < div style = " height:260px"></div>
                    < table align = "center" style = "width: 404px ; ">
                    < tr >
                        < td >
```

```
                              身份：
                          </td>
                          <td>
                              <asp:DropDownList ID = "ddlRole" runat = "server">
                                  <asp:ListItem Value = "manager">管理员</asp:ListItem>
                                  <asp:ListItem Value = "dean">教学秘书</asp:ListItem>
                                  <asp:ListItem Value = "assistant">教学辅导员</asp:ListItem>
                                  <asp:ListItem Value = "teacher">教师</asp:ListItem>
                                  <asp:ListItem Value = "student">学生</asp:ListItem>
                              </asp:DropDownList>
                          </td>
                      </tr>
                      <tr>
                          <td  >
                              用户名：</td>
                          <td  align = "left">
                              <asp:TextBox ID = "txtUser" runat = "server" Width = "209px"
Height = "29px"></asp:TextBox>
                              <asp:RequiredFieldValidator
                                      ID = "RequiredFieldValidator1" runat = "server"
ErrorMessage = "不能为空"
                                      ForeColor = "Red" ControlToValidate = "txtUser"></asp:
RequiredFieldValidator>
                          </td>
                      </tr>
                      <tr>
                          <td >
                              密码：</td>
                          <td align = "left">
                              <asp:TextBox ID = "txtPwd" runat = "server" Width = "209px"
Height = "30px"
                                      TextMode = "Password" > * </asp:TextBox>
                              <asp:RequiredFieldValidator ID = "RequiredFieldValidator2"
runat = "server"
                                      ErrorMessage = "不能为空" ForeColor = "Red"
ControlToValidate = "txtPwd"></asp:RequiredFieldValidator>
                          </td>
                      </tr>
                      <tr>
                          <td >
                              验证码：</td>
                          <td align = "left">
                              <asp:TextBox ID = "txtYanzheng" runat = "server" Width = "
113px" Height = "31px"></asp:TextBox>
                               <asp:Label ID = "lblYanZheng"  runat = "server" Text = "
1111"></asp:Label>    
                              <asp:RequiredFieldValidator ID = "RequiredFieldValidator3"
runat = "server"
                                      ErrorMessage = "不能 为 空" ForeColor = "Red"
ControlToValidate = "txtYanzheng"></asp:RequiredFieldValidator>

                          </td>
                      </tr>
                      <tr>
```

```
                              <td height = "25px" >
                                   </td>
                              <td align = "left">
                                  <asp:ImageButton ID = "imgBtnDenglu" runat = "server"
                                      ImageUrl = "~/image/denglu.gif" onclick = "imgBtnDenglu_
Click"/>
 
                                      <asp:ImageButton ID = "imgBtnCancle" runat = "server"
                                          ImageUrl = " ~/image/chongzhi. gif " onclick = "
imgBtnCancle_Click" />
                                  </td>
                              </tr>
                          </table>


    </div>
    </form>
</body>
</html>
```

2）后台功能代码

```
using CheckOnWork.BusinessLogicLayer;
using CheckOnWork.Model;
public partial class LogIn : System.Web.UI.Page
{
    CheckOnWork.BusinessLogicLayer.LoginBLL login = new LoginBLL();
    protected void Page_Load(object sender, EventArgs e)
    {
        if (!IsPostBack)
        {
            this.Session["State"] = null;
        }
    }
    protected void imgBtnCancle_Click(object sender, ImageClickEventArgs e)
    {
        txtUser.Text = "";
        txtPwd.Text = "";
        txtYanzheng.Text = "";
    }
    protected void imgBtnDenglu_Click(object sender, ImageClickEventArgs e)
    {
        string role = ddlRole.SelectedValue;
        If (txtYanzheng.Text == lblYanZheng.Text)
        {
            //管理员登录
            if (role == "manager")
            {
                if (login.UserLogin(txtUser.Text, txtPwd.Text, Role.Manager))
                {
                    Response.Write("<script type = 'text/javascript'> self.parent.location =
('../manager/Default.aspx?id = " + txtUser.Text + "')</script>");
                    Session["State"] = "manager";
                    Session["managerId"] = txtUser.Text;
```

```
                    }
                else
                    Response.Write("< script type = 'text/javascript'> alert('用户名密码错
误!')</script>");

                }//教学秘书登录
                else if (role == "dean")
                {
                    if (login.UserLogin(txtUser.Text, txtPwd.Text, Role.Dean))
                    {
                        Response.Write("< script type = 'text/javascript'> self.parent.location =
('../dean/Default.aspx')</script>");
                        Session["State"] = "dean";
                        Session["deanId"] = txtUser.Text;
                    }
                    else
                        Response.Write("< script type = 'text/javascript'> alert('用户名密码错
误!')</script>");
                }//任课教师登录
                else if (role == "teacher")
                {
                    if (login.UserLogin(txtUser.Text, txtPwd.Text, Role.Teacher))
                    {
                        Response.Write("< script type = 'text/javascript'> self.parent.location =
('../teacher/Default.aspx')</script>");

                        Session["State"] = "teacher";
                        Session["teacherId"] = txtUser.Text;
                    }
                    else
                        Response.Write("< script type = 'text/javascript'> alert('用户名密码错
误!')</script>");
                }//辅导员登录
                else if (role == "assistant")
                {
                    if (login.UserLogin(txtUser.Text, txtPwd.Text, Role.Assistant))
                    {
                        Response.Write("< script type = 'text/javascript'> self.parent.location =
('../assistant/Default.aspx')</script>");
                        Session["State"] = "assistant";
                        Session["assistantId"] = txtUser.Text;
                    }
                    else
                        Response.Write("< script type = 'text/javascript'> alert('用户名密码错
误!')</script>");
                }//学生登录
                else if (role == "student")
                {
                    if (login.UserLogin(txtUser.Text, txtPwd.Text, Role.Student))
                    {
                        Response.Write("< script type = 'text/javascript'> self.parent.location =
('../student/Default.aspx')</script>");
                    }
                    else
```

```
                    Response.Write("< script type = 'text/javascript'> alert('用户名密码错
误!')</script>");
                    Session["State"] = "student";
                    Session["studentId"] = txtUser.Text;
                }
            }
            else
                Response.Write("< script type - 'text/javascript'> alert('验证码有误,请重新输入!
')</script>");
        }
}
```

在此段代码中用到了枚举 Role,它的代码如下:

```
public enum Role
{
    Manager = 1,        //管理员
    Dean = 2,           //教学秘书
    Assistant = 3,      //辅导员与副主任
    Teacher = 4,        //教师
    Student = 5,        //学生
}
```

2. 任课教师操作模块

1)检查学生考勤

任课教师考勤界面如图 11-17 所示。

图 11-17　任课教师考勤界面

任课教师考勤界面功能代码如下:

```
using CheckOnWork.Model;
using CheckOnWork.BusinessLogicLayer;
```

```csharp
public partial class teacher_Check : System.Web.UI.Page
{
    static CheckOnWork.BusinessLogicLayer.CheckOnWorkingBLL checkBll = new CheckOnWorkingBLL();
    IList< CheckOnWork.Model.KaoQin > kaoQinList = new List < CheckOnWork.Model.KaoQin >();
    static CheckOnWork.BusinessLogicLayer.TeacherCourseBLL teacherCouBll = new TeacherCourseBLL();
    static CheckOnWork.BusinessLogicLayer.ProfessionalBLL professionalBLL = new ProfessionalBLL();
    static CheckOnWork.Model.NowState state = new NowState();
    static int signTiaoshu = 0;
    static int departmentId;
    static string TableName;
    static int professionalIDfromCache = 0;
    static int count;//当前专业数量
    protected void Page_Load(object sender, EventArgs e)
    {
        if (!IsPostBack)
        {
            //得到专业数量
            count = (int)operation.GetCache("count");
            //如果没有考勤的专业
            if (count != 0)
            {
                //得到当前课程是否可以考勤及周次、节次 14,4,false
                state = checkBll.IsCanCheck(DateTime.Now, Request.UserHostAddress);
                //验证当前用户的身份
                if (Session["State"].ToString() != "teacher")
                {
                    Response.Write("< script type = 'text/javascript'> alert('您还没有登录!
无法访问');self.parent.location.href('../default.aspx') </script>");
                }
                //如果不在指定的考勤时间段内,则不能进入考勤页
                if (!state.IsCanCheck)
                {
                    Response.Write("< script type = 'text/javascript'> alert('请您在规定的考
勤时间段内进行考勤');self.parent.location = 'Default.aspx'</script>");
                }
                //得到考勤的专业
                IList < CheckOnWork.Model.Student > list = (IList < CheckOnWork.Model.
Student >)operation.GetCache("studentList" + professionalIDfromCache);
                //得到当前专业号
                int professionalId = list[0].professionalID;
                //得到该专业的系别号
                departmentId = professionalBLL.GetProfessionalById(professionalId).
departmentID;
                int annualID1 = Convert.ToInt32(Session["annualId"]);
                TableName = "tb_checkOnWorking_" + departmentId + "_" + annualID1;
                rptCheckOnWorking.DataSource = list;
                rptCheckOnWorking.DataBind();
                //得到枚举将其绑定到 DropdownList 上,正常出勤,病假,事假等
                BindDropDownList();
            }
            else
```

```
            {
                Response.Write("< script type = 'text/javascript'> alert('没有考勤的专业');
    self.parent.location.href('default.aspx') </script>");

            }
        }
    }
    void BindDropDownList()
    {
        ArrayList list11 = new ArrayList();
        foreach (int i in Enum.GetValues(typeof(CheckOnWork.Model.Attdance)))
        {
            ListItem ilstitem = new ListItem (Enum.GetName (typeof (CheckOnWork. Model.
    Attdance), i), i.ToString());
            list11.Add(ilstitem);
        }
        for (int i = 0; i < rptCheckOnWorking.Items.Count; i++)
        {
            DropDownList drp = (DropDownList) rptCheckOnWorking. Items [i]. FindControl
    ("DropDownList2");
            drp.DataSource = list11;
            drp.DataBind();
        }
    }
    //异步执行的添加考勤信息的方法
    static void InsertCheckOnWork(IList < CheckOnWork.Model.KaoQin > dddd, string teacherID,
    int annualID, out int i)
    {
        int courseID = teacherCouBll.GetTeacherCourseByKey (state.Week, state. Section,
    state.ClassroomID).courseID;
        string week = state.Week;
        string section = state.Section;
        int sign = 0;
        foreach (CheckOnWork.Model.KaoQin k in dddd)
        {
            CheckOnWork. Model. CheckOnWorking check1 = new CheckOnWorking (k. studentID,
    courseID, teacherID, k.date, k.attendance, annualID, week, section);
            int j = checkBll.CheckOnWorkingInsert(check1, TableName);
            if (j == 1) { sign += 1; }
        }
        i = sign;
    }
    //异步的委托
    public delegate void AsyncEventHandler (IList < CheckOnWork. Model. KaoQin > dddd, string
    teacherID, int annualID, out int i);
    //异步的回调方法
    private static void CallBackMethod(IAsyncResult ar)
    {
        AsyncEventHandler async = (AsyncEventHandler)ar.AsyncState;
```

```csharp
            int a1 = 0;
            async.EndInvoke(out a1,ar);
            signTiaoshu = a1;
            //Response.Write("< script type = 'text/javascript'>alert('查询了" + i + "条数据')
</script>");
            //Response.Write("</br>异步执行完毕!!!");
    }
    protected void imgBtnTijiao_Click(object sender, ImageClickEventArgs e)
    {
        //得到Attendance将要插入的数据写入集合中
        for (int i = 0; i < rptCheckOnWorking.Items.Count; i++)
        {
            DropDownList drp = (DropDownList) rptCheckOnWorking.Items[i].FindControl
("DropDownList2");
            Label StuId = (Label)rptCheckOnWorking.Items[i].FindControl("lblStuId");

            CheckOnWork.Model.KaoQin kaoqin1 = new KaoQin(StuId.Text, DateTime.Now, drp.Text);
            kaoQinList.Add(kaoqin1);
        }
            //以下为异步执行
        string teacherID = Session["teacherId"].ToString();
        int annualID = Convert.ToInt32(Session["annualId"]);
        int kk = 0;
        //如果在考勤时间段内,则异步进行考勤
        AsyncEventHandler aeh = new AsyncEventHandler(InsertCheckOnWork);
        AsyncCallback abc = new AsyncCallback(CallBackMethod);
        IAsyncResult ia = aeh.BeginInvoke(kaoQinList, teacherID, annualID, out kk, abc, aeh);
        operation.DeleteCache("studentList" + professionalIDfromCache);
        professionalIDfromCache++;
        if (professionalIDfromCache == count)
        {

            Response.Write("< script type = 'text/javascript'>alert('考勤完成');self.parent.
location.href('default.aspx') </script>");
            operation.SetCache("count",0);
        }
        else
        {
            //重新加载页面
            Response.Write("< script type = 'text/javascript'> self.location.href('Check.aspx
') </script>");
        }
    }
}
```

2) 设置教师本人课程预警条件

设置考勤预警条件界面如图 11-18 所示。

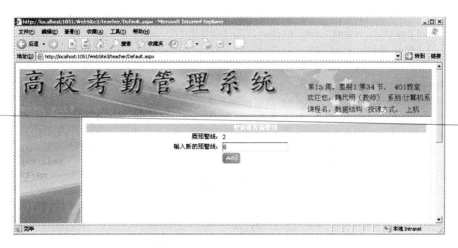

图 11-18　设置考勤预警条件界面

设置考勤预警条件界面功能代码如下：

```csharp
using CheckOnWork.Model;
using CheckOnWork.BusinessLogicLayer;
public partial class teacher_updateAlertSet : System.Web.UI.Page
{
    CheckOnWork.BusinessLogicLayer.AlertSetBLL aSetBll = new AlertSetBLL();
    static int alertNum;
    static int courseId;
    static int id;
    static string courseName;
    protected void Page_Load(object sender, EventArgs e)
    {
        if (!IsPostBack)
        {
            alertNum = Convert.ToInt32(Request.QueryString["alertNum"]);
            courseId = Convert.ToInt32(Request.QueryString["courseId"]);
            id = Convert.ToInt32(Request.QueryString["id"]);
            courseName = Request.QueryString["courseName"];

            lblNum.Text = alertNum.ToString();
        }
    }
    protected void imgBtnEnter_Click(object sender, ImageClickEventArgs e)
    {
        CheckOnWork.Model.AlertSet set = new AlertSet(id, Session["teacherId"].ToString(),
true, Convert.ToInt32(txtNum.Text), CheckOnWork.Model.AlertSetRole.教师.ToString(),
courseId, Convert.ToInt32(Session["annualId"]), courseName);
        int sign = aSetBll.AlertSetUpdate(set);
        if (sign == 1)
        {
            Response.Write("<script type = 'text/javascript'> alert('更新成功'); self.
location = 'vindicateAlertSet.aspx'</script>");
        }
    }
}
```

3）查看教师本人课程的出勤情况

查看教师课程出勤情况界面如图 11-19 所示。

图 11-19　查看教师课程出勤情况界面

查看教师课程出勤情况界面功能代码如下：

```
using CheckOnWork.Model;
using CheckOnWork.BusinessLogicLayer;
public partial class teacher_OnWorkDetail : System.Web.UI.Page
{
    CheckOnWork.BusinessLogicLayer.CheckOnWorkingBLL CheckBll = new CheckOnWorkingBLL();
    CheckOnWork.BusinessLogicLayer.CourseBLL cBll = new CourseBLL();
    public operation operate = new operation();
    static int PageSize = 10;
    static int courseID = 0;
    static string studentID ;
    static int annualId;
    //指定查询条件,预警为1,为预警为0,全部信息为-1
    static int alert = -1;
    protected void Page_Load(object sender, EventArgs e)
    {
        if (!IsPostBack)
        {
            if (Session["State"].ToString() != "teacher")
            {
                Response.Write("<script type = 'text/javascript'>alert('您还没有登录!无法
访问');self.parent.location.href('../default.aspx')</script>");
            }
            courseID = Convert.ToInt32(Request.QueryString["courseID"]);
            studentID = Request.QueryString["studentID"];
            annualId = Convert.ToInt32(Session["annualId"]);
            DoDataBand(PageSize, -1);
        }
    }
    void DoDataBand(int size, int alert)
```

```
    {
        IList < CheckOnWork. Model. CheckOnWorking > list = CheckBll. GetCheckByStuIdAndCourId
(studentID, courseID, annualId,  alert);

        WebUserControl1. PDataSource = operate. GetPageDataSourceByModel(size, list);
    }
    protected void ImageButton1_Click(object sender, ImageClickEventArgs e)
    {
        PageSize = Convert. ToInt32(TextBox1. Text);
        DoDataBand(PageSize, alert);
        WebUserControl1. dataBind(0);
        WebUserControl1. PageIndex = 0;
    }
    protected void RadioButtonList1_SelectedIndexChanged(object sender, EventArgs e)
    {
        //得到选择的条件
        alert = Convert. ToInt32(RadioButtonList1. SelectedValue);
        DoDataBand(PageSize, alert);
        WebUserControl1. dataBind(0);
        WebUserControl1. PageIndex = 0;
    }
}
```

3. 其他模块

系统管理员操作模块、辅导员操作模块、教学秘书操作模块、学生操作模块参见网上提供的源代码资源。

11.5　网站发布

在 Visual Studio 2010 开发环境选择"生成"→"发布网站"来完成网站发布。如图 11-20 和图 11-21 所示。

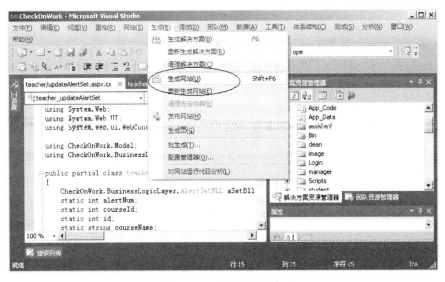

图 11-20　发布网站(1)

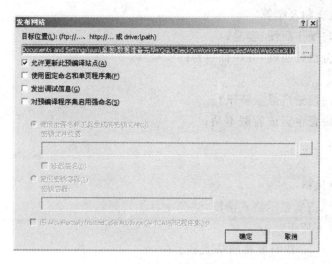

图 11-21 发布网站(2)

11.6 小结

本章详细介绍了高校学生考勤管理与预警系统开发实例,依次讲解了网站开发背景、需求分析、系统设计(系统架构设计、数据库设计)、系统实现、网站发布等系统分析方法与实现技术。其中对系统架构的实现,按照各项目的相互依赖关系、分步骤做了详细的讲解。

11.7 上机实践

开发一个饲料企业网站。其要求如下:

1) 公司背景

该饲料公司是以国家科技体制改革为指导,从事饲料高科技研究及产品开发、集科工贸于一体的集团化企业。该中心秉承"诚信赛金"的经营理念,发扬"务实创新,合力奉献"的企业精神,坚持"以科技为动力,以优质树品牌,以管理求效益,以创新图发展"的经营方针,以建设一流的科研生产实体为企业的发展目标,致力于以高科技发展中国的农牧业。公司已有发布的网站,但开发年代较为"久远",网页均是静态的,网站维护较为烦琐。现委托开发一个企业网站,要求网站能动态发布企业产品及资讯,能让客户留言并对留言进行管理,能进行网上产品预订并结算。

2) 网站功能

(1) 主要功能

① 系统登录;

② 产品管理及发布;

③ 资讯发布及管理;

④ 用户留言及其管理;

⑤ 产品预订、选购及结算;

⑥ 后台管理与操作简便、容易;

⑦ 前台与后台设计明确,并保证后台的安全性。

(2) 辅助功能

① 可在网站内搜索产品及资讯;

② 可让用户设置主页或收藏本站;

③ 企业邮局;

④ 选购产品。

(3) 企业网站风格

① 产品及资讯信息显示格式清晰,达到一目了然的效果;

② 生动、活泼不死板;

③ 制作企业 Logo 并明显在网站上显示;

④ 要有企业照片滚动或闪烁、有动画显示;

⑤ 颜色、风格得当、搭配合理;

⑥ 由于用户的计算机知识普遍偏低、系统要有良好的人机界面。

3) 具体实现

(1) 首页如图 11-22 所示。

图 11-22   网站首页

（2）后台登录界面如图 11-23 所示。

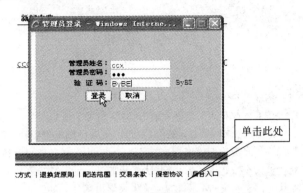

图 11-23　网站后台界面

（3）后台管理界面如图 11-24 所示。

图 11-24　后台管理界面

参 考 文 献

1. 莫罗尼(美). ASP.NET 基础教程[M]. 北京：人民邮电出版社,2009

2. 贝尔利纳索(美). ASP.NET 2.0网站开发全程解析[M]. 北京：清华大学出版社,2008

3. 哈特(美). ASP.NET 2.0经典教程——C♯篇[M]. 北京：人民邮电出版社,2007

4. Steve Suehring(美). JavaScript 编程循序渐进. 李强译. 北京：机械工业出版社,2008

5. 郭靖. ASP.NET 开发技术大全[M]. 北京：清华大学出版社,2008

6. 张跃廷等. ASP.NET 从入门到精通[M]. 北京：清华大学出版社,2008

7. 苏贵洋等. ASP.NET 2.0快速入门及实例精选[M]. 北京：电子工业出版社,2008

8. Jesse Liberty. Programming ASP.NET 3.5[M]. 北京：电子工业出版社,2009

9. 求是科技. SQL Server 2000[M]. 北京：人民邮电出版社,2004

10. 戴士平等. ASP.NET 完全自学手册[M]. 北京：机械工业出版社,2009

11. 沃尔瑟(美). ASP.NET 3.5揭秘[M]. 北京：人民邮电出版社,2009

12. 明日科技. ASP.NET 开发范例宝典[M]. 北京：人民邮电出版社,2009

13. 张领等. ASP.NET 项目开发全程实录[M]. 北京：清华大学出版社,2008

14. 蔡继文等. 21天学通 ASP.NET[M]. 北京：电子工业出版社,2009

15. 扎比尔(德). ASP.NET 3.5构建 Web 2.0门户站点[M]. 北京：机械工业出版社,2008

16. 麦克卢尔(美). ASP.NET 2.0 Ajax 入门经典[M]. 北京：清华大学出版社,2008

17. 张正礼,王坚宁. ASP.NET 4.0 从入门到精通. 北京：清华大学出版社,2011

后　记

本书得到了"十二五"国家科技支撑计划(2012BAD39B04,2012BAD39B01)国家肉鸡产业技术体系建设专项资金(CARS-42-17)的资助。

本书由天津农学院计算机科学与信息工程系陈长喜博士组织编著。陈长喜博士编写第1章、第3～5章与第7章,谢树龙老师编写第2章,何玲老师编写第9章和第10章,赵新海老师编写第11章,许晓华老师编写第6章和第8章。在艰辛的撰写过程中得到了许多人的帮助和关爱,在此衷心地感谢他们!

首先,我要感谢我的父母、妻子和可爱的儿子,是他们给了我生活上、精神上无微不至的照顾与鼓励,使得我能心无旁骛地专注于程序设计的思考和研究。

其次,我要感谢清华大学出版社领导与员工们的信任与支持。尤其是卢先和社长与付弘宇编辑,是他们的建议和辛苦的工作使得本书第1版能够在不到一年半的时间内印刷3次,第2版顺利出版。

第三,我要感谢天津农学院的领导与同事,如教务处马文芝处长、杨建忠副处长、边立云科长等,是他们对.NET课程体系建设与课程改革的指导与关怀,使其成为天津农学院的精品课程。也要感谢韦冰老师在该课程体系网站建设上的付出。

第四,我要感谢我的学生杨红杰、雷喜宽、葛崇、张梦远、黄雪飞、宁贵、袁兰兰、苏莉和包星星等同学,是他们提出了许多合理化的建议,参与课程改革与项目实践、书稿校对和程序的验证工作,使得本书更适合读者使用。

第五,我要感谢第1版的各位读者,他们提出了许多合理化的意见与建议,使得第2版的内容有了改进和完善。

最后,我要感谢所有曾对本书的撰写与出版做出贡献的人。谢谢你们。

主　编

2013 年 2 月